大学数学系列教材

高等数学
（第 2 版）

主　编　吕端良　吕亚男　王云丽　边平勇
副主编　陈贵磊　马芳芳　彭　丽　杨立星
主　审　郭秀荣　郭文静

扫描二维码，获取习题答案！

北京交通大学出版社
·北京·

内 容 简 介

本书既保持高等数学知识体系的完备性，又注重高等数学知识的应用性．本书的主要内容有初等数学基础、函数的极限与连续、导数与微分、导数的应用、不定积分、定积分及其应用等．

本书既可以作为本科生的高等数学教材，也可以作为高职高专及普通全日制专科数学老师的教学参考用书．

版权所有，侵权必究．

图书在版编目（CIP）数据

高等数学/吕端良等主编．—2 版．—北京：北京交通大学出版社，2020.1
ISBN 978-7-5121-4135-3

Ⅰ．①高… Ⅱ．①吕… Ⅲ．①高等数学-高等职业教育-教材 Ⅳ．①O13

中国版本图书馆 CIP 数据核字（2020）第 001051 号

高等数学
GAODENG SHUXUE

责任编辑：严慧明	
出版发行：北京交通大学出版社	电　　话：010－51686414
地　　址：北京市海淀区高梁桥斜街 44 号	邮　　编：100044
印　刷　者：北京时代华都印刷有限公司	
经　　销：全国新华书店	
开　　本：185 mm×260 mm　　印张：18　　字数：449 千字	
版　　次：2020 年 1 月第 2 版　　2020 年 1 月第 1 次印刷	
书　　号：ISBN 978-7-5121-4135-3/O・182	
定　　价：49.90 元	

本书如有质量问题，请向北京交通大学出版社质监组反映．对您的意见和批评，我们表示欢迎和感谢．
投诉电话：010－51686043，51686008；传真：010－62225406；E-mail：press@bjtu.edu.cn．

前　　言

本书第 1 版自出版发行以来，受到了读者的一致认可．在当前高等教育全员育人的大背景下，我们结合专家、同行的宝贵建议、任课教师的反馈意见及读者的实际需求，对本书进行了如下修订工作．

(1) 在本书第 1 版的知识体系和内容框架的基础上，对理论知识进行了适当补充．例如，在第 2 章函数的极限与连续中增加了"无穷小与无穷大"内容，从而使函数的极限从理论体系层面来讲更加完善．

(2) 在对本书第 1 版的习题及习题答案进行订正的基础上，更换了部分例题，补充了一些课后习题，同时各章还增加了"真题荟萃"内容，为学生自主学习提供了便利条件．

(3) 本书各章增加了"课外阅读"内容，为学生的拓展阅读、教师的课堂思政和数学文化教学提供了素材．

本书的再版工作主要由山东科技大学吕端良、吕亚男、王云丽、边平勇完成．对于本书中存在的问题，欢迎广大专家、同行批评指正．

编者
2019 年 9 月

目 录

第1章 初等数学基础 ··· 1

  1.1 集合与区间 ··· 1

    1.1.1 集合的概念 ··· 1

    1.1.2 区间和邻域 ··· 3

    习题 1.1 ··· 4

  1.2 函数与反函数 ·· 4

    1.2.1 函数的概念 ··· 4

    1.2.2 函数的表示法 ·· 5

    1.2.3 函数的几种特性 ··· 7

    1.2.4 反函数 ·· 8

    习题 1.2 ··· 9

  1.3 反三角函数 ··· 10

    1.3.1 反正弦函数 ··· 10

    1.3.2 反余弦函数 ··· 10

    1.3.3 反正切函数 ··· 11

    1.3.4 反余切函数 ··· 11

    习题 1.3 ··· 12

  1.4 初等函数 ·· 12

    1.4.1 基本初等函数 ·· 12

    1.4.2 复合函数 ·· 13

    习题 1.4 ··· 14

  1.5 极坐标系与参数方程 ·· 14

    1.5.1 极坐标系 ·· 15

    1.5.2 极坐标与直角坐标的关系 ······································ 15

I

1.5.3　曲线的参数方程 ……………………………………………… 16

　　习题 1.5 ……………………………………………………………… 17

复习题 ………………………………………………………………………… 18

真题荟萃 ……………………………………………………………………… 19

第 2 章　函数的极限与连续 …………………………………………… 21

2.1　函数极限及其运算法则 ……………………………………………… 21

　　2.1.1　函数极限 ……………………………………………………… 21

　　2.1.2　函数极限运算法则 …………………………………………… 23

　　2.1.3　函数极限的性质 ……………………………………………… 23

　　习题 2.1 ……………………………………………………………… 25

2.2　两个重要极限 ………………………………………………………… 26

　　习题 2.2 ……………………………………………………………… 27

2.3　无穷小与无穷大 ……………………………………………………… 28

　　2.3.1　无穷小 ………………………………………………………… 28

　　2.3.2　无穷大 ………………………………………………………… 28

　　2.3.3　无穷大与无穷小的关系 ……………………………………… 29

　　2.3.4　无穷小的比较和等价代换 …………………………………… 29

　　习题 2.3 ……………………………………………………………… 31

2.4　函数的连续性 ………………………………………………………… 31

　　2.4.1　函数连续的定义 ……………………………………………… 31

　　2.4.2　连续函数的性质 ……………………………………………… 34

　　习题 2.4 ……………………………………………………………… 35

2.5　闭区间上连续函数的性质 …………………………………………… 35

　　习题 2.5 ……………………………………………………………… 37

复习题 ………………………………………………………………………… 38

真题荟萃 ……………………………………………………………………… 39

第 3 章　导数与微分 ……………………………………………………… 41

3.1　导数的概念 …………………………………………………………… 41

　　3.1.1　引例 …………………………………………………………… 41

　　3.1.2　导数概念 ……………………………………………………… 42

　　习题 3.1 ……………………………………………………………… 46

- 3.2 函数的求导法则 … 47
  - 3.2.1 导数的四则运算法则 … 47
  - 3.2.2 反函数的求导法则 … 48
  - 3.2.3 复合函数的求导法则 … 50
  - 习题 3.2 … 51
- 3.3 高阶导数 … 52
  - 习题 3.3 … 55
- 3.4 隐函数的导数及参数方程所确定的函数的导数 … 55
  - 3.4.1 隐函数的导数 … 55
  - 3.4.2 幂指函数的导数 … 57
  - 3.4.3 参数方程所确定的函数的导数 … 58
  - 习题 3.4 … 59
- 3.5 微分及其运算 … 60
  - 3.5.1 微分的定义 … 60
  - 3.5.2 微分的几何意义 … 62
  - 3.5.3 微分的基本公式和运算法则 … 63
  - 习题 3.5 … 64
- 复习题 … 66
- 真题荟萃 … 67

第4章 导数的应用 … 69

- 4.1 微分中值定理 … 69
  - 4.1.1 罗尔中值定理 … 69
  - 4.1.2 拉格朗日中值定理 … 70
  - 4.1.3 柯西中值定理 … 71
  - 习题 4.1 … 72
- 4.2 洛必达法则 … 72
  - 4.2.1 $\dfrac{0}{0}$ 型未定式 … 73
  - 4.2.2 $\dfrac{\infty}{\infty}$ 型未定式 … 73
  - 4.2.3 其他类型的未定式 … 74
  - 4.2.4 应用洛必达法则时应注意的几个问题 … 75

习题 4.2 ……………………………………………………………… 76
4.3　函数的单调性 …………………………………………………………… 76
　　　习题 4.3 ……………………………………………………………… 79
4.4　函数的极值和最值问题 …………………………………………………… 79
　　4.4.1　函数极值的定义 …………………………………………………… 79
　　4.4.2　极值判定法 ………………………………………………………… 80
　　4.4.3　最大值、最小值问题 ……………………………………………… 83
　　　习题 4.4 ……………………………………………………………… 86
4.5　曲线的凹凸性与拐点 ……………………………………………………… 86
　　4.5.1　曲线的凹凸性及其判别法 ………………………………………… 86
　　4.5.2　曲线的拐点 ………………………………………………………… 88
　　　习题 4.5 ……………………………………………………………… 90
4.6　函数图像的描绘 …………………………………………………………… 90
　　4.6.1　曲线的渐近线 ……………………………………………………… 90
　　4.6.2　作函数图像的一般步骤 …………………………………………… 91
　　　习题 4.6 ……………………………………………………………… 92
复习题 ……………………………………………………………………………… 94
真题荟萃 …………………………………………………………………………… 94

第 5 章　不定积分 …………………………………………………………… 96

5.1　不定积分的概念与性质 …………………………………………………… 96
　　5.1.1　原函数与不定积分的概念 ………………………………………… 96
　　5.1.2　不定积分的性质 …………………………………………………… 98
　　5.1.3　不定积分的几何意义 ……………………………………………… 99
　　5.1.4　基本积分公式 ……………………………………………………… 99
　　　习题 5.1 ……………………………………………………………… 102
5.2　换元积分法 ………………………………………………………………… 103
　　5.2.1　第一类换元积分法（凑微分法）……………………………… 103
　　5.2.2　第二类换元积分法 ………………………………………………… 107
　　　习题 5.2 ……………………………………………………………… 111
5.3　分部积分法 ………………………………………………………………… 111
　　　习题 5.3 ……………………………………………………………… 115

复习题 …………………………………………………………………… 117

　　真题荟萃 ………………………………………………………………… 117

第6章　定积分及其应用 …………………………………………………… 119

6.1　定积分的概念与性质 ……………………………………………… 119

　　6.1.1　引例 ……………………………………………………… 119

　　6.1.2　定积分定义 ……………………………………………… 121

　　6.1.3　定积分的几何意义 ……………………………………… 124

　　习题 6.1 ………………………………………………………… 125

6.2　微积分基本公式 …………………………………………………… 125

　　6.2.1　积分上限函数及其导数 ………………………………… 126

　　6.2.2　基本公式 ………………………………………………… 127

　　习题 6.2 ………………………………………………………… 129

6.3　换元积分法 ………………………………………………………… 130

　　6.3.1　引例 ……………………………………………………… 130

　　6.3.2　定积分的换元积分法 …………………………………… 131

　　习题 6.3 ………………………………………………………… 135

6.4　分部积分法 ………………………………………………………… 135

　　习题 6.4 ………………………………………………………… 136

6.5　定积分在几何方面的应用 ………………………………………… 136

　　6.5.1　定积分的微元法 ………………………………………… 136

　　6.5.2　平面图形的面积 ………………………………………… 138

　　6.5.3　旋转体的体积 …………………………………………… 140

　　习题 6.5 ………………………………………………………… 142

　　复习题 …………………………………………………………………… 144

　　真题荟萃 ………………………………………………………………… 145

第7章　常微分方程 ………………………………………………………… 147

7.1　微分方程的基本概念 ……………………………………………… 147

　　7.1.1　微分方程的基本概念 …………………………………… 147

　　7.1.2　简单微分方程的建立 …………………………………… 149

　　习题 7.1 ………………………………………………………… 150

7.2　可分离变量的微分方程 …………………………………………… 151

  7.2.1 最简单的一阶微分方程的解法 …………………………… 151
  7.2.2 可分离变量的微分方程的解法 …………………………… 151
  习题 7.2 ……………………………………………………………… 153
 7.3 一阶微分方程 ……………………………………………………… 153
  7.3.1 齐次微分方程的定义 ……………………………………… 153
  7.3.2 一阶线性微分方程的定义 ………………………………… 155
  7.3.3 一阶线性微分方程的解法 ………………………………… 155
  习题 7.3 ……………………………………………………………… 158
 7.4 二阶线性微分方程 ………………………………………………… 159
  7.4.1 通解形式 …………………………………………………… 159
  7.4.2 二阶线性常系数齐次微分方程的解法 …………………… 160
  7.4.3 二阶线性常系数非齐次微分方程的解法 ………………… 163
  习题 7.4 ……………………………………………………………… 166
 7.5 可降阶的二阶微分方程 …………………………………………… 166
  7.5.1 $y''=f(x)$ 型微分方程 …………………………………… 166
  7.5.2 $y''=f(x, y')$ 型微分方程 ……………………………… 167
  7.5.3 $y''=f(y, y')$ 型微分方程 ……………………………… 167
  习题 7.5 ……………………………………………………………… 168
复习题 ……………………………………………………………………… 171
真题荟萃 …………………………………………………………………… 172

第 8 章 无穷级数 ………………………………………………………… 173
 8.1 常数项级数 ………………………………………………………… 173
  8.1.1 无穷级数的基本概念 ……………………………………… 173
  8.1.2 无穷级数的基本性质 ……………………………………… 174
  8.1.3 级数收敛的必要条件 ……………………………………… 175
  习题 8.1 ……………………………………………………………… 176
 8.2 正项级数及其审敛法 ……………………………………………… 177
  8.2.1 比较审敛法 ………………………………………………… 177
  8.2.2 比值审敛法 ………………………………………………… 179
  习题 8.2 ……………………………………………………………… 180
 8.3 任意项级数 ………………………………………………………… 181

    8.3.1 交错级数 ·········· 181

    8.3.2 绝对收敛与条件收敛 ·········· 182

   习题 8.3 ·········· 183

  8.4 幂级数 ·········· 183

    8.4.1 幂级数的收敛性 ·········· 184

    8.4.2 幂级数的性质 ·········· 186

   习题 8.4 ·········· 187

  8.5 函数的幂级数展开 ·········· 188

    8.5.1 麦克劳林级数 ·········· 188

    8.5.2 将函数展开成幂级数的两种方法 ·········· 189

   习题 8.5 ·········· 191

 复习题 ·········· 193

 真题荟萃 ·········· 195

第 9 章 向量代数与空间解析几何 ·········· 197

  9.1 空间直角坐标系 ·········· 197

    9.1.1 空间直角坐标系简介 ·········· 197

    9.1.2 空间两点间的距离 ·········· 198

   习题 9.1 ·········· 199

  9.2 空间向量 ·········· 200

    9.2.1 向量及其几何表示 ·········· 200

    9.2.2 向量的线性运算 ·········· 200

    9.2.3 向量的坐标表示 ·········· 202

    9.2.4 向量的数量积及坐标表示 ·········· 204

    9.2.5 向量的向量积及坐标表示 ·········· 205

   习题 9.2 ·········· 206

  9.3 空间平面及其方程 ·········· 207

    9.3.1 空间平面的点法式方程 ·········· 207

    9.3.2 空间平面的一般方程 ·········· 208

    9.3.3 空间两平面的夹角 ·········· 209

   习题 9.3 ·········· 210

  9.4 空间直线及其方程 ·········· 211

  9.4.1 空间直线的点向式方程与参数方程 ·················· 211

  9.4.2 空间直线的一般方程 ······························ 212

  9.4.3 空间两直线的夹角 ································· 213

  习题 9.4 ··· 213

 9.5 空间曲面与空间曲线方程 ·································· 214

  9.5.1 曲面方程的概念 ··································· 214

  9.5.2 球面方程 ··· 215

  9.5.3 柱面方程 ··· 215

  9.5.4 旋转曲面的方程 ··································· 216

  9.5.5 空间曲线 ··· 218

  习题 9.5 ··· 219

复习题 ·· 222

真题荟萃 ·· 222

第 10 章 多元函数微分学 ····································· 224

 10.1 多元函数的基本概念 ····································· 224

  10.1.1 平面区域 ·· 224

  10.1.2 多元函数概念 ···································· 225

  10.1.3 二元函数的极限与连续性 ·························· 226

  习题 10.1 ·· 228

 10.2 偏导数 ··· 229

  10.2.1 偏导数的概念 ···································· 229

  10.2.2 高阶偏导数 ······································ 231

  习题 10.2 ·· 232

 10.3 全微分 ··· 233

  习题 10.3 ·· 235

 10.4 复合函数与隐函数的微分法 ······························· 235

  10.4.1 复合函数的微分法 ································ 235

  10.4.2 隐函数的微分法 ·································· 237

  习题 10.4 ·· 238

 10.5 多元函数的极值 ··· 239

  10.5.1 二元函数的极值 ·································· 239

  10.5.2 二元函数的最大值与最小值 ·· 241

  10.5.3 条件极值与拉格朗日乘数法 ·· 242

 习题 10.5 ··· 244

复习题 ··· 246

真题荟萃 ··· 246

第 11 章 多元函数的积分 ·· 248

11.1 二重积分的概念 ·· 248

 11.1.1 引例——求曲顶柱体的体积 ··· 248

 11.1.2 二重积分的概念 ··· 249

 11.1.3 二重积分的性质 ··· 250

 习题 11.1 ··· 251

11.2 二重积分的计算 ·· 251

 11.2.1 直角坐标系下二重积分的计算 ··· 251

 11.2.2 极坐标系下二重积分的计算 ··· 256

 习题 11.2 ··· 258

11.3 对弧长的曲线积分 ·· 259

 11.3.1 对弧长的曲线积分的概念与性质 ··· 259

 11.3.2 对弧长的曲线积分的计算方法 ··· 261

 习题 11.3 ··· 263

11.4 对坐标的曲线积分 ·· 263

 11.4.1 对坐标的曲线积分的概念与性质 ··· 263

 11.4.2 对坐标的曲线积分的计算 ··· 265

 11.4.3 格林公式 ··· 268

 习题 11.4 ··· 270

复习题 ··· 272

真题荟萃 ··· 273

参考文献 ·· 274

第 1 章 初等数学基础

1.1 集合与区间

1.1.1 集合的概念

集合是数学中的一个基本概念，下面通过具体例子来说明这个概念．比如，某个学校里的全体学生构成一个集合；字母 a_1，a_2，a_3，a_4，a_5 构成一个集合．一般地，所谓集合（或简称集）是指具有某种特定性质的事物的总体．组成这个集合的事物的个体称为该集合的元素．

集合通常用大写字母 A，B，C，$\cdots$ 表示，用小写字母 a，b，c，$\cdots$ 表示集合的元素．如果 a 是集合 A 的元素，就说 a 属于 A，记作 $a \in A$；如果 a 不是集合 A 的元素，就说 a 不属于 A，记作 $a \notin A$．一个集合，若它只含有限个元素，则称为有限集；不是有限集的集合称为无限集．

集合的表示方法通常有以下两种．

一种是列举法，就是把集合的全体元素一一列举出来．例如，由元素 1，2，3，4，5 组成的集合 A，可以表示成

$$A = \{1, 2, 3, 4, 5\}$$

另一种是描述法，若集合 M 是由具有某种性质 P 的元素 x 的全体组成的，可以表示成

$$M = \{x \mid x \text{ 具有性质 } P\}$$

例如，集合 B 是方程 $x^2 - 2x = 0$ 的解集，可以表示成

$$B = \{x \mid x^2 - 2x = 0\}$$

习惯上，全体非负整数即自然数的集合记作 $\mathbf{N}$，即

$$\mathbf{N} = \{0, 1, 2, \cdots, n, \cdots\}$$

全体正整数的集合记作 $\mathbf{N}^*$，即

$$\mathbf{N}^* = \{1, 2, \cdots, n, \cdots\}$$

全体整数的集合记作 **Z**，即
$$Z=\{\cdots, -n, \cdots, -2, -1, 0, 1, 2, \cdots, n, \cdots\}$$

全体有理数的集合记作 **Q**，全体实数的集合记作 **R**，**R*** 为排除数 0 的实数集，**R**$_+$ 为全体正实数的集合.

设 A, B 是两个集合，如果集合 A 的元素都是集合 B 的元素，则称 A 是集合 B 的子集，记作 $A \subseteq B$（读作 A 包含于 B）或 $B \supseteq A$（读作 B 包含 A）. 如 **N**$\subseteq$**Z**, **Q**$\subseteq$**Z**, **Q**$\subseteq$**R** 等.

如果集合 A 与集合 B 互为子集，即 $B \subseteq A$ 且 $A \subseteq B$，则称集合 A 与 B 相等，记作 $A = B$. 例如，设 $A = \{1, 5\}$，$B = \{x \mid x^2 - 6x + 5 = 0\}$，则 $A = B$.

特别地，不含任何元素的集合称为空集，记作 $\varnothing$. 规定空集是任何集合的子集，即 $\varnothing \subseteq A$. 例如，$\{x \mid x \in \mathbf{R}, x^2 + 1 = 0\}$ 是空集.

下面介绍集合的运算.

并集 设 A, B 是两个集合，由属于 A 或者属于 B 的元素组成的集合称为 A 与 B 的并集，记作 $A \cup B$，即
$$A \cup B = \{x \mid x \in A \text{ 或 } x \in B\}$$

交集 由属于 A 且属于 B 的元素组成的集合称为 A 与 B 的交集，记作 $A \cap B$，即
$$A \cap B = \{x \mid x \in A \text{ 且 } x \in B\}$$

差集 由所有属于 A 而不属于 B 的元素组成的集合称为 A 与 B 的差集，记作 $A - B$，即
$$A - B = \{x \mid x \in A \text{ 且 } x \notin B\}$$

有时，研究某个问题须限定在一个集合 I 中进行，所研究的其他集合 A 都是 I 的子集. 此时，称集合 I 为全集.

余集（或补集） 设集合 I 为全集，称 $I - A$ 为 A 的余集（或补集），记作 $C_I A$ 或 A^C. 例如，在实数集 **R** 中，集合 $A = \{x \mid x \leqslant -3 \text{ 或 } x > 1\}$ 的余集就是
$$C_I A = \{x \mid -3 < x \leqslant 1\}$$

设 A, B, C 是任意三个集合，则有下列集合的运算法则.

(1) **交换律**：$A \cup B = B \cup A$，$A \cap B = B \cap A$.

(2) **结合律**：$(A \cup B) \cup C = A \cup (B \cup C)$，
$(A \cap B) \cap C = A \cap (B \cap C)$.

(3) **分配律**：$(A \cup B) \cap C = (A \cap C) \cup (B \cap C)$，
$(A \cap B) \cup C = (A \cup C) \cap (B \cup C)$.

(4) 对偶律：$C_I(A\cup B)=C_IA\cap C_IB$，

$C_I(A\cap B)=C_IA\cup C_IB$.

1.1.2 区间和邻域

区间是由实数组成的一类集合，在高等数学中常用．设 a 和 b 都是实数且 $a<b$，则称实数集 $\{x|a<x<b\}$ 为开区间，记作 (a, b)，即

$$(a, b)=\{x|a<x<b\} \tag{1-1}$$

类似地，闭区间和半开半闭区间的定义和记号分别为

闭区间

$$[a, b]=\{x|a\leqslant x\leqslant b\} \tag{1-2}$$

半开半闭区间

$$[a, b)=\{x|a\leqslant x<b\} \tag{1-3}$$

$$(a, b]=\{x|a<x\leqslant b\} \tag{1-4}$$

以上这些区间都称为有限区间，a 和 b 称为区间的端点，数 $b-a$ 称为区间的长度．

此外还有所谓无限区间．引进记号"$+\infty$"（读作正无穷大）及"$-\infty$"（读作负无穷大），它的定义与记号举例如下：

$[a, +\infty)=\{x|x\geqslant a\}$；　　$(a, +\infty)=\{x|x>a\}$；

$(-\infty, b]=\{x|x\leqslant b\}$；　　$(-\infty, b)=\{x|x<b\}$.

无限区间在数轴上对应长度为无限且只可向一端无限延伸的直线．

以后会看到有些定理的成立与区间的开、闭有很大关系，因此在学习时要多加注意．但有些情形不需要区分上述各种情形，简单地称为"区间"即可，且常用 I 表示．

邻域也是高等数学中经常用到的集合，它可以看作是一类特殊的开区间．

实数集 $\{x\||x-x_0|<\delta\}=(x_0-\delta, x_0+\delta)$，它在数轴上表示以点 x_0 为中心、以 δ 为半径的开区间，这一点集称为点 x_0 的 δ 邻域，记作 $U(x_0, \delta)$，即

$$U(x_0, \delta)=\{x|x_0-\delta<x<x_0+\delta\}$$

其中称点 x_0 为这邻域的中心，称 δ 为这邻域的半径，如图 1-1 所示．

图 1-1

因为绝对值 $|x-x_0|$ 表示点 x 与点 x_0 之间的距离，所以 $U(x_0, \delta)$ 表示与点 x_0 距离小于 δ 的一切点 x 的全体．

有时需要把邻域的中心 x_0 去掉，点 x_0 的 δ 邻域去中心 x_0 后，称为点 x_0 的去心 δ 邻域，如图 1-2 所示，记作 $\overset{\circ}{U}(x_0, \delta)$，即

$$\overset{\circ}{U}(x_0, \delta) = \{x \mid 0 < |x - x_0| < \delta\}$$

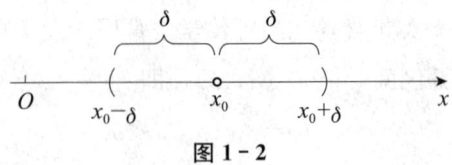

图 1-2

为了方便，有时把开区间 $(x_0 - \delta, x_0)$ 称为点 x_0 的左 δ 邻域，把开区间 $(x_0, x_0 + \delta)$ 称为点 x_0 的右 δ 邻域.

习题 1.1

1. 已知全集 $I = \{1, 2, 3, 4, 5, 6, 7\}$，$A = \{2, 4, 5\}$，$B = \{1, 3, 5, 7\}$，求 $A \cap C_I B$，$C_I A \cap C_I B$，$A \cup B$.

2. $A = \{x \mid 1 \leqslant x \leqslant 5\}$，$B = \{x \mid -2 \leqslant x \leqslant 3\}$，求 $A \cup B$，$A \cap B$.

3. 已知 $A = \{x \mid 2 < x < 4\}$，$B = \{x \mid x > 3\}$，求 $A \cup B$.

1.2 函数与反函数

1.2.1 函数的概念

在自然现象或社会现象中，往往同时存在几个不断变化的量，这些变量不是孤立的，而是相互联系并遵循一定的规律. 函数就是描述这种联系的一个法则. 比如，对于一个运动着的物体，它的速度和位移都是随时间的变化而变化的，它们之间的关系就是一种函数关系.

定义 1.1 设 x，y 是两个变量，X 是给定的一个数集，若对任意确定的 $x \in X$，根据某一对应法则 f，变量 y 都有唯一确定的值与之对应，则称 y 是 x 的函数. 记作

$$y = f(x), \quad x \in X$$

其中称 X 为该函数的定义域，称 x 为自变量，称 y 为因变量.

对于确定的 $x_0 \in X$，函数 y 有唯一确定的值 y_0 与之对应，则称 y_0 为 $y = f(x)$ 在 x_0 处的函数值，记作 $y_0 = y|_{x=x_0} = f(x_0)$. 函数值的集合称为函数的值域，常记作 Y，即

$$Y = \{y \mid y = f(x), x \in X\}$$

> 注意：通常把函数的定义域、对应法则称为函数的两个要素，而把函数的值域称为派生要素．因此，如果两个函数相等，则两函数的定义域和对应法则必须相同，而与自变量、因变量及对应法则用什么字母表示无关．例如：$y=x$ 与 $y=\sqrt{x^2}$ 不是同一个函数，而 $y=x$ 与 $s=t$ 是同一个函数．

例 1 设 $f(x)=3x^2-1$，求 $f(-1)$，$f(x_0)$，$f(a+1)$．

分析 本题可以利用函数的定义来解决．

解 $f(-1)=3\cdot(-1)^2-1=2$

$f(x_0)=3x_0^2-1$

$f(a+1)=3(a+1)^2-1=3a^2+6a+2$

例 2 判定下列各对函数是否相同．

(1) $f(x)=x$ 与 $g(x)=\sqrt{x^2}$；

(2) $f(x)=x+1$ 与 $g(x)=\dfrac{x^2-1}{x-1}$；

(3) $f(x)=\cos 2x$ 与 $g(x)=\cos^2 x-\sin^2 x$；

(4) $f(x)=2x+1$ 与 $g(t)=2t+1$．

分析 函数如果相等，必须满足定义域和对应法则相同．

解 (1) 因为 $f(x)$ 与 $g(x)$ 对应法则不同，所以它们不是同一个函数；

(2) 因为 $f(x)$ 的定义域为 $(-\infty,+\infty)$，$g(x)$ 的定义域为 $(-\infty,1)\cup(1,+\infty)$，定义域不同，所以它们不是同一个函数；

(3) 由于 $\cos 2x=\cos^2 x-\sin^2 x$，这两个函数定义域及对应法则都相同，所以它们是同一个函数；

(4) 虽然 $f(x)$ 与 $g(t)$ 中表示自变量的字母不同，但它们的定义域及对应法则都相同，所以它们是同一个函数．

1.2.2 函数的表示法

函数作为表述客观问题的数学模型，为了更好地研究它们需要采取适当的方法将它们表示出来，常用的函数表示法有三种：图像法、表格法、公式法．

1. 图像法

在坐标系中用图形来表示函数关系的方法，称为图像法．

例如,气象台用自动记录仪把一天的气温变化情况自动描绘在记录纸上,如图 1-3 所示,根据这条曲线,就能知道一天内任何时刻的气温了.

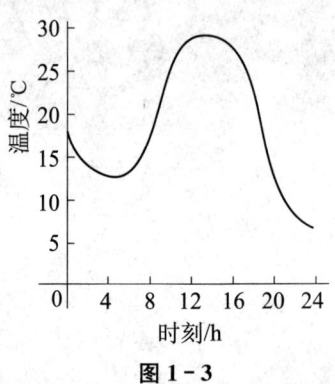

图 1-3

2. 表格法

将自变量的值与对应的函数值列成表的方法,称为表格法,如平方表、三角函数表等都是用表格法表示的函数关系.

例如,某班第一小组学生第一次金工实习时每天生产产品总数和合格品数统计如表 1-1 所示.

表 1-1 某班第一小组学生第一次金工实习时每天生产产品总数和合格品数统计表

时间	第1天	第2天	第3天	第4天	第5天	第6天	第7天	第8天
产品总数/件	23	27	30	36	43	54	61	70
合格品数/件	16	20	24	30	38	48	57	67
时间	第9天	第10天	第11天	第12天	第13天	第14天	第15天	第16天
产品总数/件	72	76	79	81	82	81	83	83
合格品数/件	70	75	78	79	81	81	82	81

从表 1-1 中可以很直观地看到学生每天的产量和合格品数.

3. 公式法

将自变量和因变量之间的关系用数学式子表示的方法,称为公式法,这些数学式子也叫解析表达式. 根据函数解析表达式的类型,函数可分为显函数、隐函数和分段函数.

(1) 显函数:函数 y 由 x 的解析表达式直接表示出来. 例如,$y=x^2-1$.

(2) 隐函数:函数的自变量 x 和因变量 y 的对应关系由方程 $F(x,y)=0$ 来确定. 例如,$y-\sin(x+y)=0$.

（3）分段函数：函数在其定义域的不同范围内具有不同的解析表达式. 例如，

$$y=\begin{cases}-x+1, & x\geqslant 0\\ x+1, & x<0\end{cases}$$

符号函数 $y=\text{sgn }x=\begin{cases}1, & x>0\\ 0, & x=0\\ -1, & x<0\end{cases}$

这两个函数在坐标系中分别如图 1-4、图 1-5 所示.

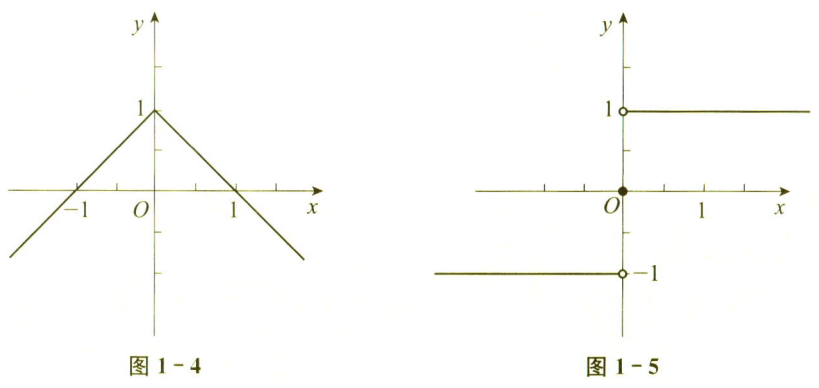

图 1-4　　　　　　　　　　图 1-5

1.2.3 函数的几种特性

1. 函数的奇偶性

设函数 $y=f(x)$ 的定义域 X 关于原点对称，且对任意 $x\in X$ 均有 $f(-x)=f(x)$，则称函数 $f(x)$ 为偶函数；若对任意 $x\in X$ 均有 $f(-x)=-f(x)$，则称函数 $f(x)$ 为奇函数. 偶函数的图像关于 y 轴对称，如图 1-6 所示；奇函数的图像关于原点对称，如图 1-7 所示.

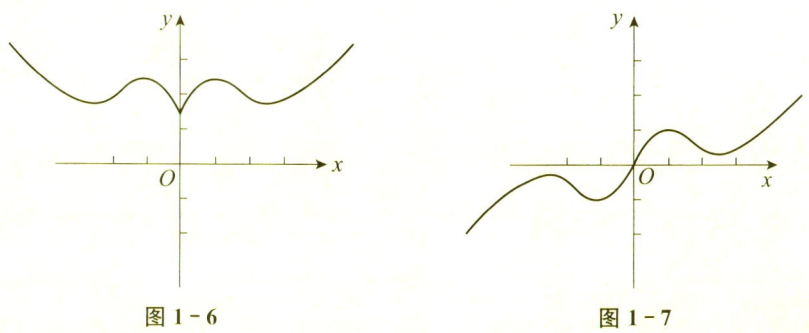

图 1-6　　　　　　　　　　图 1-7

2. 函数的单调性

若函数 $y=f(x)$ 对区间 (a,b) 内的任意两点 x_1，x_2，当 $x_2>x_1$ 时，若有 $f(x_2)>f(x_1)$，则称此函数在区间 (a,b) 内单调增加；若有 $f(x_2)<f(x_1)$，则称此函数在区间 (a,b) 内单调减少. 单调增加函数与单调减少函数统称为单调函数.

单调增加函数的图像是沿 x 轴正向逐渐上升的，如图 1-8 所示；单调减少函数的图像是沿 x 轴正向逐渐下降的，如图 1-9 所示.

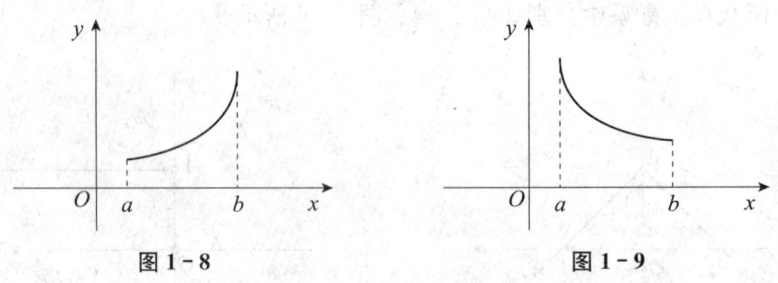

图 1-8　　　　　　　　图 1-9

3. 函数的有界性

设 D 是函数 $y=f(x)$ 的定义域，若存在一个正数 M，使得对一切 $x\in D$，都有 $|f(x)|\leqslant M$，则称函数 $f(x)$ 在 D 上是有界函数，否则称函数 $f(x)$ 为无界函数.

4. 函数的周期性

对于函数 $y=f(x)$，若存在常数 $T\neq 0$，使得对一切 $x\in D$，皆有 $f(x)=f(x+T)$ 成立，则称函数 $f(x)$ 为周期函数. 大家熟悉的三角函数就是周期函数，函数 $y=\sin x$，$y=\cos x$ 的周期都是 2π，则 $y=\sin \omega x$，$y=\cos \omega x$ 的周期是 $\dfrac{2\pi}{|\omega|}$.

例 3　判断函数 $f(x)=\dfrac{x\cos x}{1+x^2}$ 的奇偶性与有界性.

分析　本题根据奇、偶函数的定义和函数有界性的定义判定.

解　(1) 奇偶性.

因为 $f(-x)=\dfrac{-x\cos(-x)}{1+(-x)^2}=\dfrac{-x\cos x}{1+x^2}=-f(x)$，故 $f(x)$ 为奇函数.

(2) 有界性.

因为 $1+x^2\geqslant 2x$，所以 $|f(x)|=\left|\dfrac{x\cos x}{1+x^2}\right|\leqslant\left|\dfrac{x}{1+x^2}\right|\leqslant\left|\dfrac{x}{2x}\right|=\dfrac{1}{2}$，故 $f(x)$ 为有界函数.

1.2.4　反函数

函数 $y=f(x)$ 反映了两个变量之间的对应关系，当自变量 x 在定义域 D 内取定一个值后，因变量 y 的值也随之唯一确定. 但是，这种因果关系并不是绝对的. 在自由落体运动中,如果已知物体下降时间 t 而要求出下落距离 s,则由公式 $s=\frac{1}{2}gt^2$ ($t\geqslant 0$,g 为重力加速度)即可求出,这里 t 是自变量,而 s 是因变量. 有时也需要考虑反过来的问题:已知下落距离 s 求下降时间 t,这时可通过公式解得 $t=\sqrt{\frac{2s}{g}}$ ($s\geqslant 0$),这里 s 成为自变量而 t 成为因变量. 在数学上,如果把一个函数中的自变量和因变量进行对换后能得到新的函数,就把这个新函数称为原来的函数的反函数.

定义 1.2 设函数 $y=f(x)$ ($x\in D$),它的值域为 W,根据这个函数中 x 和 y 的关系,用 y 把 x 表示出来,得到 $x=\varphi(y)$. 如果对于 y 在 W 中的任何一个值,通过 $x=\varphi(y)$,x 在 D 中都有唯一的值和它对应,那么,$x=\varphi(y)$ 就表示 y 是自变量,x 是因变量的函数. 这样的函数 $x=\varphi(y)$ ($y\in W$) 叫作原来的函数 $y=f(x)$ ($x\in D$) 的反函数,记作 $x=f^{-1}(y)$. 互为反函数的两函数 $y=f(x)$ 与 $y=f^{-1}(x)$ 的图像是关于直线 $y=x$ 对称的.

根据反函数的定义可求已知函数的反函数,其步骤如下:

第一步,由 $y=f(x)$ 解出 $x=f^{-1}(y)$;

第二步,交换 x 和 y,得 $y=f^{-1}(x)$;

第三步,根据 $y=f(x)$ 的值域写出 $y=f^{-1}(x)$ 的定义域.

例 4 求函数 $y=x^3-1$ 的反函数.

分析 根据求反函数的步骤解即可.

解 因为 $y=x^3-1$,所以 $x=\sqrt[3]{y+1}$.

再改写为 $y=\sqrt[3]{x+1}$,其函数图像如图 1-10 所示,且 $x\in \mathbf{R}$.

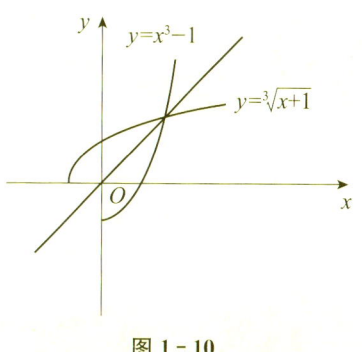

图 1-10

习题 1.2

1. 已知 $f(x)=ax+b$,且 $f(2)=1$,$f(-1)=0$. 求 a 与 b 的值.

2. 求下列函数的自然定义域.

(1) $y=\frac{1}{1-x^2}$; (2) $y=\frac{1}{x}-\sqrt{1-x^2}$; (3) $y=\frac{1}{\sqrt{4-x^2}}$;

(4) $y=\sin\sqrt{x}$; (5) $y=\tan(x+1)$.

3. 下列各题中,函数 $f(x)$ 和 $g(x)$ 是否相同?为什么?

(1) $f(x)=2-x$,$g(x)=\frac{4-x^2}{2+x}$;

(2) $f(x)=\sqrt{x^2-x^3}$，$g(x)=x\sqrt{1-x}$；

(3) $f(x)=2x+1$，$g(y)=2y+1$；

(4) $f(x)=1$，$g(x)=\sec^2 x-\tan^2 x$.

4. 设 $f(x)$ 的定义域为 $[0,1]$，求下列函数的定义域.

(1) $f(x^2)$；   (2) $f(\sin x)$；   (3) $f\left(x+\dfrac{1}{3}\right)+f\left(x-\dfrac{1}{3}\right)$；   (4) $f(\ln x)$.

5. 求下列函数的反函数.

(1) $y=\sqrt[3]{x+1}$；   (2) $y=\dfrac{1-x}{1+x}$；   (3) $y=\dfrac{2^x}{1+2^x}$.

6. 指出下列函数中哪些是单调函数.

(1) $y=\sqrt[3]{x}$；   (2) $y=\left(\dfrac{1}{2}\right)^x$；

(3) $y=\sin x$.

7. 判断下列函数的奇偶性.

(1) $y=x^2(1-x^2)$；   (2) $y=3x^2-x^3$；

(3) $y=\dfrac{1-x^2}{1+x^2}$；   (4) $y=\sin x$.

1.3 反三角函数

1.3.1 反正弦函数

函数 $y=\sin x$ 在 $x\in\left[-\dfrac{\pi}{2},\dfrac{\pi}{2}\right]$ 上的反函数叫反正弦函数，记作 $y=\arcsin x$，$x\in[-1,1]$，$y\in\left[-\dfrac{\pi}{2},\dfrac{\pi}{2}\right]$.

> 注意：$\sin(\arcsin x)=x$，$x\in[-1,1]$；
> $\arcsin(\sin x)=x$，$x\in\left[-\dfrac{\pi}{2},\dfrac{\pi}{2}\right]$.

1.3.2 反余弦函数

函数 $y=\cos x$ 在 $x\in[0,\pi]$ 上的反函数叫反余弦函数，记作 $y=\arccos x$，$x\in[-1,1]$，$y\in[0,\pi]$.

> 注意：$\cos(\arccos x)=x$，$x\in[-1,1]$；
> $\arccos(\cos x)=x$，$x\in[0,\pi]$.

1.3.3 反正切函数

函数 $y=\tan x$ 在 $x\in\left(-\dfrac{\pi}{2},\dfrac{\pi}{2}\right)$ 内的反函数叫反正切函数，记作 $y=\arctan x$，$x\in\mathbf{R}$，$y\in\left(-\dfrac{\pi}{2},\dfrac{\pi}{2}\right)$.

> 注意：$\tan(\arctan x)=x$，$x\in\mathbf{R}$；
> $\arctan(\tan x)=x$，$x\in\left(-\dfrac{\pi}{2},\dfrac{\pi}{2}\right)$.

1.3.4 反余切函数

函数 $y=\cot x$ 在 $x\in(0,\pi)$ 内的反函数叫反余切函数，记作 $y=\operatorname{arccot} x$，$x\in\mathbf{R}$，$y\in(0,\pi)$.

> 注意：$\cot(\operatorname{arccot} x)=x$，$x\in\mathbf{R}$；
> $\operatorname{arccot}(\cot x)=x$，$x\in(0,\pi)$.

例 1 计算下列各题.

(1) $\arcsin\dfrac{1}{2}$，$\arcsin\left(-\dfrac{1}{2}\right)$；

(2) $\arccos\dfrac{1}{2}$，$\arccos\left(-\dfrac{1}{2}\right)$.

分析 利用反三角函数的定义，根据特殊角的三角函数值可以得出结果.

解 (1) $\arcsin\dfrac{1}{2}=\dfrac{\pi}{6}$，$\arcsin\left(-\dfrac{1}{2}\right)=-\dfrac{\pi}{6}$；

(2) $\arccos\dfrac{1}{2}=\dfrac{\pi}{3}$，$\arccos\left(-\dfrac{1}{2}\right)=\dfrac{2\pi}{3}$.

> 注意：(1) 反正弦函数在定义域上是奇函数；
> (2) 当 $x\in[-1,1]$ 时，$\arccos x+\arccos(-x)=\pi$.

例 2 求函数 $y=\sin x\left(x\in\left[\dfrac{3}{2}\pi,\dfrac{5}{2}\pi\right]\right)$ 的反函数.

分析 要注意反正弦函数定义域.

解 因为 $\dfrac{3}{2}\pi\leqslant x\leqslant\dfrac{5}{2}\pi$，所以 $-\dfrac{\pi}{2}\leqslant x-2\pi\leqslant\dfrac{\pi}{2}$.

又 $y=\sin x=\sin(x-2\pi)$

故 $x-2\pi=\arcsin y$,即 $x=2\pi+\arcsin y$.

因此函数 $y=\sin x\ \left(x\in\left[\dfrac{3}{2}\pi,\dfrac{5}{2}\pi\right]\right)$ 的反函数是 $y=2\pi+\arcsin x$,$x\in[-1,1]$.

习题 1.3

1. 求下列各式子的值.

(1) $\arcsin\dfrac{\sqrt{2}}{2}$,$\arcsin\left(-\dfrac{\sqrt{3}}{2}\right)$;

(2) $\arccos\dfrac{\sqrt{3}}{2}$,$\arccos(-1)$;

(3) $\arctan 1$,$\mathrm{arccot}(-\sqrt{3})$.

1.4 初等函数

1.4.1 基本初等函数

(1) 常数函数 $y=C$（C 是任意实数）;

(2) 幂函数 $y=x^{\mu}$（μ 是任意实数）;

(3) 指数函数 $y=a^x$（$a>0$,$a\neq 1$,a 为常数）;

(4) 对数函数 $y=\log_a x$（$a>0$,$a\neq 1$,a 为常数,当 $a=\mathrm{e}$ 时记为 $y=\ln x$）;

(5) 三角函数 $y=\sin x$,$y=\cos x$,$y=\tan x$,$y=\cot x$,$y=\sec x=\dfrac{1}{\cos x}$（正割函数）,$y=\csc x=\dfrac{1}{\sin x}$（余割函数）;

(6) 反三角函数 $y=\arcsin x$,$y=\arccos x$,$y=\arctan x$,$y=\mathrm{arccot}\,x$.

以上六种函数统称为基本初等函数.

常见的三角函数间的恒等式如下所示.

倒数关系：

$$\sin\alpha\cdot\csc\alpha=1;\ \cos\alpha\cdot\sec\alpha=1;\ \tan\alpha\cdot\cot\alpha=1.$$

商数关系：

$$\tan\alpha=\dfrac{\sin\alpha}{\cos\alpha};\ \cot\alpha=\dfrac{\cos\alpha}{\sin\alpha}.$$

平方关系：

$$\sin^2\alpha+\cos^2\alpha=1;\quad 1+\tan^2\alpha=\sec^2\alpha;\quad 1+\cot^2\alpha=\csc^2\alpha.$$

加法公式：

$$\sin(\alpha+\beta)=\sin\alpha\cos\beta+\cos\alpha\sin\beta;$$

$$\sin(\alpha-\beta)=\sin\alpha\cos\beta-\cos\alpha\sin\beta;$$

$$\cos(\alpha+\beta)=\cos\alpha\cos\beta-\sin\alpha\sin\beta;$$

$$\cos(\alpha-\beta)=\cos\alpha\cos\beta+\sin\alpha\sin\beta;$$

$$\tan(\alpha+\beta)=\frac{\tan\alpha+\tan\beta}{1-\tan\alpha\tan\beta};$$

$$\tan(\alpha-\beta)=\frac{\tan\alpha-\tan\beta}{1+\tan\alpha\tan\beta}.$$

倍角公式：

$$\sin 2\alpha=2\sin\alpha\cos\alpha;$$

$$\cos 2\alpha=\cos^2\alpha-\sin^2\alpha=2\cos^2\alpha-1=1-2\sin^2\alpha;$$

$$\tan 2\alpha=\frac{2\tan\alpha}{1-\tan^2\alpha}.$$

积化和差公式：

$$\sin\alpha\cos\beta=\frac{1}{2}[\sin(\alpha+\beta)+\sin(\alpha-\beta)];$$

$$\cos\alpha\sin\beta=\frac{1}{2}[\sin(\alpha+\beta)-\sin(\alpha-\beta)];$$

$$\cos\alpha\cos\beta=\frac{1}{2}[\cos(\alpha+\beta)+\cos(\alpha-\beta)];$$

$$\sin\alpha\sin\beta=-\frac{1}{2}[\cos(\alpha+\beta)-\cos(\alpha-\beta)].$$

和差化积公式：

$$\sin\theta+\sin\varphi=2\sin\frac{\theta+\varphi}{2}\cos\frac{\theta-\varphi}{2};$$

$$\sin\theta-\sin\varphi=2\cos\frac{\theta+\varphi}{2}\sin\frac{\theta-\varphi}{2};$$

$$\cos\theta+\cos\varphi=2\cos\frac{\theta+\varphi}{2}\cos\frac{\theta-\varphi}{2};$$

$$\cos\theta-\cos\varphi=-2\sin\frac{\theta+\varphi}{2}\sin\frac{\theta-\varphi}{2}.$$

1.4.2 复合函数

定义 1.3 如果 y 是 u 的函数 $y=f(u)$，u 是 x 的函数 $u=\varphi(x)$，当 x 在某一区间上取

值时，相应的 u 值使 y 有意义，则称 y 是 x 的复合函数，记作 $y=f(u)=f[\varphi(x)]$，其中 x 是自变量，u 是中间变量. 有的复合函数是多重复合，有多个中间变量.

例 1 设 $y=f(u)=\sin u$，$u=\varphi(x)=x^2+1$，求 $f[\varphi(x)]$.

分析 根据复合函数的定义求解即可.

解 $f[\varphi(x)]=\sin u=\sin(x^2+1)$

例 2 设 $y=f(u)=\arctan u$，$u=\varphi(t)=\dfrac{1}{\sqrt{t}}$，$t=\varphi(x)=x^2-1$，求 $f[\varphi(\varphi(x))]$.

分析 根据复合函数的定义求解即可.

解 $f[\varphi(\varphi(x))]=\arctan u=\arctan\dfrac{1}{\sqrt{t}}=\arctan\dfrac{1}{\sqrt{x^2-1}}$，$\{x\,|\,x\neq\pm 1,\ x\in\mathbf{R}\}$.

例 3 已知函数 $f(x)$ 的定义域为 $[0,1]$，求 $f(x+a)$ 的定义域.

分析 函数 $f(x+a)$ 可看作是由函数 $f(u)$ 和 $u=x+a$ 复合而成的复合函数.

解 设 $u=x+a$，则 $f(u)$ 和 $f(x)$ 是同一个函数，于是由已知条件知：$0\leqslant u\leqslant 1$，即
$$0\leqslant x+a\leqslant 1$$
解此不等式得
$$-a\leqslant x\leqslant 1-a$$
因此函数 $f(x+a)$ 的定义域为 $[-a,1-a]$.

例 4 分析函数 $y=\mathrm{e}^{\arcsin\sqrt{x^2-1}}$ 的复合结构.

分析 注意每次分解成的函数应该是基本初等函数或者是由基本初等函数与常数的运算得出的表达式.

解 所给函数是由 $y=\mathrm{e}^u$，$u=\arcsin t$，$t=\sqrt{v}$，$v=x^2-1$ 复合而成.

定义 1.4 由基本初等函数及常数经过有限次四则运算或复合所得到的能用一个解析式子表示的函数都是初等函数.

例如，函数 $y=\sqrt{\dfrac{1+x}{1-x}}$，$y=\arcsin \mathrm{e}^{\frac{x}{2}}$，$y=\lg(\sin x)$ 等都是初等函数.

习题 1.4

1. 把下列函数分解成几个简单函数的复合.

   (1) $y=\arcsin\sqrt{\sin x}$；
   (2) $y=\tan^3\sqrt{x^2+1}$；
   (3) $y=(2^x+1)^5$；
   (4) $y=\mathrm{e}^{\tan 2x}$.

2. 设 $f(x)=\sqrt{x^2-1}$，$g(x)=\sqrt{1-x^2}$，求 $f[g(x)]$，$g[f(x)]$.

1.5 极坐标系与参数方程

极坐标方程、参数方程在微积分中经常用到，而且有时可以简化运算，因此，本节

主要介绍极坐标系、极坐标与直角坐标的关系、简单的极坐标曲线方程及曲线的参数方程的建立.

1.5.1 极坐标系

直角坐标系是最常用的一种坐标系,但它并不是用数来描写点的位置的唯一办法,有时用起来并不是最方便. 例如向炮兵指示射击目标时,最好是指出目标的方位,即方向和距离.

用方向和距离描写点的位置,这是另一种坐标系——极坐标系的基本思想.

在平面上取一个点 O,将由点 O 出发的一条射线 Ox、一个长度单位及一个计算角度的正方向(反时针方向或顺时针方向,通常都取反时针方向)合称为一个极坐标系.

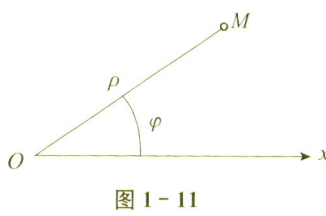

图 1-11

平面上任一点 M 的位置可以由 OM 的长度 ρ 和从 Ox 到 OM 的角度 φ 来描述,如图 1-11 所示. (ρ, φ) 为点 M 在极坐标系中的极坐标,点 O 称为极坐标系的极点,Ox 称为极轴.

> 注意:(1) ρ 叫极径,φ 叫极角.
> (2) ρ 总不是负的,当 $\rho=0$ 时,点 M 就与极点重合. 所以极点的特征是 $\rho=0$,φ 不定. 由于绕点 O 转一圈的角度是 2π,所以在极坐标系中,(ρ, φ) 与 $(\rho, \varphi+2k\pi)$ 代表同一个点(k 为整数). 由此可见,点与它的极坐标的关系不是一一对应的,这是极坐标与直角坐标不同的地方,应该注意.
> (3) 如果限定 $-\pi<\varphi\leqslant\pi$,那么 φ 就被点 M 唯一确定了(点 M 为极点时除外).
> (4) 有时可容许 ρ 取负值. 当 $\rho<0$ 时,极坐标为 (ρ, φ) 的点 N 的位置按以下规则确定:将极轴 Ox 旋转 φ 角得到一条射线,点 N 在这条射线的反向延长线上且到点 O 的距离 $-\rho>0$. (ρ, φ) 与 $(-\rho, \varphi+\pi)$ 表示同一个点.

1.5.2 极坐标与直角坐标的关系

设在平面上取定了一个极坐标系,以极轴为 x 轴、$\varphi=\dfrac{\pi}{2}$ 的射线为 y 轴就可得到一个直角坐标系,如图 1-12 所示.

于是平面上任一点 M 的直角坐标 (x, y) 与极坐标之间有下列关系:

$$\begin{cases} x=\rho\cos\varphi \\ y=\rho\sin\varphi \end{cases} \tag{1-5}$$

所以，

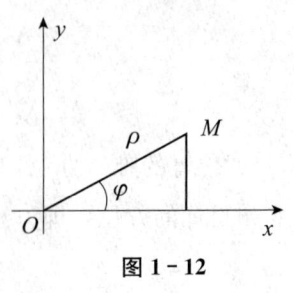

图 1-12

$$\begin{cases} \rho = \sqrt{x^2+y^2} \\ \cos\varphi = \dfrac{x}{\sqrt{x^2+y^2}} \\ \sin\varphi = \dfrac{y}{\sqrt{x^2+y^2}} \\ \tan\varphi = \dfrac{y}{x} \quad (\text{如果点 } M \text{ 不在 } y \text{ 轴上}) \end{cases} \quad (1-6)$$

1.5.3 曲线的参数方程

下面来分析一下运动规律和运动轨迹的关系. 设一质点的运动规律是

$$\begin{cases} x = \varphi(t) \\ y = \psi(t) \end{cases} \quad (a \leqslant t \leqslant b) \quad (1-7)$$

其中 $\varphi(t)$，$\psi(t)$ 是变量 t 的函数，$a \leqslant t \leqslant b$. 对每一时刻 t，由式（1-7）可得到一对数 x，y，则点 $M(x, y)$ 就是质点在时刻 t 时所处的位置. 质点在每一时刻的位置都在运动轨迹上，运动轨迹上的每一点必定是质点在某时刻的位置，所以对变量 t 的每一个值（$a \leqslant t \leqslant b$）有：式（1-7）所确定的点 $M(x, y)$ 都在轨迹上；轨迹上的每一点 $M_0(x_0, y_0)$ 都可由 t 的某个值 t_0 通过式（1-7）计算得到. 根据运动规律和运动轨迹的这个关系，提出参数方程的概念.

定义 1.5 设在平面上取定了一个直角坐标系 xOy，将坐标 x，y 用第三个变量 t 的函数表达式

$$\begin{cases} x = \varphi(t) \\ y = \psi(t) \end{cases} \quad (a \leqslant t \leqslant b)$$

表示，则该表达式就是这条曲线的参数方程. 对于 t 的每一个取值（$a \leqslant t \leqslant b$），该表达式所确定的点 $M(x, y)$ 都在这条曲线上，而且曲线上的每一点 $M_0(x_0, y_0)$ 都可由 t 的某个值 t_0 通过式（1-7）计算得到.

曲线的参数方程，是通过曲线上的点的坐标 (x, y) 分别与第三个变量（称为参数）t 的关系来反映 x 与 y 之间的联系的. 如果从参数方程中消去参数 t，可得到联系 x 与 y 的方程 $F(x, y) = 0$，而且这个方程的每一组解 (x, y) 都可以利用 t 的某值结合式（1-7）得出，那么 $F(x, y) = 0$ 就是这曲线的参数方程. 例如，如图 1-13 所示，圆 $x^2 + y^2 = R^2$ 可以表示成参数方程

$$\begin{cases} x = R\cos\varphi = R\cos\omega t \\ y = R\sin\varphi = R\sin\omega t \end{cases}$$

让 φ 在 $[0, 2\pi)$ 内变化，将各个点 M 用光滑的曲线依次连接起来就可描出整个圆周.

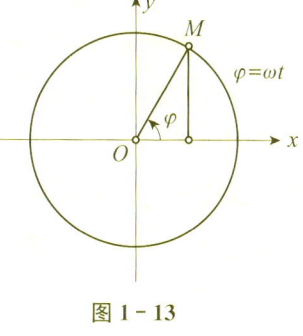

图 1 - 13

习题 1.5

1. 将下列极坐标系下的曲线方程化为直角坐标系下的方程.

   (1) $\rho = 5\sin\theta$；(2) $\rho\cos\theta = 2$；(3) $\rho = 4$.

2. 将下列曲线的直角坐标系方程化为极坐标系方程.

   (1) $y = 2x$；(2) $y = 3$；(3) $x^2 + y^2 = r^2$.

3. 将下列曲线的参数方程化为普通方程（t 为参数）.

   (1) $\begin{cases} x = \cos^2 t \\ y = \sin t \end{cases}$；

   (2) $\begin{cases} x = 2 - \dfrac{1}{2}t \\ y = -1 + \dfrac{1}{2}t \end{cases}$.

 课外阅读

刘 徽
——中国古代著名数学家

刘徽（约 225—295），魏晋期间中国数学史上伟大的数学家，中国古典数学理论的奠基人之一. 刘徽一生对数学刻苦探求，著有《九章算术注》和《海岛算经》. 他是中国最早明确主张用逻辑推理的方式来论证数学命题的人. 刘徽思维敏捷，方法灵活，既提倡推理又主张直观. 他学而不厌，给我们中华民族留下了宝贵的财富.

《九章算术》约成书于东汉之初，共有 246 个问题的解法，是中国古代流传下来的最早也是最重要的数学著作，几乎集中了当时的全部数学知识. 当时，在许多方面，如解联立方程，分数四则运算，正负数运算，几何图形的体积、面积计算等，都属于世界先进之列. 刘徽全面论述了《九章算术》中所载的方法和公式，坚持实事求是，一切从实际出发，言必有据，指出并纠正了其中的错误，不断创新，在数学方法和数学理论上做出了杰出贡献,成为中国古代数学理论的奠基者.

刘徽在数学上的贡献极多. 他是世界上最早提出十进小数概念的人,并用十进小数来表示无理数的立方根. 在代数方面,他正确地提出了正负数的概念及其加减运算的法则,改进了线性方程组的解法. 在几何方面,他提出了"割圆术",即将圆周用内接或外切正多边形穷竭的一种求圆面积和圆周长的方法. 他利用"割圆术"科学地求出了圆周率 π=3.141 6 的结果. 他在"割圆术"中提出的"割之弥细,所失弥少,割之又割,以至于不可割,则与圆周合体而无所失矣",可视为中国古代极限思想的萌芽. 刘徽提出的计算圆周率的科学方法,奠定了此后千余年来中国圆周率计算在世界上的领先地位.

刘徽在《九章算术注》序中自叙说"徽幼习《九章》,长再详览",可知他早年就学习过《九章算术》,成年后又继续深入研究. 他除了注释《九章算术》外,还撰写了《重差》作为该书的第 10 卷. 唐初以后,《重差》以《海岛算经》为名独立成书. 在《海岛算经》一书中,刘徽精心选编了九个测量问题,这些题目的创造性、复杂性和富有代表性,在当时都为西方所瞩目.

从刘徽《九章算术注》中可以准确认识刘徽之前的中国数学史. 刘徽深邃的思想方法和数学理论蕴含着对传统文化的深刻理解. 经过刘徽注释的《九章算术》影响深远,支配中国数学的发展达 1 000 多年,成为东方数学的代表作.

复习题

一、选择题

1. 下列函数对中为同一个函数的是（   ）.

   A. $y_1=x$, $y_2=\dfrac{x^2}{x}$ 　　　　　　B. $y_1=x$, $y_2=\sqrt{x^2}$

   C. $y_1=x$, $y_2=(\sqrt{x})^2$ 　　　　　　D. $y_1=|x|$, $y_2=\sqrt{x^2}$

2. 在下列函数中,为偶函数的是（   ）.

   A. $y=x+\cos x$ 　　　　　　B. $y=x\ln(x+\sqrt{1+x^2})$

   C. $y=x\cos x$ 　　　　　　D. $y=x^2\ln(1+x)$

二、计算题

1. 设 $f(x)=x^2$, $g(x)=2^x$, 求 $f[g(x)]$, $g[f(x)]$.

2. $f(x+1)=x^2+4x+2$, 求 $f(x)$.

3. 求下列函数的定义域.

(1) $y=\dfrac{x+3}{\sqrt{x^2-5x+6}}$;

(2) $y=4\sqrt{3x+2}+2\arcsin\dfrac{x-1}{2}$;

(3) $y=f(x^2+1)$,其中 $f(x)$ 的定义域是 $[1,2]$.

4. 设 $f(x)=\begin{cases}\sin x, & -2<x<0,\\ 1+x^2, & 0\leqslant x<2,\end{cases}$ 求 $f(1)$,$f\left(-\dfrac{\pi}{4}\right)$.

真题荟萃

一、选择题

1. (2014 年) 函数 $y=\sqrt{x^2-x-6}-\arcsin\dfrac{2x-3}{9}$ 的定义域为( ).

(A) $(-\infty,-2]\cup[3,+\infty)$ (B) $[-3,6]$

(C) $[-2,3]$ (D) $[-3,-2]\cup[3,6]$

2. (2015 年) 函数 $y=\ln|\sin x|$ 的定义域是( ),其中 k 为整数.

(A) $x\neq\dfrac{k\pi}{2}$ (B) $x\in(-\infty,+\infty)$,$x\neq k\pi$

(C) $x=k\pi$ (D) $x\in(-\infty,+\infty)$

3. (2012 年) 下列函数中,两个函数为同一函数的组是( ).

(A) $f(x)=x^2+3x-1$,$g(t)=t^2+3t-1$

(B) $f(x)=\dfrac{x^2-4}{x-2}$,$g(x)=x+2$

(C) $f(x)=\sqrt{x}\sqrt{x-1}$,$g(x)=\sqrt{x(x-1)}$

(D) $f(x)=3$,$g(x)=|x|+|3-x|$

4. (2006 年) 设 $f(x)=\sin x$,$g(x)=\begin{cases}x-\pi, & x\leqslant 0\\ x+\pi, & x>0\end{cases}$,则 $f[g(x)]=$( ).

(A) $\sin x$ (B) $\cos x$ (C) $-\sin x$ (D) $-\cos x$

5. (2014 年) 函数 $y=|x\cos x|$ 是( ).

(A) 有界函数 (B) 偶函数

(C) 单调函数 (D) 周期函数

二、填空题

1. (2012 年) 函数 $y=\operatorname{sgn} x=\begin{cases}-1, & x<0\\ 0, & x=0\\ 1, & x>0\end{cases}$ 的值域为_____.

2. (2011 年) 设 $f(x)=\dfrac{x}{\sqrt{x^2+1}}$,则 $f[f(x)]=$_____.

3.（2014年）设 $f\left(\dfrac{1}{x}\right)=\dfrac{x}{1+x^2}$，则 $f(x)=$ _____.

4.（2016年）设函数 $f(x)=\sin\dfrac{x}{2}+\cos\dfrac{x}{3}$，则 $f(x)$ 的周期是 _____.

5.（2017年）函数 $f(x)=\ln\sin(\cos^2 x)$ 的图像关于 _____ 对称.

三、证明题

（2016年）证明函数 $f(x)=\ln(x+\sqrt{x^2+1})$ 为奇函数.

第 2 章 函数的极限与连续

本章介绍函数极限的定义,并在此基础上重点讨论函数的极限运算和函数的连续性.

2.1 函数极限及其运算法则

本节将给出函数极限的定义. 根据自变量的变化情况,可将函数极限分为两种情况进行讨论.

2.1.1 函数极限

1. $x \to \infty$ 时的函数极限

x 趋向于 ∞ 表示 $|x|$ 无限增大. 当 $x>0$ 且无限增大时,记作 $x \to +\infty$;当 $x<0$ 且 $|x|$ 无限增大时,记作 $x \to -\infty$.

考察函数 $y = \dfrac{1}{x}$ 图像,如图 2-1 所示.

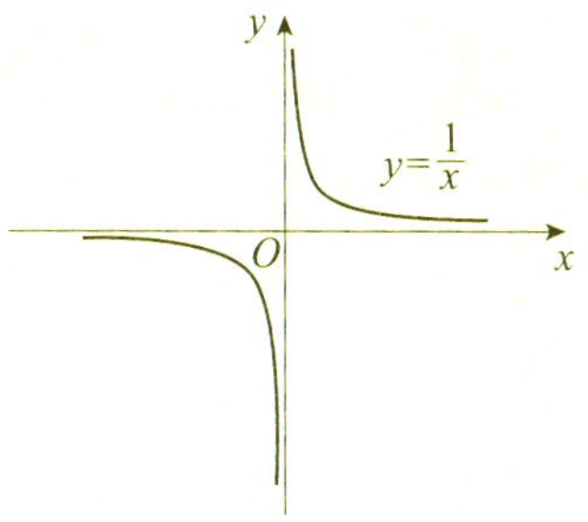

可以看到,当 $|x|$ 无限增大时,$\dfrac{1}{x}$ 无限接近于 0,

图 2-1

即函数图像无限接近于直线 $y=0$. 称 $x \to \infty$ 时 $y = \dfrac{1}{x}$ 有极限.

定义 2.1 设函数 $y=f(x)$ 在 $(-\infty, +\infty)$ 内有定义,若当 $x \to \infty$ 时,函数 $f(x)$ 无限接近于某个常数 a,那么称常数 a 为 $x \to \infty$ 时函数 $f(x)$ 的极限,常记作

$$\lim_{x \to \infty} f(x) = a \quad \text{或} \quad \text{当 } x \to \infty \text{ 时},\, f(x) \to a.$$

当自变量 $x>0$ 且无限增大时,函数 $f(x)$ 的极限为 a,记作 $\lim\limits_{x \to +\infty} f(x) = a$;当自变量 $x<0$ 而 $|x|$ 无限增大时,函数 $f(x)$ 的极限为 a,记作 $\lim\limits_{x \to -\infty} f(x) = a$.

2. $x \to x_0$ 时的函数极限

先考察如下函数的变化趋势:

(1) $y=2x+1$ $(x\to 1)$; (2) $y=\dfrac{x^2-4}{x-2}$ $(x\to 2)$.

通过观察图像容易发现：在（1）中，当自变量 x 从常数 1 的左右两边无限接近 1 时，因变量 y 的值也无限接近另一常数 3，如图 2-2 所示；在（2）中，当自变量 x 从常数 2 的左右两边无限接近 2 时，因变量 y 的值也无限接近另一常数 4，如图 2-3 所示。

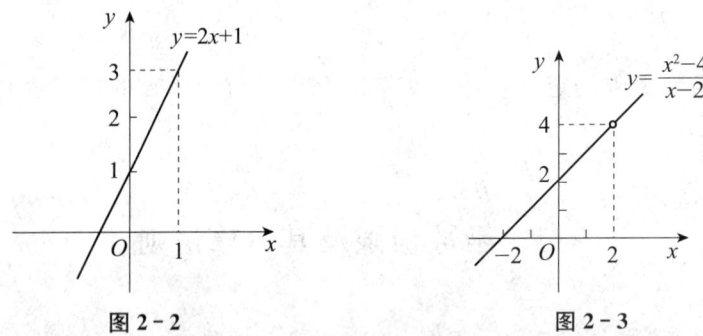

图 2-2   图 2-3

定义 2.2 设函数 $y=f(x)$ 在 x_0 的去心邻域内有定义，若当自变量 x 无限接近于 x_0 时，函数 $f(x)$ 无限接近于某个常数 a，那么称常数 a 为 $x\to x_0$ 时函数 $f(x)$ 的极限，记作

$$\lim_{x\to x_0}f(x)=a \quad 或 \quad 当 x\to x_0 时, f(x)\to a.$$

> 注意：(1) $x\to x_0$ 的方式是可以任意的，既可以从 x_0 的左边也可以从 x_0 的右边或同时从两边趋近于 x_0.
>
> (2) 当 $x\to x_0$ 时，函数 $f(x)$ 在点 x_0 处是否有极限与其在点 x_0 处是否有定义无关。

定义 2.3 如果自变量 x 仅从 x_0 的左（右）侧趋近于 x_0 时，函数 $f(x)$ 无限接近于 a，则称 a 为函数 $f(x)$ 当 x 趋近于 x_0 时的左（右）极限，分别记作

左极限 $\quad \lim\limits_{x\to x_0^-}f(x)=A \quad 或 \quad f(x)\to A$（当 $x\to x_0^-$）

右极限 $\quad \lim\limits_{x\to x_0^+}f(x)=A \quad 或 \quad f(x)\to A$（当 $x\to x_0^+$）

定理 2.1 函数 $f(x)$ 在点 x_0 处的极限存在的充分必要条件是 $f(x)$ 在点 x_0 处的左、右极限都存在且相等，即

$$\lim_{x\to x_0}f(x)=A \Leftrightarrow \lim_{x\to x_0^-}f(x)=\lim_{x\to x_0^+}f(x)=A$$

> 注意：极限 $\lim\limits_{x\to x_0^-}f(x)$ 和 $\lim\limits_{x\to x_0^+}f(x)$ 中只要有一个不存在，或虽然二者都存在但不相等，则极限 $\lim\limits_{x\to x_0}f(x)$ 不存在。

2.1.2 函数极限运算法则

假定在同一自变量的变化过程中，函数极限 $\lim f(x)$ 与 $\lim g(x)$ 都存在，则函数极限的运算有如下法则.

法则 2.1 $\lim [f(x) \pm g(x)] = \lim f(x) \pm \lim g(x)$

法则 2.2 $\lim [f(x) \cdot g(x)] = \lim f(x) \cdot \lim g(x)$

推论 1 $\lim [C \cdot f(x)] = C \cdot \lim f(x)$

推论 2 $\lim [f(x)]^n = [\lim f(x)]^n$

法则 2.3 若 $\lim g(x) \neq 0$，则 $\lim \dfrac{f(x)}{g(x)} = \dfrac{\lim f(x)}{\lim g(x)}$.

2.1.3 函数极限的性质

定理 2.2（唯一性） 如果函数 $f(x)$ 的极限存在，则极限值唯一.

定理 2.3（有界性） 设 $\lim\limits_{x \to a(\text{或}\infty)} f(x) = A$ 存在，则一定存在一个去心邻域 $\mathring{U}(a,\delta)$（或正数 M），使 $f(x)$ 在该邻域内（或 $|x|>M$ 时）有界，即有正数 S，使 $|f(x)|<S$ 在该邻域内（或 $|x|>M$ 时）恒成立.

定理 2.4（保号性）（1）如果 $\lim\limits_{x \to a} f(x) = L$，且 $L>0$（或 $L<0$），则存在点 a 的一个去心邻域 $\mathring{U}(a,\delta)$，使得当 $x \in \mathring{U}(a,\delta)$ 时，恒有 $f(x)>0$（或 $f(x)<0$）.

（2）如果 $\lim\limits_{x \to \infty} f(x) = L$，且 $L>0$（或 $L<0$），则存在 $M>0$ 使得当 $|x|>M$ 时，恒有 $f(x)>0$（或 $f(x)<0$）成立.

（3）如果 $\lim f(x) = A$，$f(x) \geqslant 0$（或 $f(x) \leqslant 0$），则 $A \geqslant 0$（或 $A \leqslant 0$）.

（4）若 $f(x) \geqslant g(x)$，$\lim f(x) = A$，$\lim g(x) = B$，则 $A \geqslant B$.

例 1 求极限 $\lim\limits_{x \to 1}(2x^2+4x-3)$.

分析 利用函数极限运算法则求解.

解 $\lim\limits_{x \to 1}(2x^2+4x-3) = \lim\limits_{x \to 1} 2x^2 + \lim\limits_{x \to 1}(4x) + \lim\limits_{x \to 1}(-3)$

$\qquad = 2\lim\limits_{x \to 1} x^2 + 4\lim\limits_{x \to 1} x - 3$

$\qquad = 2(\lim\limits_{x \to 1} x)^2 + 4 \times 1 - 3$

$\qquad = 2 \times 1^2 + 4 - 3 = 3$

例 2 求 $\lim\limits_{x \to 2} \dfrac{x^3-1}{x^2-5x+3}$.

分析 这里分母的极限不为零，故可利用商的函数极限运算法则计算.

解 $\lim\limits_{x\to 2}\dfrac{x^3-1}{x^2-5x+3} = \dfrac{\lim\limits_{x\to 2}(x^3-1)}{\lim\limits_{x\to 2}(x^2-5x+3)}$

$= \dfrac{\lim\limits_{x\to 2}x^3-\lim\limits_{x\to 2}1}{\lim\limits_{x\to 2}x^2-5\lim\limits_{x\to 2}x+\lim\limits_{x\to 2}3} = \dfrac{(\lim\limits_{x\to 2}x)^3-1}{(\lim\limits_{x\to 2}x)^2-5\times 2+3}$

$= \dfrac{2^3-1}{2^2-10+3} = \dfrac{7}{-3} = -\dfrac{7}{3}$

从上面例子可看出，求有理整函数（多项式）或有理分式函数（分母不为零）当 $x\to x_0$ 的极限时，只要把 x_0 代替函数中的 x 就行了．

事实上，设有理整函数

$$f(x) = a_0 x^n + a_1 x^{n-1} + \cdots + a_n$$

则 $\lim\limits_{x\to x_0} f(x) = \lim\limits_{x\to x_0}(a_0 x^n + a_1 x^{n-1} + \cdots + a_n)$

$= a_0 (\lim\limits_{x\to x_0} x)^n + a_1 (\lim\limits_{x\to x_0} x)^{n-1} + \cdots + \lim\limits_{x\to x_0} a_n$

$= a_0 x_0^n + a_1 x_0^{n-1} + \cdots + a_n = f(x_0)$

又设有理分式函数（有理整函数与有理分式函数统称为有理函数）

$$F(x) = \dfrac{P(x)}{Q(x)}$$

其中 $P(x)$，$Q(x)$ 都是多项式，于是

$$\lim\limits_{x\to x_0} P(x) = P(x_0), \lim\limits_{x\to x_0} Q(x) = Q(x_0)$$

如果 $Q(x_0)\neq 0$，则

$$\lim\limits_{x\to x_0} F(x) = \lim\limits_{x\to x_0}\dfrac{P(x)}{Q(x)} = \dfrac{\lim\limits_{x\to x_0} P(x)}{\lim\limits_{x\to x_0} Q(x)} = \dfrac{P(x_0)}{Q(x_0)} = F(x_0)$$

> **注意**：对于分母等于零的有理分式函数，这样代入后有理分式函数没有意义，那么此时商的函数极限运算法则就不能应用，这种情况需要特别考虑．

例 3 求 $\lim\limits_{x\to 3}\dfrac{x-3}{x^2-9}$．

分析 当 $x\to 3$ 时，分子及分母的极限都是零，于是分子、分母不能分别求极限．因分子及分母有公因子 $x-3$，而 $x\to 3$ 时，$x\neq 3$，$x-3\neq 0$，故可约去这个不为零的公因子．

解 $\lim\limits_{x\to 3}\dfrac{x-3}{x^2-9} = \lim\limits_{x\to 3}\dfrac{1}{x+3} = \dfrac{\lim\limits_{x\to 3}1}{\lim\limits_{x\to 3}(x+3)} = \dfrac{1}{6}$

例 4 求 $\lim\limits_{x\to\infty}\dfrac{5x^3+2x-1}{4x^3-x}$.

分析 先让分母及分子同时除以 x^3，然后利用运算法则计算函数极限即可.

解 $\lim\limits_{x\to\infty}\dfrac{5x^3+2x-1}{4x^3-x}=\lim\limits_{x\to\infty}\dfrac{5+\dfrac{2}{x^2}-\dfrac{1}{x^3}}{4-\dfrac{1}{x^2}}=\dfrac{5}{4}$

这是因为 $\lim\limits_{x\to\infty}\dfrac{a}{x^n}=a\lim\limits_{x\to\infty}\dfrac{1}{x^n}=a\left(\lim\limits_{x\to\infty}\dfrac{1}{x}\right)^n=0$，其中 a 为常数，n 为正整数，$\lim\limits_{x\to\infty}\dfrac{1}{x}=0$.

例 5 求 $\lim\limits_{x\to\infty}\dfrac{3x^2-2x-1}{2x^3-x^2+5}$.

分析 先让分母和分子同时除以 x^3，然后利用运算法则求函数极限即可.

解 $\lim\limits_{x\to\infty}\dfrac{3x^2-2x-1}{2x^3-x^2+5}=\lim\limits_{x\to\infty}\dfrac{\dfrac{3}{x}-\dfrac{2}{x^2}-\dfrac{1}{x^3}}{2-\dfrac{1}{x}+\dfrac{5}{x^3}}=\dfrac{0}{2}=0$

若本例题中的分子、分母颠倒，结果显然为 ∞.

结论：当 $a_0\neq 0$，$b_0\neq 0$，m 和 n 为非负整数时，有

$$\lim\limits_{x\to\infty}\dfrac{a_0x^m+a_1x^{m-1}+\cdots+a_m}{b_0x^n+b_1x^{n-1}+\cdots+b_n}=\begin{cases}0, & m<n\\ \dfrac{a_0}{b_0}, & m=n\\ \infty, & m>n\end{cases}$$

例 6 求 $\lim\limits_{x\to 1}\left(\dfrac{1}{x-1}-\dfrac{3}{x^3-1}\right)$.

分析 此题不满足函数极限运算法则的条件，因而不能直接利用法则计算. 它属"$\infty-\infty$"型，应先经过通分、整理，然后再利用运算法则求解.

解 $\lim\limits_{x\to 1}\left(\dfrac{1}{x-1}-\dfrac{3}{x^3-1}\right)=\lim\limits_{x\to 1}\dfrac{(x^2+x+1)-3}{(x-1)(x^2+x+1)}=\lim\limits_{x\to 1}\dfrac{x^2+x-2}{(x-1)(x^2+x+1)}$

$=\lim\limits_{x\to 1}\dfrac{(x-1)(x+2)}{(x-1)(x^2+x+1)}=\lim\limits_{x\to 1}\dfrac{x+2}{x^2+x+1}=1$

习题 2.1

1. 计算下列函数极限.

(1) $\lim\limits_{x\to 2}\dfrac{x^2+5}{x-3}$；

(2) $\lim\limits_{x\to 1}\dfrac{x^2-2x+1}{x^2-1}$；

(3) $\lim\limits_{h\to 0}\dfrac{(x+h)^2-x^2}{h}$；

(4) $\lim\limits_{x\to\infty}\left(2-\dfrac{1}{x}+\dfrac{1}{x^2}\right)$；

(5) $\lim\limits_{x\to\infty}\dfrac{x^2-1}{2x^2-x-1}$;

(6) $\lim\limits_{x\to\infty}\dfrac{x^2+x}{x^4-3x^2+1}$;

(7) $\lim\limits_{x\to 4}\dfrac{x^2-6x+8}{x^2-5x+4}$;

(8) $\lim\limits_{x\to\infty}\left(1+\dfrac{1}{x}\right)\left(2-\dfrac{1}{x^2}\right)$;

(9) $\lim\limits_{x\to\infty}\dfrac{(x+1)(x+2)(x+3)}{5x^3}$.

2. 已知 $\lim\limits_{x\to+\infty}(\sqrt{x^2+3}-ax-1)=0$，求常数 a 的值.

2.2 两个重要极限

下面介绍两个重要极限.

重要极限 1 $\lim\limits_{x\to 0}\dfrac{\sin x}{x}=1$

推论 $\lim\limits_{g(x)\to 0}\dfrac{\sin g(x)}{g(x)}=1$

重要极限 2 $\lim\limits_{x\to\infty}\left(1+\dfrac{1}{x}\right)^x=\mathrm{e}$

推论 $\lim\limits_{g(x)\to\infty}\left(1+\dfrac{1}{g(x)}\right)^{g(x)}=\mathrm{e}$

例 1 求 $\lim\limits_{x\to 0}\dfrac{\tan x}{x}$.

分析 化成重要极限 1 的形式后进行求解.

解 $\lim\limits_{x\to 0}\dfrac{\tan x}{x}=\lim\limits_{x\to 0}\dfrac{\sin x}{x}\cdot\dfrac{1}{\cos x}=\lim\limits_{x\to 0}\dfrac{\sin x}{x}\cdot\lim\limits_{x\to 0}\dfrac{1}{\cos x}=1$

例 2 求 $\lim\limits_{x\to 0}\dfrac{\sin 4x}{x}$.

分析 化成重要极限 1 的形式后进行求解.

解 $\lim\limits_{x\to 0}\dfrac{\sin 4x}{x}=\lim\limits_{x\to 0}\dfrac{\sin 4x}{4x}\cdot 4=4\lim\limits_{x\to 0}\dfrac{\sin 4x}{4x}=4$

例 3 求 $\lim\limits_{x\to 0}\dfrac{1-\cos x}{x^2}$.

分析 化成重要极限 1 的形式后进行求解.

解 $\lim\limits_{x\to 0}\dfrac{1-\cos x}{x^2}=\lim\limits_{x\to 0}\dfrac{2\sin^2\dfrac{x}{2}}{x^2}=\dfrac{1}{4}\lim\limits_{x\to 0}\dfrac{2\sin^2\dfrac{x}{2}}{\left(\dfrac{x}{2}\right)^2}$

$=\dfrac{1}{2}\lim\limits_{x\to 0}\left(\dfrac{\sin\dfrac{x}{2}}{\dfrac{x}{2}}\right)^2=\dfrac{1}{2}\times 1^2=\dfrac{1}{2}$

例 4 求 $\lim\limits_{x\to 0}\dfrac{\arcsin x}{x}$.

分析 本题不能直接利用重要极限 1，需要换元后转化成重要极限 1 的形式.

解 令 $t=\arcsin x$，所以 $x=\sin t$，当 $x\to 0$ 时，$t\to 0$.

因此，$\lim\limits_{x\to 0}\dfrac{\arcsin x}{x}=\lim\limits_{t\to 0}\dfrac{t}{\sin t}=\lim\limits_{t\to 0}\dfrac{1}{\dfrac{\sin t}{t}}=1$

类似地：$\lim\limits_{x\to 0}\dfrac{\arctan x}{x}=1$.

例 5 求 $\lim\limits_{x\to\infty}\left(1+\dfrac{3}{x}\right)^x$.

分析 利用重要极限 2 求极限时，关键是化"倒数关系".

解 $\lim\limits_{x\to\infty}\left(1+\dfrac{3}{x}\right)^x=\lim\limits_{x\to\infty}\left[\left(1+\dfrac{3}{x}\right)^{\frac{x}{3}}\right]^3=\mathrm{e}^3$

例 6 求 $\lim\limits_{x\to\infty}\left(1-\dfrac{1}{x}\right)^x$.

分析 本题可以通过换元化简也可以直接化"倒数关系".

解 令 $t=-x$，则当 $x\to\infty$ 时，$t\to\infty$. 于是有：

$\lim\limits_{x\to\infty}\left(1-\dfrac{1}{x}\right)^x=\lim\limits_{t\to\infty}\left(1+\dfrac{1}{t}\right)^{-t}=\lim\limits_{t\to\infty}\dfrac{1}{\left(1+\dfrac{1}{t}\right)^t}=\dfrac{1}{\mathrm{e}}$

例 7 求 $\lim\limits_{x\to 0}\left(\dfrac{1+2x}{1-2x}\right)^{\frac{1}{x}}$.

分析 本题可以先利用幂的性质来化简函数，然后再化"倒数关系".

解 $\lim\limits_{x\to 0}\left(\dfrac{1+2x}{1-2x}\right)^{\frac{1}{x}}=\lim\limits_{x\to 0}\dfrac{(1+2x)^{\frac{1}{x}}}{(1-2x)^{\frac{1}{x}}}=\lim\limits_{x\to 0}\dfrac{\left[(1+2x)^{\frac{1}{2x}}\right]^2}{\left[(1-2x)^{-\frac{1}{2x}}\right]^{-2}}=\dfrac{\mathrm{e}^2}{\mathrm{e}^{-2}}=\mathrm{e}^4$

习题 2.2

1. 计算下列极限.

(1) $\lim\limits_{x\to 0}\dfrac{\sin \omega x}{x}$；

(2) $\lim\limits_{x\to 0}\dfrac{\tan 3x}{x}$；

(3) $\lim\limits_{x\to 0}\dfrac{\sin 2x}{\sin 5x}$；

(4) $\lim\limits_{x\to 0}x\cot x$；

(5) $\lim\limits_{x\to 0}\dfrac{1-\cos 2x}{x\sin x}$；

(6) $\lim\limits_{x\to 0}\dfrac{\arcsin 2x}{\sin 3x}$.

2. 计算下列极限.

(1) $\lim\limits_{x\to 0}(1-x)^{\frac{1}{x}}$；

(2) $\lim\limits_{x\to 0}(1+2x)^{\frac{1}{x}}$；

(3) $\lim\limits_{x\to\infty}\left(\dfrac{1+x}{x}\right)^{2x}$;

(4) $\lim\limits_{x\to\infty}\left(1-\dfrac{1}{x}\right)^{kx}$ $(k\in \mathbf{N}^*)$;

(5) $\lim\limits_{x\to\infty}\left(\dfrac{2x+1}{2x-3}\right)^{x}$;

(6) $\lim\limits_{x\to\infty}\left(\dfrac{x+c}{x-c}\right)^{x}$,其中 c 为常数.

2.3 无穷小与无穷大

2.3.1 无穷小

在自变量的某一变化过程中,极限值为零的函数是一类非常重要的函数,下面对此加以特别讨论.

定义 2.4 若函数 $f(x)$ 对应自变量的某一变化过程时极限为 0,则 $f(x)$ 称为该变化过程中的无穷小,记作

$$\lim f(x)=0$$

这里的无穷小包括了数列的极限为 0 的情形,以及自变量趋于有限值和无穷大时函数极限为 0 的情形.

例如,当 $n\to+\infty$ 时,数列 $\left\{\dfrac{1}{n}\right\}$ 是无穷小;当 $x\to 1$ 时,$x-1$ 是无穷小;当 $x\to\infty$ 时,$\dfrac{1}{x}$ 是无穷小.

无穷小具有如下的性质.

性质 1 有限个无穷小之和是无穷小.

性质 2 有限个无穷小的积是无穷小.

性质 3 有界函数与无穷小的乘积仍是无穷小.

例 1 求极限 $\lim\limits_{x\to\infty}\dfrac{\sin x}{x}$.

解 因为 $\sin x$ 是有界函数,$\dfrac{1}{x}$ 是 $x\to +\infty$ 时的无穷小,于是由性质 3 可知

$$\lim_{x\to\infty}\dfrac{\sin x}{x}=0$$

2.3.2 无穷大

定义 2.5 在自变量的某一变化过程中,若函数 $f(x)$ 的绝对值无限增大,则称 $f(x)$ 为该变化过程中的无穷大,记作

$$\lim f(x)=\infty$$

这里的无穷大包括了数列的情形,以及函数当自变量趋于有限值和无穷大时的情形.

例如,当 $x \to 0$ 时,$\frac{1}{x}$ 是无穷大;当 $x \to \infty$ 时,$1 - \ln x$ 是无穷大.

2.3.3 无穷大与无穷小的关系

在自变量的同一变化过程中,无穷大的倒数是无穷小;无穷小(不取零值)的倒数是无穷大,即若 $\lim f(x) = \infty$,则 $\lim \frac{1}{f(x)} = 0$;若 $\lim f(x) = 0$,且 $f(x) \neq 0$,则 $\lim \frac{1}{f(x)} = \infty$.

例如,当 $x \to 0$ 时,$\frac{1}{x^2}$ 是无穷大,x^2 是无穷小;当 $x \to -\infty$ 时,e^{-x} 是无穷大,e^x 是无穷小.

例 2 求曲线 $y = \frac{4x-1}{(x-1)^2}$ 的渐近线方程.

解 因为 $\lim\limits_{x \to 1} \frac{4x-1}{(x-1)^2} = \infty$,所以 $x = 1$ 是曲线的铅直渐近线;

因为 $\lim\limits_{x \to \infty} \frac{4x-1}{(x-1)^2} = 0$,所以 $y = 0$ 是曲线的水平渐近线.

2.3.4 无穷小的比较和等价代换

两个无穷小的和、差及乘积都是无穷小,那么两个无穷小的商是否也是无穷小呢?
例如

$$\lim_{x \to 0} \frac{x^3}{3x} = 0, \quad \lim_{x \to 0} \frac{x^2}{x^4} = \infty, \quad \lim_{x \to 0} \frac{2x}{x} = 2$$

也就是说,两个无穷小的商可能是无穷小,可能是无穷大,也可能是非零的常数. 这些情况的出现,反映了不同的无穷小趋于 0 的快慢程度,这就是我们要讨论的无穷小的比较. 下面给出无穷小"阶"的概念.

定义 2.6 设 $\alpha = \alpha(x)$ 与 $\beta = \beta(x)$ 是同一变化过程中的无穷小,且 $\beta \neq 0$.

若 $\lim \frac{\alpha}{\beta} = 0$,则称 α 是比 β 高阶的无穷小,记作 $\alpha = o(\beta)$;

若 $\lim \frac{\alpha}{\beta} = \infty$,则称 α 是比 β 低阶的无穷小;

若 $\lim \frac{\alpha}{\beta} = C \neq 0$,则称 α 与 β 是同阶无穷小;

若 $\lim \frac{\alpha}{\beta} = 1$,则称 α 与 β 是等价无穷小,记作 $\alpha \sim \beta$.

例如，$x \to 0$ 时，x^3 是比 $3x$ 高阶的无穷小，记作 $x^3 = o(3x)$；x^2 是比 x^4 低阶的无穷小；$2x$ 是与 x 同阶的无穷小.

例3 求 $x \to 0$ 时下列无穷小的阶.

(1) $1 - \cos x$ 与 x^2；　　　　(2) $\tan x$ 与 x.

解 (1) 因为

$$\lim_{x \to 0} \frac{1 - \cos x}{x^2} = \lim_{x \to 0} \frac{1}{2} \left(\frac{\sin \frac{x}{2}}{\frac{x}{2}} \right)^2 = \frac{1}{2}$$

所以，当 $x \to 0$ 时，$1 - \cos x$ 与 x^2 是同阶无穷小.

(2) 因为

$$\lim_{x \to 0} \frac{\tan x}{x} = \lim_{x \to 0} \frac{\sin x}{x} \cdot \lim_{x \to 0} \cos x = 1$$

所以当 $x \to 0$ 时，$\tan x$ 与 x 是等价无穷小，即 $\tan x \sim x (x \to 0)$.

等价无穷小非常重要，它们在求极限时很有用处. 根据等价无穷小的定义，可以证明，当 $x \to 0$ 时，有下列常用的等价无穷小.

$\sin x \sim x$, 　　　$\tan x \sim x$, 　　　$e^x - 1 \sim x$, 　　　$a^x - 1 \sim x \ln a$

$\arcsin x \sim x$, 　　$\arctan x \sim x$, 　　$\ln(1+x) \sim x$, 　　$(1+x)^a - 1 \sim ax (a \neq 0)$

$1 - \cos x \sim \frac{1}{2} x^2$

利用等价无穷小，在求极限中可以进行等价代换.

定理 2.5 设在自变量 x 的同一变化过程中，α，β，α'，β' 都是无穷小，且 $\alpha \sim \alpha'$，$\beta \sim \beta'$. 若 $\lim \frac{\alpha'}{\beta'} = A$（或 ∞），则

$$\lim \frac{\alpha}{\beta} = \lim \frac{\alpha'}{\beta'} = A (\text{或} \infty)$$

证明 $\lim \frac{\alpha}{\beta} = \lim \left(\frac{\alpha}{\alpha'} \cdot \frac{\alpha'}{\beta'} \cdot \frac{\beta'}{\beta} \right) = \lim \frac{\alpha}{\alpha'} \cdot \lim \frac{\alpha'}{\beta'} \cdot \lim \frac{\beta'}{\beta} = \lim \frac{\alpha'}{\beta'} = A (\text{或} \infty)$

例4 求 $\lim\limits_{x \to 0} \dfrac{\sin 2x}{\tan 5x}$.

解 $\lim\limits_{x \to 0} \dfrac{\sin 2x}{\tan 5x} = \lim\limits_{x \to 0} \dfrac{2x}{5x} = \dfrac{2}{5}$

例5 求 $\lim\limits_{x \to 0} \dfrac{\tan x - \sin x}{(\sin x)^3}$.

解 $\lim\limits_{x \to 0} \dfrac{\tan x - \sin x}{(\sin x)^3} = \lim\limits_{x \to 0} \dfrac{\tan x (1 - \cos x)}{x^3} = \lim\limits_{x \to 0} \dfrac{x \cdot \frac{1}{2} x^2}{x^3} = \dfrac{1}{2}$.

无穷小的等价代换适用于求乘积或商的极限，不能在代数和的情形中使用. 如例 5

中若对分子的每项做等价代换，则原式$=\lim\limits_{x\to 0}\dfrac{x-x}{x^3}=0$，是不正确的.

习题 2.3

1. 判断下列各题中，哪些是无穷小？哪些是无穷大？

(1) $5x^2-2x-3(x\to 1)$；

(2) $\dfrac{x^3}{\sqrt{x^4+1}}\ (x\to +\infty)$；

(3) $\ln x(x\to 0^+)$；

(4) $e^{\frac{1}{x}}(x\to 0^-)$.

2. 计算下列极限.

(1) $\lim\limits_{x\to \infty}\dfrac{x^2+x}{x^3-2x+1}$；

(2) $\lim\limits_{x\to 1}\dfrac{x^2-3x+2}{x-1}$；

(3) $\lim\limits_{x\to 2}\dfrac{2-\sqrt{x+2}}{2-x}$；

(4) $\lim\limits_{x\to 3}\dfrac{x+2}{x^2-9}$；

(5) $\lim\limits_{x\to 0}\dfrac{\sin(x^3)}{\sin^2 x}$；

(6) $\lim\limits_{x\to 0}\dfrac{\tan x-\sin x}{x}$；

(7) $\lim\limits_{x\to 0}\dfrac{x^3}{\ln(1+2x^3)}$；

(8) $\lim\limits_{x\to 0}\dfrac{\arctan 3x}{\ln(1-2x)}$.

2.4 函数的连续性

在自然界中，有许多现象都是连续变化的，如生物的生长、气温的变化、钢材受热膨胀等，都是随着时间而连续变化的. 这些现象抽象到函数关系上，就是函数的连续性. 本节就以函数极限为基础讨论函数的连续性.

2.4.1 函数连续的定义

设变量 x 从它的一个初值 x_1 变到终值 x_2，则称终值 x_2 与初值 x_1 的差 x_2-x_1 为变量 x 的增量（或改变量），记作 Δx，即 $\Delta x=x_2-x_1$，增量 Δx 可以是正的也可以是负的，当 $\Delta x\geqslant 0$ 时，$x_2\geqslant x_1$，反之，$x_2<x_1$.

如果函数 $f(x)$ 在 $x=x_0$ 处及 x_0 的"附近"区间内（或邻域内）有定义，当自变量 x 在 x_0 的这个"附近"区间内取得增量 Δx，即自变量 x 由 x_0 变到 $x_0+\Delta x$ 时，相应地，函数 $y=f(x)$ 由 $f(x_0)$ 变到 $f(x_0+\Delta x)$，则称 $\Delta y=f(x_0+\Delta x)-f(x_0)$ 为函数 $y=f(x)$ 的对应增量，如图 2-4 所示.

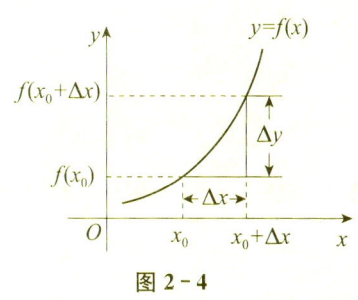

图 2-4

定义 2.7 设函数 $y=f(x)$ 在 x_0 的某个邻域内有定义，若

$$\lim_{\Delta x \to 0} \Delta y = \lim_{\Delta x \to 0}[f(x_0+\Delta x)-f(x_0)]=0 \qquad (2-1)$$

则称函数 $y=f(x)$ 在 $x=x_0$ 处连续.

式 (2-1) 等价于 $\lim\limits_{x \to x_0} f(x)=f(x_0)$.

定义 2.8 设函数 $y=f(x)$ 在 x_0 的某个邻域内有定义，若

$$\lim_{x \to x_0} f(x)=f(x_0) \qquad (2-2)$$

则称 $y=f(x)$ 在 $x=x_0$ 处连续，此时点 $(x_0, f(x_0))$ 称为 $f(x)$ 的连续点.

在函数连续定义中，若有 $\lim\limits_{x \to x_0^+} f(x)=f(x_0)$，则称 $f(x)$ 在 $x=x_0$ 处右连续；若 $\lim\limits_{x \to x_0^-} f(x)=f(x_0)$，则称 $f(x)$ 在 $x=x_0$ 处左连续. 若函数在区间(a,b)内每一点处都连续，则称此函数在(a,b)内连续. 如果函数在(a,b)内连续，同时在 $x=a$ 处右连续，在 $x=b$ 处左连续，则称此函数在$[a,b]$上连续.

从函数极限的定义知道，函数极限存在等价于其左、右极限存在且相等，因此有如下定理.

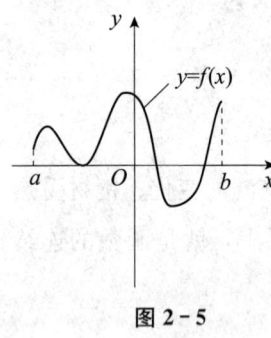

图 2-5

定理 2.6 函数 $f(x)$ 在 $x=x_0$ 处连续的充分必要条件是 $f(x)$ 在 $x=x_0$ 处左、右都连续.

函数的连续性可以通过函数的图像——曲线的连续性表示出来，即若 $f(x)$ 在 $[a,b]$ 上连续，则 $f(x)$ 在 $[a,b]$ 上的图像就是一条连绵不断的曲线，如图 2-5 所示.

例 6 设分段函数 $f(x)=\begin{cases} x-1, & x\leqslant 0 \\ 2x^2, & 0<x\leqslant 1 \\ x+1, & x>1 \end{cases}$

讨论 $f(x)$ 在 $x=0$，$x=1$ 处的连续性.

分析 研究分段函数的连续性时关键是研究函数在分界点处的连续性，这需要用连续的定义来判定.

解 $f(0)=-1$

$\lim\limits_{x \to 0^-} f(x) = \lim\limits_{x \to 0^-}(x-1)=-1$

$\lim\limits_{x \to 0^+} f(x) = \lim\limits_{x \to 0^+} 2x^2=0$

故$\lim\limits_{x \to 0} f(x)$ 不存在，所以 $f(x)$ 在 $x=0$ 处不连续.

$\lim\limits_{x \to 1^-} f(x) = \lim\limits_{x \to 1^-} 2x^2=2$

$\lim\limits_{x \to 1^+} f(x) = \lim\limits_{x \to 1^+}(x+1)=2$

故有$\lim\limits_{x \to 1} f(x)=2=f(1)$，所以 $f(x)$ 在 $x=1$ 处连续.

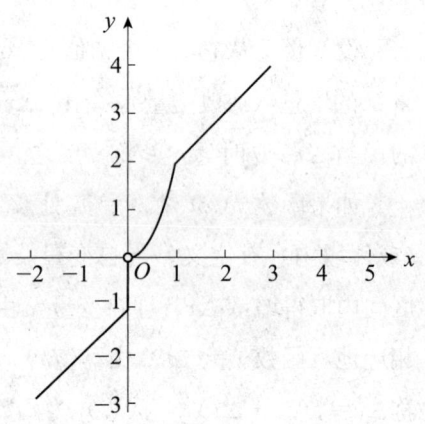

图 2-6

综上分析，可画出该分段函数的图像，如图 2-6 所示．

根据函数连续定义可知，函数在一点连续，必须同时满足下列三个条件：

(1) 函数 $f(x)$ 在点 x_0 及其附近有定义；

(2) 极限 $\lim\limits_{x \to x_0} f(x)$ 存在；

(3) $\lim\limits_{x \to x_0} f(x) = f(x_0)$．

若上述三个条件中只要有一个条件不满足，则函数 $f(x)$ 在 $x=x_0$ 处不连续，称 x_0 为 $f(x)$ 的间断点．根据产生间断的原因不同，将间断点分成两大类，定义如下．

定义 2.9 设 x_0 为 $f(x)$ 的一个间断点，如果当 $x \to x_0$ 时，$f(x)$ 的左、右极限都存在，则称 x_0 为 $f(x)$ 的第一类间断点；否则，称 x_0 为 $f(x)$ 的第二类间断点．

由第一类间断点的定义可以看出，其包含以下两种情况：

(1) $\lim\limits_{x \to x_0^-} f(x)$ 与 $\lim\limits_{x \to x_0^+} f(x)$ 都存在但不相等时，称 x_0 为 $f(x)$ 的跳跃间断点；

(2) $\lim\limits_{x \to x_0} f(x)$ 存在但不等于 $f(x_0)$ 或 $f(x)$ 在点 x_0 处没定义时，称 x_0 为 $f(x)$ 的可去间断点．

例 7 指出函数 $f(x) = \dfrac{x^2}{x}$ 的间断点．

分析 利用间断点的定义求解．

解 因为 $f(x)$ 在 $x=0$ 处没有定义，所以 $f(x)$ 在 $x=0$ 处间断．

例 8 指出函数 $f(x) = \begin{cases} -x+1, & x<1 \\ 1, & x=1 \\ -x+3, & x>1 \end{cases}$ 的间断点，并作出函数的图像．

分析 分段函数的间断点的判定利用间断点的定义来解决．

解 因为 $\lim\limits_{x \to 1^+} f(x) = \lim\limits_{x \to 1^+} (-x+3) = 2$，$\lim\limits_{x \to 1^-} f(x) = \lim\limits_{x \to 1^-} (-x+1) = 0$，

所以 $\lim\limits_{x \to 1^+} f(x) \neq \lim\limits_{x \to 1^-} f(x)$，故 $\lim\limits_{x \to 1} f(x)$ 不存在．

故 $f(x)$ 在 $x=1$ 处间断，函数的图像如图 2-7 所示．

例 9 指出函数 $f(x) = \dfrac{x}{x-1}$ 的间断点，并作出函数的图像．

分析 利用间断点的定义来求解．

解 因为 $f(x)$ 在 $x=1$ 处没有定义，且 $\lim\limits_{x \to 1} f(x) = \infty$，所以 $f(x)$ 在 $x=1$ 处间断．

用坐标平移的方法作函数 $f(x) = \dfrac{x}{x-1} = 1 + \dfrac{1}{x-1}$ 的图像，如图 2-8 所示．

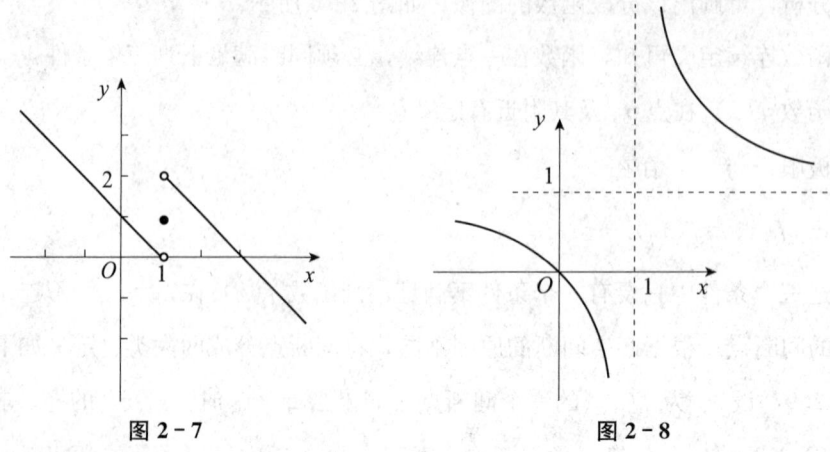

图 2-7　　　　　　　　　　　图 2-8

2.4.2　连续函数的性质

由函数连续的定义和函数极限运算法则，可以得到如下定理.

定理 2.7　有限个在某点连续的函数的和、差、积是一个在该点连续的函数.

定理 2.8　两个在某点连续的函数的商是一个在该点连续的函数（分母函数在该点不为零）.

前面介绍过反函数和复合函数的概念，当知道一个在区间 I 内的连续函数时，必然会关心其反函数的连续性，下面的定理给出了连续函数与其反函数的关系.

定理 2.9　设函数 $f(x)$ 在区间 I 上严格单调递增（递减）且连续，其值域为 $M=\{y|y=f(x), x\in I\}$，则其反函数 $f^{-1}(x)$ 在区间 M 上严格单调递增（递减）且连续.

如 $y=\sin x$ 在闭区间 $\left[-\dfrac{\pi}{2}, \dfrac{\pi}{2}\right]$ 上严格单调递增且连续，其值域为 $[-1,1]$，则其反函数 $y=\arcsin x$ 在闭区间 $[-1,1]$ 上也严格单调递增且连续.

定理 2.10　设函数 $y=f(u)$ 在点 $u=u_0$ 处连续，$u=g(x)$ 在点 $x=x_0$ 处的极限为 u_0，即 $\lim\limits_{x\to x_0}g(x)=u_0$，则复合函数 $y=f[g(x)]$ 满足

$$\lim_{x\to x_0}f[g(x)]=\lim_{u\to u_0}f(u)=f(u_0) \tag{2-3}$$

式（2-3）也可写为：$\lim\limits_{x\to x_0}f[g(x)]=f[\lim\limits_{x\to x_0}g(x)]=f(u_0)$ 　　　　　（2-4）

在定理 2.10 条件下，求复合函数 $y=f[g(x)]$ 的极限时，函数符号 f 与极限符号 $\lim\limits_{x\to x_0}$ 可以交换次序.

定理 2.11　设函数 $y=f(u)$ 在 $u=u_0$ 处连续，$u=g(x)$ 在点 $x=x_0$ 处连续且 $g(x_0)=u_0$，则复合函数 $y=f[g(x)]$ 在 $x=x_0$ 点处连续.

在上面的例子中讨论了三角函数和反三角函数在其定义区间内是连续的，其实还可

以证明指数函数、对数函数和幂函数在其定义区间内也是连续的,也就是说:基本初等函数在其定义区间内都是连续的. 根据前面的定理可以得到如下结论.

定理 2.12　一切初等函数在其定义区间内都是连续的.

因此若函数 $f(x)$ 是初等函数,且点 x_0 是它定义区间内的点,则当 $x \to x_0$ 时,函数 $f(x)$ 的极限值就是 $f(x)$ 在点 x_0 处的函数值,即

$$\lim_{x \to x_0} f(x) = f(x_0) = f(\lim_{x \to x_0} x) \tag{2-5}$$

式(2-5)为计算初等函数的极限提供了一个实用而又简便的方法.

习题 2.4

1. 研究下列函数的连续性,并作出函数的图像.

   (1) $f(x) = \begin{cases} x^2, & 0 \leqslant x \leqslant 1 \\ 2-x, & 1 < x \leqslant 2 \end{cases}$;

   (2) $f(x) = \begin{cases} x, & -1 \leqslant x \leqslant 1 \\ 1, & x < -1 \text{ 或 } x > 1 \end{cases}$.

2. 下列函数在指出的点处间断,说明这些间断点分别属于哪一类. 如果是可去间断点,请补充或改变函数的定义域使它在该点连续.

   (1) $y = \dfrac{x^2-1}{x^2-3x+2}$, $x=1$, $x=2$;

   (2) $y = \dfrac{x}{\tan x}$, $x=0$, $x=\pi$, $x=\dfrac{\pi}{2}$ $(k \in \mathbf{Z})$;

   (3) $y = \cos^2 \dfrac{1}{x}$, $x=0$;

   (4) $y = \begin{cases} x-1, & x \leqslant 1 \\ 3-x, & x > 1 \end{cases}$, $x=1$.

3. 设函数 $f(x) = \begin{cases} e^x, & x < 0 \\ a+x, & x \geqslant 0 \end{cases}$ 在 $(-\infty, +\infty)$ 内连续,求常数 a 的值.

2.5 闭区间上连续函数的性质

前面给出了函数在闭区间上连续的概念,本节主要讨论连续函数在闭区间上的主要性质.

设函数 $f(x)$ 在闭区间 $[a, b]$ 上连续,如图 2-9 所示,则有以下几个定理成立.

定理 2.13(最值定理)　若函数 $f(x)$ 在闭区间 $[a, b]$ 上连续,则 $f(x)$ 在 $[a, b]$ 上有最大值与最小值.

推论（有界定理） 若函数 $f(x)$ 在闭区间 $[a,b]$ 上连续，则 $f(x)$ 在 $[a,b]$ 上有界.

若 x_0 使得 $f(x_0)=0$，则称 x_0 为函数 $f(x)$ 的零点或称 x_0 为方程 $f(x)=0$ 的根.

定理 2.14（零点存在定理） 若函数 $f(x)$ 在闭区间 $[a,b]$ 上连续，$f(a)$ 与 $f(b)$ 异号，则在 (a,b) 内至少存在一点 ξ，使得 $f(\xi)=0$.

如图 2-10 所示，定理 2.14 说明：如果连续函数 $f(x)$ 的图像的两个端点位于 x 轴的两侧，那么 $f(x)$ 与 x 轴至少有一个交点.

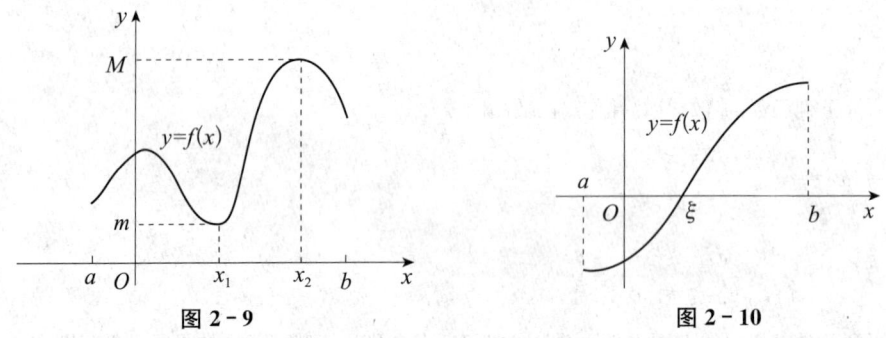

图 2-9　　　　　　　　　图 2-10

定理 2.15（介值定理） 若函数 $f(x)$ 在闭区间 $[a,b]$ 上连续，$f(a) \neq f(b)$，对介于 $f(a)$ 与 $f(b)$ 之间的任一数 C，则在 (a,b) 内至少存在一点 ξ，使得 $f(\xi)=C$.

推论 设 $f(x)$ 在 $[a,b]$ 上的最大值与最小值分别为 M 和 m，对介于 M 和 m 之间的任一数 C，则在 (a,b) 内至少存在一点 ξ，使得 $f(\xi)=C$，如图 2-11 所示.

> 注意：(1) 若函数不是在闭区间上而是在开区间上连续，以上定理不一定成立；
> (2) 若函数在闭区间上有间断点，以上定理不一定成立.

例如，函数 $y=\dfrac{1}{x}$ 在 $(0,1]$ 上连续，但在 $(0,1]$ 上无界，如图 2-12 所示.

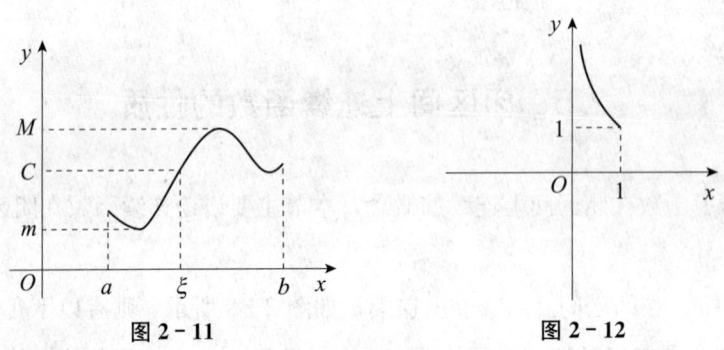

图 2-11　　　　　　　　　图 2-12

再如，函数 $y=\begin{cases} x^2, & -1\leqslant x<0 \\ 1, & x=0 \\ 2-x^2, & 0<x\leqslant 1 \end{cases}$ 在闭区间

$[-1,1]$ 上有间断点 $x=0$，则它既取不到最大值也取不到最小值，如图 2-13 所示.

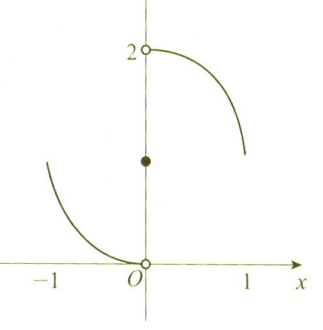

图 2-13

例 1 证明方程 $x^3-4x^2+1=0$ 在区间 $(0,1)$ 内至少有一个根.

分析 利用零点定理来证明.

证明 函数 $f(x)=x^3-4x^2+1$ 在闭区间 $[0,1]$ 上连续，又
$$f(0)=1>0,\ f(1)=-2<0$$
根据零点存在定理，在 $(0,1)$ 内至少有一点 ξ，使得
$$f(\xi)=0$$
即
$$\xi^3-4\xi^2+1=0,\ 0<\xi<1$$
这等式说明方程 $x^3-4x^2+1=0$ 在区间 $(0,1)$ 内至少有一个根是 ξ.

习题 2.5

1. 求 $\lim\limits_{x\to\frac{\pi}{6}}\ln(2\cos 2x)$.

2. 证明方程 $x^3-x-2=0$ 在区间 $(0,2)$ 内至少有一个根.

3. 设 $f(x)$ 在 $[0,2]$ 上连续，$f(0)=f(2)$，证明方程 $f(x)=f(x+1)$ 在 $[0,1]$ 上至少有一个实根.

魏尔斯特拉斯
——现代分析之父

魏尔斯特拉斯（1815—1897），德国数学家，1815 年 10 月 31 日生于德国威斯特伐利亚地区的小村落奥斯登费尔特，1897 年 2 月 19 日卒于柏林. 魏尔斯特拉斯作为现代分析之父，工作涵盖：幂级数理论、实分析、复变函数、阿贝尔函数、无穷乘积、变分学、双线型与二次型、整函数等. 他以其解析函数理论与柯西、黎曼同为复变函数论的奠基人.

魏尔斯特拉斯早年进入伯恩大学学习法律和财政（迫于父亲的专断），1838年转学数学．1842—1855年，他先后在几个小城镇的中学任教．除了教数学之外，他还教物理、德语、作文、地理及体育等课程，所得薪金连进行科学通信的邮资都付不起．但魏尔斯特拉斯以惊人的毅力，过着一种双重的生活．他白天教课，晚上坚持数学研究，攻读阿贝尔等人的数学著作，并写了许多论文，堪称自学成才的典范．1854年，他在《克雷尔》杂志上发表了成名之作《关于阿贝尔函数论》．根据他的学术成就，柯尼斯堡大学授予他名誉博士学位．1856年，他由库默尔推荐成为柏林大学助理教授，1865年晋升为教授．

在数学史上，魏尔斯特拉斯关于分析严格化的贡献使他获得了"现代分析之父"的称号．他是把严格的论证引进分析学的一位大师，为分析严密化做出了不可磨灭的贡献，是分析算术化运动的开创者之一．这种严格化的突出表现是创造了一套语言（ε-δ语言），用以重建分析体系．他批评柯西等人采用的"无限趋近"等说法具有明显的运动学含义，代之以更严密的表述，用这种方式重新定义了极限、连续、导数等分析基本概念，特别是通过引进以往被忽视的一致收敛性而消除了微积分中不断出现的各种异议和混乱．可以说，数学分析达到今天所具有的严密形式，本质上归功于魏尔斯特拉斯的工作．

在解析函数方面，魏尔斯特拉斯用幂级数来定义解析函数，并建立了一整套解析函数理论．魏尔斯特拉斯关于解析函数的研究成果，组成了现今大学数学专业中复变函数论的主要内容．此外，他在椭圆函数、代数、变分学、微分几何等领域均做出突出贡献．他的批判精神对19世纪数学产生很大影响，是数学史上一位承前启后的大家．

魏尔斯特拉斯不但是一位伟大的数学家，还是一位杰出的教育家．他一生热爱数学，热爱教育事业，热情指导学生，终身孜孜不倦．他培养出一大批有成就的数学人才，其中最著名的有：柯瓦列夫斯卡娅（俄国女数学家、作家、政论家）、H. A. 施瓦茨（法国数学家）、I. L. 富克斯（法国数学家）、M. G. 米塔-列夫勒（瑞典数学家）、F. H. 朔特基（法国数学家）、L. 柯尼希贝格（法国数学家）等．他高尚的风范和精湛的教学艺术是永远值得全世界数学教师学习的光辉典范．

复习题

一、选择题

1. 极限 $\lim\limits_{x \to 0} \sin \dfrac{1}{x} =$（　　）．

A. 1　　　　　　B. 0　　　　　　C. ∞　　　　　　D. 不存在

2. 设 $f(x) = \dfrac{\ln(1+x)}{x}$，则 $x=0$ 是 $f(x)$ 的（　　）.

A. 连续点　　　B. 可去间断点　　　C. 跳跃间断点　　　D. 无穷间断点

3. 若 x_0 为 $f(x)$ 的间断点，则一定有（　　）.

A. $f(x)$ 在点 x_0 处无定义

B. $f(x)$ 在点 x_0 处有定义，但是 $\lim\limits_{x \to x_0} f(x)$ 不存在

C. $f(x_0)$ 存在，$\lim\limits_{x \to x_0} f(x)$ 也存在，但是它们不相等

D. 上述三种情况中至少有一种出现

4. 下列各式中，正确的为（　　）.

A. $\lim\limits_{x \to \infty}(1+x)^{\frac{1}{x}} = e$
B. $\lim\limits_{x \to 0}(1+x)^{\frac{1}{x}} = e$

C. $\lim\limits_{x \to \infty}\left(1+\dfrac{1}{x}\right)^{\frac{1}{x}} = e$
D. $\lim\limits_{x \to 0}\left(1+\dfrac{1}{x}\right)^{x} = e$

二、计算题

1. $\lim\limits_{x \to 0} \dfrac{\cos 2x + \sin x^2}{5e^x + 3x^2}$;
2. $\lim\limits_{x \to 0} \dfrac{2x^3 - 2x + 3}{5x^3 + 3x^2 - x}$;

3. $\lim\limits_{x \to 0} \dfrac{\sqrt{1-x}-1}{x}$;
4. $\lim\limits_{x \to 2}\left(\dfrac{1}{x-2} - \dfrac{12}{x^3-8}\right)$;

5. $\lim\limits_{x \to \infty}\left(\dfrac{x+1}{x-1}\right)^x$;
6. $\lim\limits_{x \to 0}(1+\sin 2x)^{\frac{1}{x}}$;

7. $\lim\limits_{x \to 0} \dfrac{\sin 3x}{\tan 5x}$;
8. $\lim\limits_{x \to 0} \sin x \cos \dfrac{1}{x}$.

三、证明方程 $e^x + x = 2$ 至少有一个小于 1 的正根.

四、证明方程 $\sin x + x + 1 = 0$ 在开区间 $\left(-\dfrac{\pi}{2}, \dfrac{\pi}{2}\right)$ 内至少有一个根.

 真题荟萃

一、选择题

1.（2009 年）$x = \dfrac{\pi}{2}$ 是函数 $y = \dfrac{x}{\tan x}$ 的（　　）.

（A）连续点　　　　　　　　　　（B）可去间断点

（C）跳跃间断点　　　　　　　　（D）第二类间断点

2.（2010 年）极限 $\lim\limits_{x \to 1} \dfrac{x^2-1}{x-1}$ 等于（　　）.

（A）0　　　　　（B）2　　　　　（C）1　　　　　（D）−1

3.（2015 年）$\lim\limits_{n \to \infty}\left(1-\dfrac{2}{n}\right)^{-n} =$（　　）.

(A) e　　　　　　(B) $\dfrac{1}{e}$　　　　　　(C) e^2　　　　　　(D) $\dfrac{1}{e^2}$

4. （2008 年）当 $x\to 0$ 时，$3x^2$ 是 $\sin^2 x$ 的（　　）.

(A) 高阶无穷小　　　　　　　　　　(B) 同阶无穷小，但不等价

(C) 低阶无穷小　　　　　　　　　　(D) 等价无穷小

5. （2017 年）如果函数 $f(x)=\begin{cases}-2,&x<-1\\x^2+ax-1,&-1\leqslant x\leqslant 1\\2,&x>1\end{cases}$ 在（$-\infty$，$+\infty$）内连续，则（　　）.

(A) 0　　　　　　(B) $\dfrac{1}{2}$　　　　　　(C) 1　　　　　　(D) 2

二、填空题

1. （2009 年）$y=\sin\dfrac{1}{x}$ 在 $x=0$ 处是第_____类间断点.

2. （2010 年）若函数 $f(x)=\begin{cases}-2x+1,&x\leqslant 1\\x-a,&x>1\end{cases}$ 在 $x=1$ 处连续，则 $a=$_____.

3. （2011 年）极限 $\lim\limits_{x\to 1}\dfrac{x^4+2x^2-3}{x^2-3x+2}=$_____.

4. （2017 年）$\lim\limits_{n\to\infty}\left(\dfrac{n-2}{n+1}\right)^n=$_____.

5. （2015 年）设函数 $f(x)=\begin{cases}\sin\dfrac{1}{x},&x>0\\x-1,&x\leqslant 0,\end{cases}$ 则函数 $f(x)$ 的间断点是_____，间断点的类型是_____.

三、计算题

1. （2011 年）求极限：$\lim\limits_{x\to 0}\dfrac{\sin(4x)}{\sqrt{x+2}-\sqrt{2}}$.

2. （2014 年）求极限：(1) $\lim\limits_{n\to\infty}(\sqrt{n+\sqrt{n}}-\sqrt{n-\sqrt{n}})$；　(2) $\lim\limits_{x\to\infty}\left(\dfrac{5x^2-3}{2x+1}\sin\dfrac{2}{x}\right)$.

3. （2017 年）设 $f(x)=\begin{cases}\dfrac{\tan ax}{x},&x<0\\x+2,&x\geqslant 0\end{cases}$，$\lim\limits_{x\to 0}f(x)$ 存在，求 a 的值.

4. （2017 年）已知当 $x\to 0$ 时，$\sqrt{1+ax^2}-1$ 与 $\sin^2 x$ 是等价无穷小，求 a 的值.

5. （2016 年）求函数 $f(x)=\dfrac{2x+1}{3x+2}$ 的水平、垂直渐近线.

四、证明题

1. （2010 年）设函数 $f(x)$ 在 $[0,1]$ 上连续，并且对于 $[0,1]$ 上的任意 x 所对应的函数值 $f(x)$ 均为 $0\leqslant f(x)\leqslant 1$，证明：在 $[0,1]$ 上至少存在一点 ξ，使得 $f(\xi)=\xi$.

2. （2018 年）证明方程 $x^5-2x^2+x+1=0$ 在 $(-1,1)$ 内至少有一个实根.

第3章 导数与微分

微分学是微积分的重要组成部分,它的基本概念是导数与微分,而求导数是微分学中的基本运算. 在这一章中,主要讨论导数与微分的概念及它们的计算方法.

3.1 导数的概念

3.1.1 引例

1. 变速运动的瞬时速度问题——路程相对时间的变化率

在物理学中,曾学习过匀速直线运动的一个基本关系:速度=$\dfrac{路程}{时间}$,即

$$v=\dfrac{s}{t}$$

但在日常生活中,我们所遇到的物体的运动大都是变速运动,平常人们所说的物体运动的速度是指物体在一段时间内的平均速度. 如何求出公交车在某一时刻的瞬时速度呢?

设 s 表示公交车从某一时刻开始到时刻 t 作直线运动所经过的路程,则 s 是时刻 t 的函数 $s=s(t)$,现在来确定公交车在某一给定时刻 t_0 的速度.

当时刻由 t_0 改变到 $t_0+\Delta t$ 时,公交车在 Δt 这段时间内所经过的路程为

$$\Delta s = s(t_0+\Delta t)-s(t_0)$$

因此在 Δt 这段时间内,公交车的平均速度为

$$\bar{v}=\dfrac{\Delta s}{\Delta t}=\dfrac{s(t_0+\Delta t)-s(t_0)}{\Delta t}$$

若公交车作匀速直线运动,平均速度 $\bar{v}$ 就是公交车在任何时刻的速度 v. 若公交车的运动是变速的,则当 Δt 很小时,$\bar{v}$ 可以近似地表示公交车在 t_0 时刻的速度,Δt 越小,近似程度越好,当 $\Delta t \to 0$ 时,如果极限 $\lim\limits_{\Delta t \to 0}\dfrac{\Delta s}{\Delta t}$ 存在,则此极限为公交车在 t_0 时刻的瞬时速度,即

$$v=\lim_{\Delta t \to 0}\dfrac{\Delta s}{\Delta t}=\lim_{\Delta t \to 0}\dfrac{s(t_0+\Delta t)-s(t_0)}{\Delta t}$$

2. 曲线的切线斜率

在平面几何里，圆的切线定义为"与曲线有唯一交点的直线". 显然这一定义具有特殊性，并不适合一般的连续曲线. 下面给出一般连续曲线的切线定义：在曲线 L 上，点 M 为曲线上一定点，在点 M 附近再取一点 N，作割线 MN，当点 N 沿曲线移动而趋向于点 M 时，割线 MN 的极限位置 MT 就称为曲线 L 在点 M 处的切线，如图 3-1 所示.

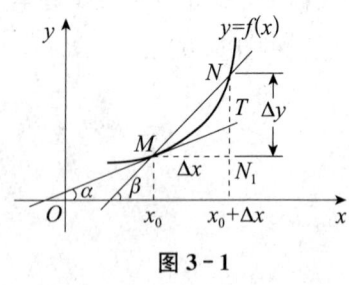

图 3-1

根据这个定义，可以用极限的方法来求曲线的切线斜率. 设曲线 $y=f(x)$ 的图像如图 3-1 所示，点 $M(x_0, y_0)$ 为曲线上一定点，在曲线上另取一点 $N(x_0+\Delta x, y_0+\Delta y)$，点 N 的位置取决于 Δx，它是曲线上的一个动点，作割线 MN，设其倾斜角（MN 与 x 轴正向的夹角）为 β，由图 3-1 可知割线 MN 的斜率为

$$\tan \beta = \frac{\Delta y}{\Delta x} = \frac{f(x_0+\Delta x)-f(x_0)}{\Delta x}$$

当 $\Delta x \to 0$ 时，动点 N 将沿着曲线趋向于定点 M，从而割线 MN 也随之变动而趋向于极限位置——切线 MT. 显然，此时倾斜角 β 趋向于切线的倾斜角 α，于是得到切线的斜率为

$$k=\tan \alpha = \lim_{\Delta x \to 0}\tan \beta = \lim_{\Delta x \to 0}\frac{\Delta y}{\Delta x} = \lim_{\Delta x \to 0}\frac{f(x_0+\Delta x)-f(x_0)}{\Delta x}$$

上面两个实例的具体含义虽然不相同，但是从抽象的数学关系来看，它们的实质是一样的，都可归结为计算函数改变量 Δy 与自变量改变量 Δx 的比在自变量改变量 Δx 趋向于零时的极限，即变化率的极限. 这种特殊的极限叫作函数的导数.

3.1.2 导数概念

1. 导数的定义

定义 3.1 设函数 $y=f(x)$ 在点 x_0 及其某个邻域内有定义，当自变量 x 在 x_0 处取得增量 Δx（点 $x_0+\Delta x$ 仍在定义范围内）时，函数有相应的增量

$$\Delta y = f(x_0+\Delta x) - f(x_0)$$

如果极限 $\lim\limits_{\Delta x \to 0}\dfrac{\Delta y}{\Delta x}$ 存在，则称函数 $f(x)$ 在点 x_0 处可导，并称这个极限为函数 $y=f(x)$ 在点 x_0 处的导数，记为 $f'(x_0)$，即

$$f'(x_0) = \lim_{\Delta x \to 0}\frac{\Delta y}{\Delta x} = \lim_{\Delta x \to 0}\frac{f(x_0+\Delta x)-f(x_0)}{\Delta x}$$

也可记作 $y'|_{x=x_0}$ 或 $\dfrac{\mathrm{d}y}{\mathrm{d}x}\bigg|_{x=x_0}$ 或 $\dfrac{\mathrm{d}f(x)}{\mathrm{d}x}\bigg|_{x=x_0}$ 或 $f'(x_0)$.

如果极限 $\lim\limits_{\Delta x\to 0}\dfrac{\Delta y}{\Delta x}$ 不存在,就说函数在点 x_0 处没有导数或不可导. 如果不可导的原因是当 $\Delta x\to 0$ 时,$\dfrac{\Delta y}{\Delta x}\to\infty$,为了方便起见,往往也说函数 $y=f(x)$ 在点 x_0 处的导数为无穷大.

与函数 $y=f(x)$ 在点 x_0 处的左、右极限概念相似,如果 $\lim\limits_{\Delta x\to 0^-}\dfrac{\Delta y}{\Delta x}$ 和 $\lim\limits_{\Delta x\to 0^+}\dfrac{\Delta y}{\Delta x}$ 存在,则分别称此两极限为 $f(x)$ 在点 x_0 处的左导数和右导数,分别记为 $f'_-(x_0)$ 和 $f'_+(x_0)$:

$$f'_-(x_0)=\lim_{\Delta x\to 0^-}\frac{\Delta y}{\Delta x}=\lim_{\Delta x\to 0^-}\frac{f(x_0+\Delta x)-f(x_0)}{\Delta x}=\lim_{x\to x_0^-}\frac{f(x)-f(x_0)}{x-x_0}$$

$$f'_+(x_0)=\lim_{\Delta x\to 0^+}\frac{\Delta y}{\Delta x}=\lim_{\Delta x\to 0^+}\frac{f(x_0+\Delta x)-f(x_0)}{\Delta x}=\lim_{x\to x_0^+}\frac{f(x)-f(x_0)}{x-x_0}$$

由函数极限存在的充分必要条件可知,函数 $f(x)$ 在点 x_0 处的导数与在该点的左、右导数之间的关系如下.

定理 3.1 函数 $f(x)$ 在点 x_0 处可导且 $f'(x_0)=A$ 的充分必要条件是它在点 x_0 处的左导数 $f'_-(x_0)$、右导数 $f'_+(x_0)$ 均存在,且都等于 A,即

$$f'(x_0)=A\Leftrightarrow f'_-(x_0)=A=f'_+(x_0)$$

如果函数 $f(x)$ 在某区间 (a,b) 内的每一点都可导,则称 $f(x)$ 在区间 (a,b) 内可导,这时,对于 (a,b) 内的每一点 x,都有确定的导数值与它对应,这样就构成了一个新的函数,称为函数 $f(x)$ 的导函数,记作 $f'(x)$ 或 y' 或 $\dfrac{\mathrm{d}y}{\mathrm{d}x}$ 或 $\dfrac{\mathrm{d}f(x)}{\mathrm{d}x}$,在不致发生混淆的情况下,导函数也简称导数.

下面根据定义计算几个基本初等函数的导数.

例1 求 $f(x)=C$(C 为常数)的导数.

分析 利用导数定义计算.

解 $f'(x)=\lim\limits_{\Delta x\to 0}\dfrac{f(x+\Delta x)-f(x)}{\Delta x}=\lim\limits_{\Delta x\to 0}\dfrac{C-C}{\Delta x}=0$

例2 求函数 $f(x)=x^n$ ($n\in\mathbf{N}^*$)的导数.

分析 利用导数定义计算.

解 $\Delta y=(x+\Delta x)^n-x^n$

$=C_n^0 x^n+C_n^1 x^{n-1}\Delta x+C_n^2 x^{n-2}(\Delta x)^2+\cdots+C_n^n(\Delta x)^n-x^n$

$$= C_n^1 x^{n-1} \Delta x + C_n^2 x^{n-2} (\Delta x)^2 + \cdots + (\Delta x)^n$$

$$\frac{\Delta y}{\Delta x} = C_n^1 x^{n-1} + C_n^2 x^{n-2} \Delta x + \cdots + (\Delta x)^{n-1}$$

$$\lim_{\Delta x \to 0} \frac{\Delta y}{\Delta x} = C_n^1 x^{n-1} = n x^{n-1}$$

即 $$(x^n)' = n x^{n-1}$$

> 注意：当 $\alpha \in \mathbf{R}^*$ 时，$(x^\alpha)' = \alpha x^{\alpha-1}$ 仍成立.

例 3 求函数 $f(x) = \log_a x \,(a>0,\ a \neq 1)$ 的导数.

分析 利用导数定义计算.

解
$$f'(x) = \lim_{\Delta x \to 0} \frac{f(x+\Delta x) - f(x)}{\Delta x} = \lim_{\Delta x \to 0} \frac{\log_a(x+\Delta x) - \log_a x}{\Delta x}$$

$$= \lim_{\Delta x \to 0} \frac{1}{\Delta x} \log_a \left(1 + \frac{\Delta x}{x}\right) = \lim_{\Delta x \to 0} \log_a \left[\left(1 + \frac{\Delta x}{x}\right)^{\frac{x}{\Delta x}}\right]^{\frac{1}{x}}$$

$$= \lim_{\Delta x \to 0} \frac{1}{x} \log_a \left(1 + \frac{\Delta x}{x}\right)^{\frac{x}{\Delta x}}$$

$$= \frac{1}{x} \log_a \left[\lim_{\Delta x \to 0} \left(1 + \frac{\Delta x}{x}\right)^{\frac{x}{\Delta x}}\right] = \frac{1}{x} \log_a e = \frac{1}{x \ln a}$$

即 $$(\log_a x)' = \frac{1}{x \ln a} \quad (x>0)$$

显然 $$(\ln x)' = \frac{1}{x} \quad (x>0)$$

例 4 求函数 $f(x) = \sin x$ 的导数.

分析 利用导数定义计算.

解
$$f'(x) = \lim_{\Delta x \to 0} \frac{f(x+\Delta x) - f(x)}{\Delta x} = \lim_{\Delta x \to 0} \frac{\sin(x+\Delta x) - \sin x}{\Delta x}$$

$$= \lim_{\Delta x \to 0} \frac{2\cos\left(x+\frac{\Delta x}{2}\right)\sin\frac{\Delta x}{2}}{\Delta x} = \lim_{\Delta x \to 0} \left[\cos\left(x+\frac{\Delta x}{2}\right) \cdot \frac{\sin\frac{\Delta x}{2}}{\frac{\Delta x}{2}}\right]$$

$$= \lim_{\Delta x \to 0} \cos\left(x+\frac{\Delta x}{2}\right) \cdot \lim_{\Delta x \to 0} \frac{\sin\frac{\Delta x}{2}}{\frac{\Delta x}{2}} = \cos x$$

即 $$(\sin x)' = \cos x$$

类似地可得 $$(\cos x)' = -\sin x$$

以上通过导数的定义求出了几个基本初等函数的导数，基本初等函数作为基本函数，其求导公式在一般函数的导数计算中起到重要的作用，下面不加证明地给出基本初等函数的求导公式.

(1) $(C)' = 0$（C 为任意常数）；

(2) $(x^a)' = ax^{a-1}$ （$a \in \mathbf{R}^*$）；

(3) $(a^x)' = a^x \ln a$ （$a > 0$，$a \neq 1$）； $(e^x)' = e^x$；

(4) $(\log_a x)' = \dfrac{1}{x \ln a}$ （$a > 0$，$a \neq 1$）； $(\ln x)' = \dfrac{1}{x}$；

(5) $(\sin x)' = \cos x$； $(\cos x)' = -\sin x$；

$(\tan x)' = \sec^2 x = \dfrac{1}{\cos^2 x}$； $(\cot x)' = -\csc^2 x = -\dfrac{1}{\sin^2 x}$；

$(\sec x)' = \sec x \cdot \tan x$； $(\csc x)' = -\csc x \cdot \cot x$；

(6) $(\arcsin x)' = \dfrac{1}{\sqrt{1-x^2}}$； $(\arccos x)' = -\dfrac{1}{\sqrt{1-x^2}}$；

$(\arctan x)' = \dfrac{1}{1+x^2}$； $(\text{arccot } x)' = -\dfrac{1}{1+x^2}$.

2. 导数的几何意义

由前面的讨论可知，函数 $f(x)$ 在一具体点 x_0 处的导数等于函数所表示的曲线 L 在相应点 (x_0, y_0) 处的切线斜率，这就是导数的几何意义.

有了曲线在点 (x_0, y_0) 处的切线斜率，就可以写出曲线在该点处的切线方程. 事实上，若 $f'(x_0)$ 存在，则曲线 L 上点 $M(x_0, y_0)$ 处的切线方程可写成

$$y - y_0 = f'(x_0) \cdot (x - x_0)$$

例 5 求曲线 $f(x) = \sin x$ 在点 $\left(\dfrac{\pi}{3}, \dfrac{\sqrt{3}}{2}\right)$ 处的切线方程.

分析 导数的几何意义就是曲线在切点处切线的斜率.

解 设切线的斜率为 k，则有

$$k = f'\left(\dfrac{\pi}{3}\right) = \cos \dfrac{\pi}{3} = \dfrac{1}{2}$$

则切线方程为 $y - \dfrac{\sqrt{3}}{2} = \dfrac{1}{2}\left(x - \dfrac{\pi}{3}\right)$，即 $3x - 6y + 3\sqrt{3} - \pi = 0$.

3. 可导与连续的关系

从导数的定义出发很容易推出可导与连续的关系.

定理 3.2 如果函数 $y = f(x)$ 在点 x_0 处可导，则函数 $y = f(x)$ 在点 x_0 处必连续.

证明 设函数 $y = f(x)$ 在点 x_0 处可导，则有 $\lim\limits_{\Delta x \to 0} \dfrac{\Delta y}{\Delta x} = f'(x_0)$，根据函数的极限与

无穷小的关系可得

$$\frac{\Delta y}{\Delta x} = f'(x_0) + \alpha(\Delta x)$$

其中 $\alpha(\Delta x)$ 为当 $\Delta x \to 0$ 时的无穷小,两端各乘以 Δx 即得

$$\Delta y = f'(x_0) \cdot \Delta x + \alpha(\Delta x) \cdot \Delta x$$

两边取极限得 $\lim\limits_{\Delta x \to 0} \Delta y = 0$,即函数 $y = f(x)$ 在点 x_0 处连续. 定理得证.

因 x_0 是区间 I 上的任意一点,所以如果 $f(x)$ 在区间 I 上可导,则 $f(x)$ 必在区间 I 上连续.

上述定理说明:如果函数 $f(x)$ 在某一点处可导,则函数 $f(x)$ 在该点处必连续. 但反过来结论成不成立呢? 通过下面的例子可说明这个问题.

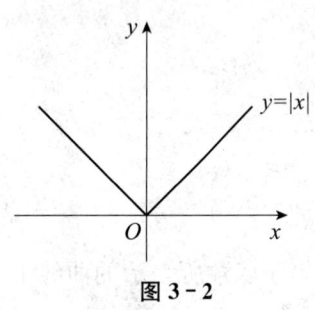

图 3-2

例 6 判断:分段函数 $y = |x| = \begin{cases} x, & x \geqslant 0 \\ -x, & x < 0 \end{cases}$ 在 $x = 0$ 处是否连续,是否可导?

分析 分段函数在分界点处的连续性、可导性都必须用相应的定义来判断.

解 该函数的图像如图 3-2 所示,显然

$$\lim_{x \to 0^+} f(x) = \lim_{x \to 0^-} f(x) = 0 = f(0)$$

所以函数在 $x = 0$ 处是连续的.

又

$$f'_+(0) = \lim_{x \to 0^+} \frac{f(x) - f(0)}{x - 0} = \lim_{x \to 0^+} \frac{x - 0}{x - 0} = 1$$

$$f'_-(0) = \lim_{x \to 0^-} \frac{f(x) - f(0)}{x - 0} = \lim_{x \to 0^-} \frac{-x - 0}{x - 0} = -1$$

$$f'_-(0) \neq f'_+(0)$$

所以函数 $y = |x| = \begin{cases} x, & x \geqslant 0 \\ -x, & x < 0 \end{cases}$ 在 $x = 0$ 处连续,但不可导.

由此可见,如果函数 $f(x)$ 在点 x 处连续,则函数在该点处不一定可导. 即:函数在某点处连续是函数在该点处可导的必要条件,但不是充分条件.

习题 3.1

1. 下列各题中均假定 $f'(x_0)$ 存在,按照导数定义观察下列极限,指出 A 表示什么.

(1) $\lim\limits_{\Delta x \to 0} \dfrac{f(x_0 + \Delta x) - f(x_0 - \Delta x)}{\Delta x} = A$;

(2) $\lim\limits_{h \to 0} \dfrac{f(x_0 + 2h) - f(x_0 - 3h)}{h} = A$.

2. 设 $f(x)=\cos x$,试按导数定义求 $f'(x)$.

3. 设 $f(x)=\cos x$,求 $f(x)$ 在 $x=\dfrac{\pi}{4}$ 处的切线方程.

4. 讨论函数 $f(x)=\begin{cases}-x, & x<0 \\ x^2, & x\geqslant 0\end{cases}$ 在 $x=0$ 处的可导性.

3.2 函数的求导法则

通过 3.1 节的学习可知,利用导数的定义求函数的导数很麻烦,同时这种计算也很有局限性. 在本节中将学习导数的四则运算法则,给出基本求导公式后可解决导数的基本计算问题.

3.2.1 导数的四则运算法则

法则 3.1 设函数 $u=u(x)$,$v=v(x)$ 都是可导函数,则有

(1) $(u\pm v)'=u'\pm v'$;

(2) $(uv)'=u'v+uv'$;

(3) $\left(\dfrac{u}{v}\right)'=\dfrac{u'v-uv'}{v^2}$ $(v\neq 0)$.

下面只给出法则 3.1 中第 (2) 条的证明过程.

证明 设 $y=u(x)\cdot v(x)$,给自变量 x 以增量 Δx,则函数 $u=u(x)$,$v=v(x)$ 及 $y=u(x)\cdot v(x)$ 相应地也有增量 Δu,Δv,Δy.

$$\Delta y = [u(x+\Delta x)\cdot v(x+\Delta x)]-[u(x)\cdot v(x)]$$
$$= [u(x+\Delta x)-u(x)]\cdot v(x+\Delta x)+u(x)\cdot[v(x+\Delta x)-v(x)]$$
$$= \Delta u\cdot v(x+\Delta x)+u(x)\cdot \Delta v$$

$$\dfrac{\Delta y}{\Delta x}=\dfrac{\Delta u}{\Delta x}\cdot v(x+\Delta x)+u(x)\cdot\dfrac{\Delta v}{\Delta x}$$

于是

$$y'=\lim_{\Delta x\to 0}\dfrac{\Delta y}{\Delta x}=\lim_{\Delta x\to 0}\dfrac{\Delta u}{\Delta x}\cdot\lim_{\Delta x\to 0}v(x+\Delta x)+\lim_{\Delta x\to 0}u(x)\cdot\lim_{\Delta x\to 0}\dfrac{\Delta v}{\Delta x}=u'v+uv'$$

即

$$(uv)'=u'v+uv'$$

例 1 设 $y=x^4+\sin x+8$,求 y'.

分析 根据和的求导法则及基本求导公式求解.

解 $y' = (x^4 + \sin x + 8)' = (x^4)' + (\sin x)' + (8)'$
$= 4x^3 + \cos x + 0 = 4x^3 + \cos x$

例 2 设 $y = \dfrac{x^2 + \sqrt{\pi x} + 2}{\sqrt{x}} + \sin \dfrac{\pi}{2}$，求 y'.

分析 根据和、商的求导法则及基本求导公式求解.

解 $y' = \left[\dfrac{x^2 + \sqrt{\pi x} + 2}{\sqrt{x}} + \sin \dfrac{\pi}{2}\right]' = \left(x^{\frac{3}{2}} + \sqrt{\pi} + 2x^{-\frac{1}{2}} + \sin \dfrac{\pi}{2}\right)'$

$= (x^{\frac{3}{2}})' + (\sqrt{\pi})' + (2x^{-\frac{1}{2}})' + \left(\sin \dfrac{\pi}{2}\right)'$

$= \dfrac{3}{2}x^{\frac{1}{2}} + 0 + 2\left(-\dfrac{1}{2}\right)x^{-\frac{3}{2}} + 0 = \dfrac{3}{2}\sqrt{x} - \dfrac{1}{x\sqrt{x}}$

例 3 设 $y = (\cos x + \sin x)\log_2 x$，求 y'.

分析 根据积的求导法则及基本求导公式求解.

解 $y' = [(\cos x + \sin x)\log_2 x]' = (\log_2 x)'(\cos x + \sin x) + \log_2 x \cdot (\cos x + \sin x)'$

$= \dfrac{1}{x\ln 2}(\cos x + \sin x) + \log_2 x(-\sin x + \cos x)$

例 4 求函数 $y = \tan x$ 的导数.

分析 根据商的求导法则及基本求导公式求解.

解 $y' = (\tan x)' = \left(\dfrac{\sin x}{\cos x}\right)' = \dfrac{(\sin x)'\cos x - \sin x(\cos x)'}{\cos^2 x}$

$= \dfrac{\cos^2 x + \sin^2 x}{\cos^2 x} = \dfrac{1}{\cos^2 x} = \sec^2 x$

即 $(\tan x)' = \sec^2 x$

类似地可得 $(\cot x)' = -\csc^2 x$

例 5 求函数 $y = \sec x$ 的导数.

分析 根据商的求导法则及基本求导公式求解.

解 $y' = (\sec x)' = \left(\dfrac{1}{\cos x}\right)' = \dfrac{(1)'\cos x - 1 \cdot (\cos x)'}{\cos^2 x}$

$= \dfrac{\sin x}{\cos^2 x} = \sec x \cdot \tan x$

即 $(\sec x)' = \sec x \cdot \tan x$

类似地可得 $(\csc x)' = -\csc x \cdot \cot x$

3.2.2 反函数的求导法则

法则 3.2 设函数 $x = \varphi(y)$ 在区间 (a, b) 内单调、可导，且 $\varphi'(y) \neq 0$，则其反

函数 $y=f(x)$ 在相应区间内也单调、可导，且

$$f'(x)=\frac{1}{\varphi'(y)} \quad 或 \quad \frac{\mathrm{d}y}{\mathrm{d}x}=\frac{1}{\frac{\mathrm{d}x}{\mathrm{d}y}}$$

证明 函数 $x=\varphi(y)$ 单调、可导，从而连续，故其反函数 $y=f(x)$ 在相应区间内也单调、连续．

对于反函数 $y=f(x)$，当自变量 x 有增量 Δx（$\Delta x \neq 0$）时，函数 y 相应地也有增量 Δy（$\Delta y \neq 0$），且 $\Delta x \to 0$ 时，$\Delta y \to 0$．

所以

$$\lim_{\Delta x \to 0}\frac{\Delta y}{\Delta x}=\lim_{\Delta x \to 0}\frac{1}{\frac{\Delta x}{\Delta y}}=\frac{1}{\lim_{\Delta y \to 0}\frac{\Delta x}{\Delta y}}$$

即

$$f'(x)=\frac{1}{\varphi'(y)} \quad 或 \quad \frac{\mathrm{d}y}{\mathrm{d}x}=\frac{1}{\frac{\mathrm{d}x}{\mathrm{d}y}}$$

法则 3.2 表明，反函数的导数等于原函数导数的倒数．

例 6 求指数函数 $y=a^x$（$a>0$ 且 $a \neq 1$）的导数．

分析 反函数的导数等于原函数导数的倒数．

解 因为 $y=a^x$ 是 $x=\log_a y$ 的反函数

所以

$$(a^x)'=\frac{1}{(\log_a y)'}=\frac{1}{\frac{1}{y\ln a}}=y\ln a=a^x \ln a$$

特殊地，当 $a=e$ 时有

$$(e^x)'=e^x$$

例 7 求 $y=\arcsin x$（$-1<x<1$）的导数．

分析 反函数的导数等于原函数导数的倒数．

解 因为 $y=\arcsin x$（$-1<x<1$）的反函数是 $x=\sin y$ $\left(-\frac{\pi}{2}<y<\frac{\pi}{2}\right)$

而

$$(\sin y)'=\cos y \neq 0 \quad \left(-\frac{\pi}{2}<y<\frac{\pi}{2}\right)$$

所以

$$y'=(\arcsin x)'=\frac{1}{(\sin y)'}$$

$$=\frac{1}{\cos y}=\frac{1}{\sqrt{1-\sin^2 y}}=\frac{1}{\sqrt{1-x^2}}$$

由于 $\cos y$ 在 $\left(-\frac{\pi}{2}, \frac{\pi}{2}\right)$ 内恒为正值，故上述根式前取正号．

即

$$(\arcsin x)'=\frac{1}{\sqrt{1-x^2}}$$

类似有
$$(\arccos x)' = -\frac{1}{\sqrt{1-x^2}}$$

$$(\arctan x)' = \frac{1}{1+x^2}$$

$$(\operatorname{arccot} x)' = -\frac{1}{1+x^2}$$

3.2.3 复合函数的求导法则

法则 3.3 设函数 $u=\varphi(x)$ 在点 x 处可导,而函数 $y=f(u)$ 在对应的点 u 处可导,则复合函数 $y=f(\varphi(x))$ 在点 x 处可导,且

$$\frac{dy}{dx} = \frac{dy}{du} \cdot \frac{du}{dx} \quad \text{或} \quad y'_x = y'_u \cdot u'_x$$

或记作
$$[f(\varphi(x))]' = f'(u)\varphi'(x) = f'(\varphi(x))\varphi'(x)$$

证明 因为 $y=f(u)$ 在点 u 处可导,所以 $\lim\limits_{\Delta u \to 0} \frac{\Delta y}{\Delta u}$ 存在.

从而
$$\frac{\Delta y}{\Delta u} = \frac{dy}{du} + \alpha(\Delta u)$$

即
$$\Delta y = \frac{dy}{du}\Delta u + \alpha(\Delta u) \cdot \Delta u$$

进而有
$$\frac{\Delta y}{\Delta x} = \frac{dy}{du} \cdot \frac{\Delta u}{\Delta x} + \alpha(\Delta u) \cdot \frac{\Delta u}{\Delta x}$$

因为 $u=\varphi(x)$ 在点 x 处可导,所以 $u=\varphi(x)$ 在点 x 处必连续,即 $\lim\limits_{\Delta x \to 0}\frac{\Delta u}{\Delta x} = \frac{du}{dx}$ 存在,且当 $\Delta x \to 0$ 时,$\Delta u \to 0$,$\alpha(\Delta u) \to 0$.

所以
$$\lim_{\Delta x \to 0}\frac{\Delta y}{\Delta x} = \frac{dy}{du} \cdot \lim_{\Delta x \to 0}\frac{\Delta u}{\Delta x}$$

即
$$\frac{dy}{dx} = \frac{dy}{du} \cdot \frac{du}{dx}$$

法则 3.3 表明,复合函数的导数等于函数对中间变量的导数乘以中间变量对自变量的导数. 此法则称为复合函数求导的链式法则.

对由多个可导函数复合而成的复合函数进行求导运算时,此法则同样也适用. 例如,设函数 $v=\psi(x)$ 在点 x 处可导,函数 $u=\varphi(v)$ 在对应点 $v=\psi(x)$ 处可导,$y=f(u)$ 在对应点 $u=\varphi(v)$ 处可导,则复合函数 $y=f(\varphi(\psi(x)))$ 在点 x 处可导,且

$$\frac{dy}{dx} = \frac{dy}{du} \cdot \frac{du}{dv} \cdot \frac{dv}{dx} \quad \text{或} \quad y'_x = y'_u \cdot u'_v \cdot v'_x$$

例 8 设 $y=5\sin(2x+1)$,求 y'.

分析 $y=5\sin(2x+1)$ 可看作是由 $y=5\sin u$，$u=2x+1$ 复合而成，再根据复合函数的求导法则计算即可.

解 $\dfrac{dy}{dx}=\dfrac{dy}{du}\cdot\dfrac{du}{dx}=5\cos u\cdot(2x+1)'=10\cos(2x+1)$

例 9 设 $y=e^{x^2+2\tan x}$，求 y'.

分析 $y=e^{x^2+2\tan x}$ 可看作是由 $y=e^u$，$u=x^2+2\tan x$ 复合而成，再根据复合函数的求导法则计算即可.

解 $\dfrac{dy}{du}=e^u$，$\dfrac{du}{dx}=2x+2\sec^2 x$.

所以

$$\dfrac{dy}{dx}=\dfrac{dy}{du}\cdot\dfrac{du}{dx}=e^u\cdot(2x+2\sec^2 x)=e^{x^2+2\tan x}(2x+2\sec^2 x)$$

运用复合函数的求导法则时关键要把复合函数的复合过程搞清楚. 一般情形下，对复合函数进行求导后，都要把引进的中间变量代换成含原来的自变量的式子. 在能够熟练运用复合函数求导法则后，可以不写中间变量，只要心中明确对哪个变量求导就可以了.

例 10 求 $y=e^{-x^2}\cos^2 x$ 的导数.

分析 根据导数的四则运算法则、复合函数的求导法则及基本求导公式计算.

解 $y'=(e^{-x^2})'\cos^2 x+e^{-x^2}(\cos^2 x)'$

$=e^{-x^2}(-2x)\cos^2 x+e^{-x^2}(2\cos x)(-\sin x)$

$=-2e^{-x^2}\cos x(x\cos x+\sin x)$

例 11 求函数 $y=\arctan\sqrt{\dfrac{1+x}{1-x}}$ 的导数.

分析 根据反三角函数的求导公式、复合函数的求导法则、导数的四则运算法则及基本求导公式计算.

解 $y'=\dfrac{1}{1+\left(\sqrt{\dfrac{1+x}{1-x}}\right)^2}\cdot\dfrac{1}{2\sqrt{\dfrac{1+x}{1-x}}}\cdot\dfrac{(1-x)+(1+x)}{(1-x)^2}$

$=\dfrac{1}{2\sqrt{1+x}\sqrt{1-x}}=\dfrac{1}{2\sqrt{1-x^2}}$

习题 3.2

1. 求下列函数的导数.

(1) $y=x^4+\dfrac{2}{x^2}+\dfrac{1}{\sqrt{x}}+12$；

(2) $y=5x^3-2^x+3e^x$；

(3) $y=\dfrac{3x^5-x^2+1}{\sqrt{x}}$; (4) $y=2\tan x+\sec x-1$;

(5) $y=x^2\sin x$; (6) $y=\sin x \cdot \cos x$;

(7) $y=\dfrac{e^x}{x^2}+\ln 3$; (8) $y=\dfrac{\sin x}{x}$;

(9) $y=\arcsin x+\arccos x$.

2. 求下列函数在给定点处的导数.

(1) $y=\sin x+\cos x$,求 $y'|_{x=\frac{\pi}{6}}$,$y'|_{x=\frac{\pi}{4}}$;

(2) $\rho=\theta\tan\theta+\dfrac{1}{2}\sin\theta$,求 $\dfrac{d\rho}{d\theta}\Big|_{\theta=\frac{\pi}{4}}$.

3. 求下列函数的导数.

(1) $y=(2x^2+1)^5$; (2) $y=\cos(4x-x^2)$;

(3) $y=e^{-4x^2}$; (4) $y=\ln\sqrt{1+x^2}$;

(5) $y=\ln\cos(x+1)$.

3.3 高阶导数

在变速直线运动中,速度函数 $v=v(t)$ 是位移函数 $s=s(x)$ 对时间 t 的导数,即 $v=\dfrac{ds}{dt}$,而加速度 a 又是速度函数 $v=v(t)$ 对时间 t 的导数,即 $a=\dfrac{dv}{dt}$,所以 $a=\dfrac{d}{dt}\left(\dfrac{ds}{dt}\right)$,此时称 a 为 s 对 t 的二阶导数,记作 $\dfrac{d^2s}{dt^2}$ 或者 s''.

一般地,函数 $y=f(x)$ 的导数 $y'=f'(x)$ 仍是 x 的函数,如果导数 $f'(x)$ 仍可导,则称 $f'(x)$ 的导数为函数 $y=f(x)$ 的二阶导数,记作

$$y'' \quad \text{或} \quad f''(x) \quad \text{或} \quad \dfrac{d^2y}{dx^2} \quad \text{或} \quad \dfrac{d^2f}{dx^2}$$

这时也称函数 $y=f(x)$ 二阶可导,按照导数的定义,二阶导数可用极限表示如下:

$$f''(x)=\lim_{\Delta x\to 0}\dfrac{\Delta y'}{\Delta x}=\lim_{\Delta x\to 0}\dfrac{f'(x+\Delta x)-f'(x)}{\Delta x}$$

函数 $y=f(x)$ 在某具体点 x_0 处的二阶导数可记作

$$y''|_{x=x_0} \quad \text{或} \quad f''(x_0) \quad \text{或} \quad \dfrac{d^2y}{dx^2}\Big|_{x=x_0} \quad \text{或} \quad \dfrac{d^2f}{dx^2}\Big|_{x=x_0}$$

仿上,将函数 $y=f(x)$ 的二阶导数 $f''(x)$ 的导数称为函数 $y=f(x)$ 的三阶导数,记作

$$y''' \quad \text{或} \quad f'''(x) \quad \text{或} \quad \dfrac{d^3y}{dx^3} \quad \text{或} \quad \dfrac{d^3f}{dx^3}$$

依此类推，函数 $y=f(x)$ 的 $n-1$ 阶导数 $f^{(n-1)}(x)$ 的导数称为 $y=f(x)$ 的 n 阶导数，记作

$$y^{(n)} \quad 或 \quad f^{(n)}(x) \quad 或 \quad \frac{d^n y}{d x^n} \quad 或 \quad \frac{d^n f}{d x^n}$$

通常把二阶及二阶以上的导数统称为高阶导数，称 $f'(x)$ 为一阶导数．根据高阶导数的定义可以看出，求函数的高阶导数就是应用一阶导数的求导法则对导函数逐次求导．

例1 设 $y=e^{-x}\sin 2x$，求 y''．

分析 根据积的求导法则、高阶导数的定义计算．

解 $y'=-e^{-x}\sin 2x+e^{-x}\cdot 2\cos 2x$

$\quad\quad =e^{-x}(2\cos 2x-\sin 2x)$

$\quad y''=-e^{-x}(2\cos 2x-\sin 2x)+e^{-x}(-4\sin 2x-2\cos 2x)$

$\quad\quad =-e^{-x}(4\cos 2x+3\sin 2x)$

例2 设 $s=A\sin(\omega t+\varphi)$，求 $\dfrac{d^2 s}{d t^2}$．

分析 根据基本求导公式、高阶导数的定义计算．

解 $\dfrac{ds}{dt}=A\omega\cos(\omega t+\varphi)$，$\dfrac{d^2 s}{d t^2}=-A\omega^2\sin(\omega t+\varphi)$

例3 求 $y=x^n$ 的 k 阶导数 $y^{(k)}$．

分析 根据基本求导公式、高阶导数的定义计算．

解 $y'=nx^{n-1}$

$\quad y''=n(n-1)x^{n-2}$

$\quad y'''=n(n-1)(n-2)x^{n-3}$

$\quad\quad \vdots$

依此类推，可得：$y^{(k)}=n(n-1)(n-2)\cdots(n-k+1)x^{n-k}(k\leqslant n)$

显然：$y^{(n)}=n(n-1)(n-2)\cdots 2\cdot 1=n!$，即 $(x^n)^{(n)}=n!$．

x^n 的 $n+1$ 阶导数为零，即幂函数的幂次若低于所求导的阶数，求导结果为零．例如，$(x^4)^{(5)}=0$．

例4 求 $y=11x^{10}+10x^9+9x^8+\cdots+2x+1$ 的 10 阶导数 $y^{(10)}$．

分析 根据上述结论求解．

解 $y^{(10)}=(11x^{10})^{(10)}+(10x^9)^{(10)}+\cdots+(2x)^{(10)}+(1)^{(10)}$

由上例的结果知：低于 10 次幂的项的 10 阶导数为零，所以

$$y^{(10)} = (11x^{10})^{(10)} = 11 \cdot 10! = 11!$$

例 5 求 $y = \sin x$ 的 n 阶导数 $y^{(n)}$.

分析 注意诱导公式的运用.

解
$$y' = \cos x = \sin\left(x + \frac{\pi}{2}\right)$$

$$y'' = \cos\left(x + \frac{\pi}{2}\right) = \sin\left(x + 2 \cdot \frac{\pi}{2}\right)$$

$$y''' = \cos\left(x + 2 \cdot \frac{\pi}{2}\right) = \sin\left(x + 3 \cdot \frac{\pi}{2}\right)$$

$$\vdots$$

$$y^{(n)} = \sin\left(x + n \cdot \frac{\pi}{2}\right)$$

即
$$(\sin x)^{(n)} = \sin\left(x + n \cdot \frac{\pi}{2}\right)$$

同理得
$$(\cos x)^{(n)} = \cos\left(x + n \cdot \frac{\pi}{2}\right)$$

例 6 求 $y = a^x$ 的 n 阶导数 $y^{(n)}$.

分析 注意基本求导公式的反复运用.

解
$$y' = a^x \cdot \ln a$$

$$y'' = (a^x)' \cdot \ln a = a^x \cdot (\ln a)^2$$

$$y''' = (a^x)' \cdot (\ln a)^2 = a^x \cdot (\ln a)^3$$

$$\vdots$$

$$y^{(n)} = a^x \cdot (\ln a)^n$$

即
$$(a^x)^{(n)} = a^x \cdot (\ln a)^n$$

特别地
$$(e^x)^{(n)} = e^x$$

例 7 设 $y = \ln(1+x)$，求 $y^{(n)}$.

分析 注意基本求导公式和导数的四则运算法则的反复运用.

解
$$y' = \frac{1}{1+x}$$

$$y'' = -\frac{1}{(1+x)^2}$$

$$y''' = \frac{1 \cdot 2}{(1+x)^3}$$

$$\vdots$$

$$y^{(n)} = (-1)^{n-1} \frac{(n-1)!}{(1+x)^n}$$

即
$$[\ln(1+x)]^{(n)} = (-1)^{n-1} \frac{(n-1)!}{(1+x)^n}$$

习题 3.3

1. 求下列函数的二阶导数.

   (1) $y = \tan x$;　　　(2) $y = x^2 - \ln x$;　　　(3) $y = x\sec^2 x - \tan x$;

   (4) $y = e^{-x}\sin x$;　　　(5) $y = \sqrt{1+x^2}$;　　　(6) $y = x^3 \ln x$.

2. 求下列函数的 n 阶导数.

   (1) $y = xe^x$;　　　(2) $y = x\ln x$.

3. 设 $y = \dfrac{x}{\ln x}$, 求 y''.

4. 设函数 $y = \ln \tan x$, 求 y''.

3.4 隐函数的导数及参数方程所确定的函数的导数

3.4.1 隐函数的导数

前面讨论的函数都可以表示成 $y = f(x)$ 的形式, 其中 $f(x)$ 由 x 的解析式表示, 这种形式的函数称为显函数.

除了显函数以外, 有时会遇到另一种表示形式的函数. 例如, 在方程 $x^2 + y^3 = 1$ 中, x 在 $(-\infty, +\infty)$ 内任取一值, 相应地就有一个满足方程的 y 与之对应, 这就是说方程 $x^2 + y^3 = 1$ 确定了一个以 x 为自变量的函数 y. 这种由方程 $F(x, y) = 0$ 所确定的函数被称为隐函数.

求解方程 $x^2 + y^3 = 1$ 可以得到 $y = \sqrt[3]{1-x^2}$, 从而将隐函数化成了显函数, 这个过程叫作隐函数显化. 有些隐函数可以显化, 有些则很难甚至不可能显化. 例如, 开普勒方程 $y - x - \varepsilon \sin y = 0$ $(0 < \varepsilon < 1)$ 所确定的隐函数就不能显化. 在实际问题中, 有时需要计算隐函数的导数, 无论隐函数能否被显化, 都希望能直接由方程 $F(x, y) = 0$ 计算出由它确定的隐函数的导数. 下面就给出隐函数的求导方法.

在方程两边同时关于自变量 x 求导, 遇到 y 就把它看成是 x 的函数, 并利用复合函数的求导法则对其进行求导, 得到含有 y' 的方程, 从方程中求出 y' 就得到所求隐函数的导数.

例1 设 $y=y(x)$ 由 $e^x+x=e^y+xy$ 确定，求 y'.

分析 在方程两边同时关于 x 求导，把 y 看作是 x 的函数，则方程两边的导数相等.

解 在方程两边同时关于 x 求导可得 $e^x+1=e^y \cdot y'+y+xy'$
解上述方程得
$$y'=\frac{e^x+1-y}{e^y+x}$$

例2 设 $xe^y-y+1=0$，求 $\dfrac{dy}{dx}$，$\dfrac{dy}{dx}\bigg|_{x=0}$，$\dfrac{d^2y}{dx^2}$.

分析 在方程 $xe^y-y+1=0$ 两边同时关于 x 求导，把 y 看作是 x 的函数.

解 在方程两边同时关于 x 求导可得：$e^y+xe^y\dfrac{dy}{dx}-\dfrac{dy}{dx}=0$
解得
$$\frac{dy}{dx}=\frac{e^y}{1-xe^y}=\frac{e^y}{2-y}$$

将 $x=0$ 代入方程 $xe^y-y+1=0$，得 $y=1$. 所以
$$\frac{dy}{dx}\bigg|_{x=0}=\frac{dy}{dx}\bigg|_{\substack{x=0\\y=1}}=\frac{e^y}{2-y}\bigg|_{\substack{x=0\\y=1}}=e$$

在 $\dfrac{dy}{dx}=\dfrac{e^y}{2-y}$ 两边再同时关于 x 求导，得

$$\frac{d^2y}{dx^2}=\frac{d}{dx}\left(\frac{dy}{dx}\right)=\frac{d}{dx}\left(\frac{e^y}{2-y}\right)=\frac{e^y\dfrac{dy}{dx}\cdot(2-y)-e^y\left(-\dfrac{dy}{dx}\right)}{(2-y)^2}$$

$$=\frac{e^y\cdot\dfrac{e^y}{2-y}\cdot(2-y)-e^y\left(-\dfrac{e^y}{2-y}\right)}{(2-y)^2}=\frac{e^{2y}(3-y)}{(2-y)^3}$$

例3 求椭圆 $\dfrac{x^2}{9}+\dfrac{y^2}{4}=1$ 在点 $P\left(1,\dfrac{4\sqrt{2}}{3}\right)$ 处的切线方程.

分析 注意隐函数求导法则及导数几何意义的运用.

解 在方程两边同时关于 x 求导，得
$$\frac{2x}{9}+\frac{2yy'}{4}=0$$
$$y'=-\frac{4x}{9y}$$

将 $P\left(1,\dfrac{4\sqrt{2}}{3}\right)$ 代入，得所求切线斜率

$$k = -\frac{4x}{9y}\bigg|_{\substack{x=1 \\ y=\frac{4\sqrt{2}}{3}}} = -\frac{4\times 1}{9\times\frac{4\sqrt{2}}{3}} = -\frac{\sqrt{2}}{6}$$

则切线方程为

$$y - \frac{4\sqrt{2}}{3} = -\frac{\sqrt{2}}{6}(x-1)$$

即

$$x + 3\sqrt{2}\,y - 9 = 0$$

3.4.2 幂指函数的导数

所谓幂指函数是指形如 $y = f(x)^{g(x)}$（$f(x)$ 大于 0 且不等于 1）的函数，求这类函数的导数时，既不能用幂函数的求导公式，也不能用指数函数的求导公式. 解决幂指函数求导运算问题的途径有以下两条.

(1) 指数恒等变形法.

先将幂指函数 $y = f(x)^{g(x)}$ 进行如下转化：

$$y = f(x)^{g(x)} = e^{\ln f(x)^{g(x)}} = e^{g(x)\ln f(x)}$$

然后再按复合函数求导法则求导即可.

(2) 两边取对数求导法.

先对幂指函数两边取对数，即

$$\ln y = \ln f(x)^{g(x)} = g(x)\ln f(x)$$

然后再按隐函数求导法则求导即可，求导时记住 y 是 x 的函数，且 $y = f(x)^{g(x)}$.

例 4 求 $y = x^x$ 的导数.

分析 注意幂指函数的求导与幂函数、指数函数求导的区别.

解法一：化幂指函数为指数函数：$y = x^x = e^{x\ln x}$，由复合函数求导法则有

$$y' = (e^{x\ln x})' = e^{x\ln x}\cdot(x\ln x)' = x^x(\ln x + 1)$$

解法二：两边取以 e 为底的自然对数，得 $\ln y = x\ln x$，两边同时关于 x 求导，有

$$\frac{1}{y}\cdot y' = 1\cdot\ln x + x\cdot\frac{1}{x}$$

故

$$y' = y\cdot(\ln x + 1) = x^x\cdot(1 + \ln x)$$

例 5 求函数 $y = (\tan x)^{\sin x}$ 的导数.

分析 采用幂指函数的求导方法.

解 对函数 $y = (\tan x)^{\sin x}$ 两边取自然对数得

$$\ln y = \sin x \cdot \ln \tan x$$

两边同时关于 x 求导得

$$\frac{1}{y}y' = \cos x \cdot \ln \tan x + \sin x \frac{\sec^2 x}{\tan x}$$

即

$$y' = y\left(\cos x \cdot \ln \tan x + \frac{1}{\cos x}\right)$$

$$= (\tan x)^{\sin x}\left(\cos x \cdot \ln \tan x + \frac{1}{\cos x}\right)$$

例 6 求函数 $y = \sqrt[3]{\dfrac{(x-a)(x-b)}{(x-c)(x-d)}}$ 的导数.

分析 如果遇到由积、商、幂、方根构成的表达式函数,可以用两边取对数求导法,把它转换成隐函数来求解.

解 对函数两边取自然对数得

$$\ln y = \frac{1}{3}[\ln(x-a) + \ln(x-b) - \ln(x-c) - \ln(x-d)]$$

两边同时关于 x 求导得

$$\frac{1}{y}y' = \frac{1}{3}\left(\frac{1}{x-a} + \frac{1}{x-b} - \frac{1}{x-c} - \frac{1}{x-d}\right)$$

即

$$y' = \frac{1}{3}\sqrt[3]{\frac{(x-a)(x-b)}{(x-c)(x-d)}}\left(\frac{1}{x-a} + \frac{1}{x-b} - \frac{1}{x-c} - \frac{1}{x-d}\right)$$

3.4.3 参数方程所确定的函数的导数

前面讨论了由显函数 $y=f(x)$ 或隐函数 $F(x,y)=0$ 给出的函数关系的导数问题.但在研究物体运动轨迹时,曲线常被看作是质点运动的轨迹,动点 $M(x,y)$ 的位置随时间 t 变化,因此,动点的横、纵坐标可分别用含时间 t 的函数表示,即

$$\begin{cases} x = \varphi(t) \\ y = \phi(t) \end{cases}$$

变量 x,y 之间的关系通过 t 发生联系,消去 t 即得 y 与 x 之间的确定的显性函数关系 $y=f(x)$,上述这种通过第三个变量(t)表示函数关系的方程叫参数方程.

对于参数方程所确定的函数的求导问题,通常并不需要先消去参数 t 而将参数方程化为 y 与 x 之间的直接的显性函数关系 $y=f(x)$ 后再求导.

如果函数 $x=\varphi(t)$,$y=\phi(t)$ 都可导,且 $\varphi'(t) \neq 0$,则

第 3 章　导数与微分

$$\frac{\mathrm{d}y}{\mathrm{d}x} = \frac{\frac{\mathrm{d}y}{\mathrm{d}t}}{\frac{\mathrm{d}x}{\mathrm{d}t}} = \frac{\phi'(t)}{\varphi'(t)}$$

例 7　设由参数方程 $\begin{cases} x = t - \arctan t \\ y = \ln(1+t^2) \end{cases}$ 确定 y 是 x 的函数，求 $\frac{\mathrm{d}y}{\mathrm{d}x}$.

分析　运用参数方程求导公式.

解　$\dfrac{\mathrm{d}y}{\mathrm{d}x} = \dfrac{[\ln(1+t^2)]'}{[t-\arctan t]'} = \dfrac{\dfrac{1}{1+t^2} \cdot 2t}{1 - \dfrac{1}{1+t^2}} = \dfrac{2t}{t^2} = \dfrac{2}{t}$

例 8　试求椭圆 $\begin{cases} x = a\cos t \\ y = b\sin t \end{cases}$ 在 $t = \dfrac{\pi}{4}$ 处的切线方程和法线方程.

分析　运用参数方程求导公式、导数几何意义.

解　将 $t = \dfrac{\pi}{4}$ 代入椭圆方程，得曲线上对应的点 $\left(\dfrac{a}{\sqrt{2}}, \dfrac{b}{\sqrt{2}}\right)$，由于

$$\frac{\mathrm{d}y}{\mathrm{d}x} = \frac{y'(t)}{x'(t)} = \frac{(b\sin t)'}{(a\cos t)'} = \frac{b\cos t}{a(-\sin t)} = -\frac{b}{a}\cot t$$

所以椭圆在 $t = \dfrac{\pi}{4}$ 处的切线斜率为

$$k = \left.\frac{\mathrm{d}y}{\mathrm{d}x}\right|_{t=\frac{\pi}{4}} = -\frac{b}{a}\cot\frac{\pi}{4} = -\frac{b}{a}$$

故椭圆在 $t = \dfrac{\pi}{4}$ 处的切线方程为 $y - \dfrac{b}{\sqrt{2}} = -\dfrac{b}{a}\left(x - \dfrac{a}{\sqrt{2}}\right)$

法线方程为 $y - \dfrac{b}{\sqrt{2}} = \dfrac{a}{b}\left(x - \dfrac{a}{\sqrt{2}}\right)$

习题 3.4

1. 设函数 $y = (\cot x)^{\frac{1}{x}}$，求 y'.

2. 设 $y = x^{\cos x}$，求 y'.

3. 设函数 $y = y(x)$ 由参数方程 $\begin{cases} x = \cos t \\ y = \sin t - t \cdot \cos t \end{cases}$ 确定，求 $\dfrac{\mathrm{d}y}{\mathrm{d}x}$.

4. 设函数 $y = y(x)$ 由方程 $\sin(x^2 + y) = xy$ 确定，试求 $\dfrac{\mathrm{d}y}{\mathrm{d}x}$.

5. 求曲线 $\begin{cases} x = t^2 \\ y = 2t - 1 \end{cases}$ 在 $t = 2$ 处的切线方程及法线方程.

3.5 微分及其运算

3.5.1 微分的定义

函数 $y=f(x)$ 在点 x 处的导数 $f'(x)$ 表示该函数在点 x 处的变化率，它是描述函数变化性态的一个局部性概念. 但有时需要计算函数在一点处，当自变量有一个微小的改变量 Δx 时，函数的改变量 Δy 的大小. 而精确计算 $\Delta y=f(x+\Delta x)-f(x)$ 有时是很困难的，甚至是不可能的，并且在理论研究和实际应用中，往往只需了解 Δy 的近似值就可以了.

那么，如何才能做到既简便又精确地计算函数的改变量 Δy 的近似值呢？下面通过两个具体实例来对此进行分析说明.

引例 1 设正方形的面积为 S，当边长由 x 变到 $x+\Delta x$ 时，面积 S 有相应的改变量 ΔS，如图 3-3 所示阴影部分的面积，则

$$\Delta S=(x+\Delta x)^2-x^2=2x\Delta x+(\Delta x)^2 \qquad (3-1)$$

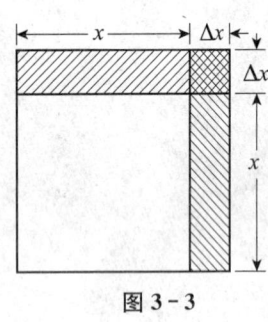

图 3-3

从式（3-1）可以看出，ΔS 分成两部分，第一部分 $2x\Delta x$ 是 Δx 的线性函数，即图中带有斜线的两个矩形面积之和，而第二部分 $(\Delta x)^2$ 表示图中带有交叉斜线的小正方形的面积. 当 $\Delta x \to 0$ 时，第二部分 $(\Delta x)^2$ 是比 Δx 高阶的无穷小，即 $(\Delta x)^2=o(\Delta x)$. 由此可见，如果边长改变很微小，即 $|\Delta x|$ 很小时，面积的改变量 ΔS 可近似地用第一部分来代替. 所以有

$$\Delta S \approx 2x\Delta x \qquad (3-2)$$

由于 $S'=2x$，所以式（3-2）可写成

$$\Delta S \approx S' \Delta x$$

引例 2 做自由落体运动的物体的路程 s 与时间 t 的关系是 $s=\frac{1}{2}gt^2$，当时间从 t 变到 $t+\Delta t$ 时，路程 s 有相应的改变量 Δs，则

$$\Delta s=\frac{1}{2}g(t+\Delta t)^2-\frac{1}{2}gt^2=gt\Delta t+\frac{1}{2}g(\Delta t)^2$$

Δs 由两部分组成，第一部分 $gt\Delta t$ 是 Δt 的线性函数，当 $\Delta t \to 0$ 时，它是 Δt 的同阶无穷小，而第二部分 $\frac{1}{2}g(\Delta t)^2$ 是比 Δt 高阶的无穷小，因此，当 $|\Delta t|$ 很小时，$\frac{1}{2}g(\Delta t)^2$

可以忽略不计，这时
$$\Delta s \approx gt\Delta t$$
又因为
$$s' = \left(\frac{1}{2}gt^2\right)' = gt$$
所以路程改变量的近似值为
$$\Delta s \approx s'\Delta t$$

以上两个问题的实际意义虽然不同，但在数量关系上却有共同点：函数的改变量可以表示成两部分，一部分为自变量增量的线性部分，另一部分是当自变量增量趋于零时的比自变量增量高阶的无穷小，且当自变量增量绝对值很小时，函数的增量可以由函数在该点的导数与自变量增量的乘积来近似代替．为此，引进微分的概念．

定义 3.2 设函数 $y=f(x)$ 在点 x_0 的某邻域内有定义，$x_0+\Delta x$ 也在该邻域内，如果函数的增量 $\Delta y=f(x_0+\Delta x)-f(x_0)$ 可表示为
$$\Delta y = A\Delta x + o(\Delta x)$$
其中 $o(\Delta x)$ 是 Δx 的高阶无穷小，就称函数 $y=f(x)$ 在点 x_0 处可微，称 $A\Delta x$ 为函数 $y=f(x)$ 在点 x_0 处的微分，记为
$$dy|_{x=x_0} = A\Delta x$$

由微分的定义可知，微分 dy 是 Δx 的线性函数且满足 $\Delta y - dy = o(\Delta x)$，因此称 $A\Delta x$ 为 Δy 的线性主部．通常把自变量 x 的增量 Δx 称为自变量的微分，记作 dx，即 $dx=\Delta x$．

如果函数 $y=f(x)$ 在点 x_0 处可微，由微分的定义可得
$$\lim_{\Delta x \to 0}\frac{\Delta y}{\Delta x} = \lim_{\Delta x \to 0}\left[A + \frac{o(\Delta x)}{\Delta x}\right] = A = f'(x_0)$$

这说明：如果函数 $y=f(x)$ 在点 x_0 处可微，则 $y=f(x)$ 在 x_0 处可导，且 $A=f'(x_0)$．

另外，如果函数 $y=f(x)$ 在 x_0 处可导，则有 $\lim\limits_{\Delta x \to 0}\frac{\Delta y}{\Delta x} = f'(x_0)$．根据极限与无穷小的关系有 $\frac{\Delta y}{\Delta x} = f'(x_0) + \alpha$，且 $\lim\limits_{\Delta x \to 0}\alpha = 0$，从而有
$$\Delta y = f'(x_0)\Delta x + \alpha\Delta x$$

这里 $\alpha\Delta x$ 是比 Δx 高阶的无穷小，因此，函数 $y=f(x)$ 在点 x_0 处可微．由此得到如下定理．

定理 3.3 函数 $y=f(x)$ 在点 x_0 处可微的充分必要条件是函数 $y=f(x)$ 在点 x_0 处可导，且满足 $dy|_{x=x_0} = f'(x_0)dx$．

一元函数的可导与可微是等价的，且由 $dy = f'(x) \cdot dx$ 有

$$f'(x) = \frac{\mathrm{d}y}{\mathrm{d}x}$$

由 $\mathrm{d}y|_{x=x_0} = f'(x_0) \cdot \mathrm{d}x$，有

$$f'(x_0) = \frac{\mathrm{d}y}{\mathrm{d}x}\bigg|_{x=x_0}$$

因此，导数 $\frac{\mathrm{d}y}{\mathrm{d}x}$ 可以看作微分 $\mathrm{d}y$ 与 $\mathrm{d}x$ 的商，故导数有时也称为微商，即函数在某点的导数等于因变量的微分除以自变量的微分.

函数 $y=f(x)$ 在任意点 x 处的微分称为函数的微分，记作 $\mathrm{d}y$ 或者 $\mathrm{d}f(x)$.

> 注意：微分与导数虽然有着密切的联系，但它们是有区别的：导数是函数在一点处的变化率，导数的值只与 x 有关；而微分是函数在一点处由自变量改变量所引起的函数改变量的近似值，微分的值与 x 和 Δx 都有关.

例1 求函数 $y = \mathrm{e}^{2x}$ 在 $x=1$ 处的微分.

分析 运用微分定义求解.

解
$$y'|_{x=1} = 2\mathrm{e}^{2x}|_{x=1} = 2\mathrm{e}^2$$
$$\mathrm{d}y|_{x=1} = y'|_{x=1}\mathrm{d}x = 2\mathrm{e}^2\mathrm{d}x$$

例2 求函数 $y = \sin x$ 的微分.

分析 运用微分定义求解.

解 $\mathrm{d}y = f'(x)\mathrm{d}x = (\sin x)'\mathrm{d}x = \cos x\mathrm{d}x$

3.5.2 微分的几何意义

函数 $y=f(x)$ 的图像如图 3-4 所示，过曲线上点 $M(x,y)$ 的切线为 MT，它的倾斜角为 φ，则

$$\tan \varphi = f'(x)$$

当自变量 x 有增量 Δx 时，即由 N 点变化到 N' 点时，函数便得到增量 $\Delta y = QM'$，同时切线上的纵坐标也得到对应的增量 QP.

$$QP = \tan \varphi \cdot \Delta x = f'(x)\Delta x = \mathrm{d}y$$

因此，函数 $y=f(x)$ 在点 x 处的微分的几何意义就是曲线 $y=f(x)$ 在点 $M(x,y)$ 处的切线 MT 上的纵坐标的增量 QP.

由图 3-4 可知，函数的微分可能小于函数的增量，也可能大于函数的增量.

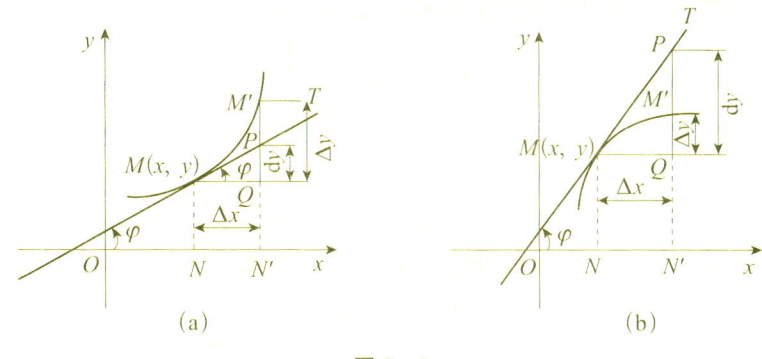

图 3-4

3.5.3 微分的基本公式和运算法则

因为 $dy = f'(x)dx$，由导数的基本公式和运算法则可以容易推出微分的基本公式和运算法则.

1. 基本初等函数的微分公式

基本初等函数的微分公式如表 3-1 所示.

表 3-1 基本初等函数的微分公式

$dC = 0$（C 为常数）	$d(x^\alpha) = \alpha x^{\alpha-1}dx$（$\alpha \in \mathbf{R}^*$）
$d(a^x) = a^x \ln a \, dx$（$a > 0, a \neq 1$）	$d(e^x) = e^x dx$
$d(\log_a x) = \dfrac{1}{x \ln a} dx$（$a > 0, a \neq 1$）	$d(\ln x) = \dfrac{1}{x} dx$
$d(\sin x) = \cos x \, dx$	$d(\cos x) = -\sin x \, dx$
$d(\tan x) = \sec^2 x \, dx$	$d(\cot x) = -\csc^2 x \, dx$
$d(\sec x) = \sec x \tan x \, dx$	$d(\csc x) = -\csc x \cot x \, dx$
$d(\arcsin x) = \dfrac{1}{\sqrt{1-x^2}} dx$	$d(\arccos x) = -\dfrac{1}{\sqrt{1-x^2}} dx$
$d(\arctan x) = \dfrac{1}{1+x^2} dx$	$d(\operatorname{arccot} x) = -\dfrac{1}{1+x^2} dx$

2. 微分的运算法则

若函数 $\mu(x)$，$\varphi(x)$ 可微，则函数 $\mu(x) \pm \varphi(x)$，$\mu(x) \cdot \varphi(x)$，$\dfrac{\mu(x)}{\varphi(x)}$（$\varphi(x) \neq 0$）可微且满足：

(1) $d(\mu \pm \varphi) = d\mu \pm d\varphi$；

(2) $d(\mu \cdot \varphi) = \varphi d\mu + \mu d\varphi$；

(3) $d\left(\dfrac{\mu}{\varphi}\right) = \dfrac{\varphi d\mu - \mu d\varphi}{\varphi^2}$.

3. 复合函数的运算法则与微分形式不变性

设函数 $y=f(u)$，$u=\varphi(x)$ 均可微，则复合函数 $y=f[\varphi(x)]$ 的微分为

$$dy=f'(u)\varphi'(x)dx$$

也可写成

$$dy=f'[\varphi(x)]\varphi'(x)dx$$

由于 $du=\varphi'(x)dx$，所以复合函数的微分也可以写成

$$dy=f'(u)du$$

无论 u 是自变量还是中间变量，函数 $y=f(u)$ 的微分 dy 总可以用 $f'(u)du$ 来表示，这一性质称为微分形式不变性.

由此可知求复合函数的微分有两种方法：一种是，先用复合函数的求导法则求出复合函数对自变量的导数，再乘以自变量的微分；另一种是，用微分形式不变性依次地求出微分.

注意：一阶微分形式不变性是对复合函数而言的.

例3 求函数 $y=\dfrac{e^{3x}}{x}$ 的微分 dy.

分析 运用商的微分法则求解.

解法一：$dy=d\left(\dfrac{e^{3x}}{x}\right)=\dfrac{xd(e^{3x})-e^{3x}dx}{x^2}=\dfrac{3xe^{3x}dx-e^{3x}dx}{x^2}=\dfrac{3x-1}{x^2}e^{3x}dx$

解法二：$dy=\left(\dfrac{e^{3x}}{x}\right)'dx=\dfrac{x(e^{3x})'-e^{3x}}{x^2}dx=\dfrac{3xe^{3x}-e^{3x}}{x^2}dx=\dfrac{3x-1}{x^2}e^{3x}dx$

习题 3.5

1. 设 x 的值从 1 变到 1.01，试求函数 $y=2x^2-x$ 的改变量和微分.

2. 求函数 $y=\arctan\sqrt{x}$ 当 $x=1$，$\Delta x=0.2$ 时的微分.

3. 求下列函数的微分.

   (1) $y=\dfrac{x}{1+x}$；(2) $y=\dfrac{1}{\sqrt{1+x^2}}$.

4. 将适当的函数填入括号内，使等式成立.

   (1) $d(\quad)=2dx$；　　　　　　(2) $d(\quad)=3xdx$；

   (3) $d(\quad)=\sin\dfrac{x}{2}dx$；　　　　(4) $d(\quad)=\cos 2xdx$.

费 马
——业余数学家之王

费马（1601—1665），法国数学家. 费马一生从未受过专门的数学教育，数学研究也不过是业余爱好. 然而，在17世纪的法国还找不到哪位数学家可以与之匹敌：他是解析几何的发明者之一；对于微积分诞生的贡献仅次于牛顿和莱布尼茨；他是概率论的主要创始人；他还是独撑17世纪数论天地的人. 此外，费马对物理学也有重要贡献. 一代数学天才费马堪称是17世纪法国最伟大的数学家.

费马的父亲多米尼克·费马在当地开了一家大皮革商店，拥有相当丰厚的产业，这使得费马从小生活在富裕舒适的环境中. 但费马并没有因为家境的富裕而产生多少优越感. 14岁时，费马进入博蒙·德·洛马涅公学，学习十分刻苦努力，文科、理科都学得不差，但是费马最喜欢的功课，还是数学.

1617年，费马准备考大学，父亲希望他读法律，费马也很喜欢这门学科，所以没有多大的争议，他接受了父亲的安排，先后在奥尔良大学和图卢兹大学学习法律，毕业后任全职律师. 1631年起，他一直任图卢兹议会议员. 他博闻饱学，精通数种文字，掌握多门自然科学知识. 任职期间，他业余研究数学，结交笛卡尔、梅森、惠更斯等著名学者，与他们经常书信往来，讨论数学问题. 他生前较少发表论著，多数成果留在手稿、通信或书页空白处. 他的儿子将这些遗作整理汇集成《数学论集》在图卢兹出版.

费马独立于笛卡尔发现了解析几何的基本原理. 他在《平面与立体轨迹引论》中写道："两个未知量决定的一个方程式，对应着一条轨迹，可以描绘出一条直线或曲线."即明确指出方程可以描述曲线，并可通过方程研究推断曲线性质，得到解析几何要旨. 最后，他与笛卡尔分享这一学科创立的荣誉.

在《求极大值与极小值的方法》中，费马给出现代微积分中函数取极值的必要条件，提出求极大值、极小值和拐点的步骤及通过求和过程得到求曲线所围面积的公式，是早期微积分学的先驱之一，为牛顿和莱布尼茨创立微积分学奠定了基础.

到了17世纪，费马和布莱士·帕斯卡在相互通信中讨论赌金分配问题，得出正确解答，建立了概率论的基本原则——数学期望的概念，从而建立了概率论的基础. 费马成为概率论的共同创立者之一.

费马在数论领域中证明或提出了许多命题，其中最著名的有：费马大定理（直到 1995 年，才由英国数学家怀尔斯证明，证明的过程是相当艰辛的！）和费马小定理（证明相对简单，事实上它是欧拉定理的一个特殊情况）.

著名的数学史学家贝尔在 20 世纪初所撰写的著作中，称费马为"业余数学家之王"．贝尔深信，费马比同时代的大多数专业数学家更有成就．17 世纪是杰出数学家活跃的世纪，而贝尔认为费马是 17 世纪数学家中最多产的明星．

复习题

一、选择题

1. 设 $f(x)$ 是可导函数，且 $\lim\limits_{h \to 0} \dfrac{f(x_0+2h)-f(x_0)}{h}=1$，则 $f'(x_0)$ 为（ ）.

   A. 3　　　　　　B. 0　　　　　　C. 2　　　　　　D. $\dfrac{1}{2}$

2. 下列函数中，在点 $x=0$ 处导数等于零的是（ ）.

   A. $y=x(1-x)$　　B. $y=2\sin x+\mathrm{e}^{-2x}$　　C. $y=\cos x-\arctan x$　　D. $y=\ln(1+x)$

3. 设 $f(x-1)=x(x-1)$，则 $f'(x)$ 为（ ）.

   A. $2x+1$　　　　B. $x(x+1)$　　　C. $x(x-1)$　　　D. $2x-1$

4. 直线 l 与 x 轴平行，且与曲线 $y=x-\mathrm{e}^x$ 相切，则切点坐标是（ ）.

   A. $(1,1)$　　　　B. $(-1,1)$　　　C. $(0,-1)$　　　D. $(0,1)$

二、填空题

1. 设函数 $y=\sin\ln(x^3)$，则 $y'=$ ＿＿＿＿＿＿．

2. 设 $y=x^{\mathrm{e}}+\mathrm{e}^x+\ln x+\mathrm{e}^{\mathrm{e}}$，则 $y'=$ ＿＿＿＿＿＿．

3. 设 $f'(x)=\mathrm{e}^x+\ln x$，则 $f''(3)=$ ＿＿＿＿＿＿．

4. 设 $f'(1)=1$，则 $\lim\limits_{x \to 1} \dfrac{f(x)-f(1)}{x^2-1}=$ ＿＿＿＿＿＿．

5. 曲线 $\begin{cases} x=\sin t \\ y=\cos 2t \end{cases}$ 在 $t=\dfrac{\pi}{4}$ 处的法线方程为 ＿＿＿＿＿＿．

三、计算题

1. 设 $f(x)=\sqrt[3]{4x-3}$，求 $f'(1)$．

2. 求函数 $y=x\arctan x$ 的二阶导数．

3. 设函数 $f(x)=\dfrac{x}{1-\sin x}-\ln x$，求 $f'(\pi)$．

4. 设 y 是由方程 $x+e^y=\ln(x+y)$ 所确定的函数,求 dy.

5. 设 $y=\ln\cos\sqrt{x}$,求 dy.

6. 设函数 $y=y(x)$ 由方程 $\sin(x^2+y)=xy$ 确定,试求 $\dfrac{dy}{dx}$.

真题荟萃

一、选择题

1. (2010年) 已知 $f'(x)=1$,则 $\lim\limits_{\Delta x\to 0}\dfrac{f(1-2\Delta x)-f(1)}{\Delta x}$ 等于 ( ).

(A) 1 (B) -1 (C) 2 (D) -2

2. (2010年) 设函数 $f(x)$ 在点 x_0 处不连续,则 ( ).

(A) $f'(x_0)$ 存在 (B) $f'(x_0)$ 不存在

(C) $\lim\limits_{x\to\infty}f(x)$ 必存在 (D) $f(x)$ 在点 x_0 处可微

3. (2005年) 设 $f(x)=x(x-1)(x-2)\cdots(x-99)$,则 $f'(0)=$ ( ).

(A) $-99!$ (B) 0 (C) $99!$ (D) 99

4. (2006年) 设 $u(x),v(x)$ 为可导函数,则 $d\left(\dfrac{u}{v}\right)=$ ( ).

(A) $\dfrac{du}{dv}$ (B) $\dfrac{vdu-udv}{v^2}$

(C) $\dfrac{udv+vdu}{v^2}$ (D) $\dfrac{udv-vdu}{v^2}$

5. (2007年) 若 $f(u)$ 可导,且 $y=f(2^x)$,则 $dy=$ ( ).

(A) $f'(2^x)dx$ (B) $f'(2^x)d2^x$

(C) $[f(2^x)]'d2^x$ (D) $f'(2^x)2^xdx$

二、填空题

1. (2008年) 曲线 $y=x^2+1$ 在点 (1,2) 的切线的斜率等于_____.

2. (2010年) 若曲线 $y=f(x)$ 在点 $(x_0,f(x_0))$ 处的切线平行于直线 $y=2x-3$,则 $f'(x_0)$ =_____.

3. (2008年) 由参数方程 $\begin{cases}x=\cos t\\y=\sin t\end{cases}$ 确定的 $\dfrac{dy}{dx}=$_____.

4. (2010年) 设 $y=\cos(\sin x)$,则 $dy=$_____.

5. (2015年) 函数 $f(x)$ 在点 x_0 处的左、右导数存在且_____是函数在点 x_0 可导的_____条件.

三、计算题

1. （2009 年）设 $y=\sin\dfrac{2x}{1+x^2}$，求 $\dfrac{dy}{dx}$.

2. （2010 年）求函数 $y=x^{\sin x}$ $(x>0)$ 的导数.

3. （2012 年）设 $y=\ln(1+ax)$ $(a>0)$，求 y''.

4. （2018 年）求由方程 $x^2+2xy-y^2-2x=0$ 确定的隐函数 $y=y(x)$ 的导数.

5. （2019 年）求曲线 $\begin{cases} x=\dfrac{t^2}{2} \\ y=t^2(t-1) \end{cases}$ 在 $t=2$ 处的切线方程与法线方程.

第4章　导数的应用

第3章主要介绍了导数和微分的概念，并讨论了它们的计算方法．本章将介绍如何利用导数逐步地研究函数的某些性质、求函数的极值，并应用这些知识描绘函数的图像．这些知识在日常生活、科学实践中有着广泛的应用．

4.1　微分中值定理

微分中值定理是微分学中最重要的定理，它描述了函数与其导数之间的联系，是导数应用的理论基础．本章的很多结果都是建立在微分中值定理的基础上．

4.1.1　罗尔中值定理

观察图 4-1 所示的连续光滑曲线 $f(x)$ 可以发现，当 $f(a)=f(b)$ 时，在 (a,b) 内总存在 ξ_1 和 ξ_2 使 $f'(\xi_1)=0$，$f'(\xi_2)=0$．因此，有如下定理成立．

定理 4.1（罗尔中值定理）　若函数 $f(x)$ 满足下列条件：

(1) 在闭区间 $[a,b]$ 上连续；

(2) 在开区间 (a,b) 内可导；

(3) 在区间 $[a,b]$ 的端点处函数值相等，即 $f(a)=f(b)$．

则在 (a,b) 内至少存在一点 ξ $(a<\xi<b)$，使得 $f'(\xi)=0$．

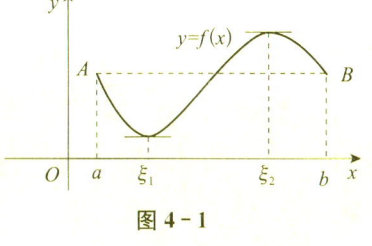

图 4-1

证明　因为 $f(x)$ 在闭区间 $[a,b]$ 上连续，它在 $[a,b]$ 上必能取到最大值 M 和最小值 m．

如果 $M=m$，说明 $f(x)$ 在 $[a,b]$ 上为一常数，因此对任意一点 $\xi\in(a,b)$，都有 $f'(\xi)=0$．

如果 $M>m$，则 M 与 m 至少有一个不等于 $f(a)$，不妨设 $m\neq f(a)$，这就是说，在 (a,b) 内至少有一点 ξ，使得 $f(\xi)=m$．由于 $f(\xi)=m$ 是最小值，所以不论 Δx 为正或

为负，都有

$$f(\xi+\Delta x)-f(\xi)\geq 0, \xi+\Delta x\in(a,b)$$

当 $\Delta x>0$ 时，有

$$\frac{f(\xi+\Delta x)-f(\xi)}{\Delta x}\geq 0$$

那么
$$f'(\xi)=f'_+(\xi)=\lim_{\Delta x\to 0^+}\frac{f(\xi+\Delta x)-f(\xi)}{\Delta x}\geq 0 \tag{4-1}$$

当 $\Delta x<0$ 时，有

$$\frac{f(\xi+\Delta x)-f(\xi)}{\Delta x}\leq 0$$

那么
$$f'(\xi)=f'_-(\xi)=\lim_{\Delta x\to 0^-}\frac{f(\xi+\Delta x)-f(\xi)}{\Delta x}\leq 0 \tag{4-2}$$

由式 (4-1) 和式 (4-2)，必有 $f'(\xi)=0$.

注意：罗尔中值定理中的三个条件是结论成立的充分条件，如果有一个条件不满足，则结论不一定成立.

4.1.2 拉格朗日中值定理

在图 4-1 中，将 AB 弦右端抬高一点，便得到如图 4-2 所示的形状，此时存在切线 $TT'//AB$，对应的点 $x=\xi$ 处有 $f'(\xi)$ 等于弦 AB 的斜率，即

$$\frac{f(b)-f(a)}{b-a}=f'(\xi) \tag{4-3}$$

对应地，有如下定理.

定理 4.2（拉格朗日中值定理） 若函数 $f(x)$ 满足下列条件：

(1) 在闭区间 $[a,b]$ 上连续；

(2) 在开区间 (a,b) 内可导.

则在 (a,b) 内至少存在一点 ξ $(a<\xi<b)$，使得

$$f(b)-f(a)=f'(\xi)(b-a) \tag{4-4}$$

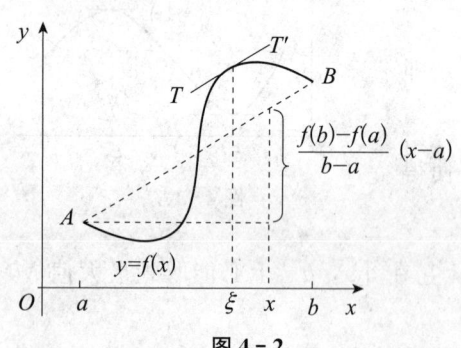

图 4-2

为了证明这个定理，可设想将 x 点处的函数值 $f(x)$ 减去由于 B 端抬高而引起的增量 $\frac{f(b)-f(a)}{b-a}(x-a)$，函数将恢复到罗尔中值定理的情况，因此作辅助函数

$$\varphi(x)=f(x)-\frac{f(b)-f(a)}{b-a}(x-a)$$

可见 $\varphi(a)=\varphi(b)=f(a)$，而且 $\varphi(x)$ 在 $[a,b]$ 上连续，在 (a,b) 内可导，根据罗尔中值定理，(a,b) 内至少有一点 ξ，使

$$\varphi'(\xi)=0$$

即

$$f'(\xi)-\frac{f(b)-f(a)}{b-a}=0$$

也就是

$$f(b)-f(a)=f'(\xi)(b-a)$$

推论 若对任意 $x\in(a,b)$，有 $f'(x)=0$，则 $f(x)=c$，其中 c 是常数.

证明 在 (a,b) 内任取两点 x_1，x_2（$x_1<x_2$），由拉格朗日中值定理可得

$$f(x_2)-f(x_1)=f'(\xi)(x_2-x_1)(x_1<\xi<x_2)$$

由对任意 $x\in(a,b)$ 有 $f'(x)=0$ 知 $f'(\xi)=0$，所以 $f(x_2)-f(x_1)=0$，即

$$f(x_2)=f(x_1)$$

由点 x_1，x_2 的任意性表明：函数 $f(x)$ 在区间 (a,b) 内所有点处的函数值是相等的，即

$$f(x)=c，其中 c 是常数$$

例1 求出函数 $f(x)=x^3$ 在 $[-1,2]$ 上满足拉格朗日中值定理的 ξ 点.

分析 验证函数是否满足拉格朗日中值定理.

解 显然 $f(x)=x^3$ 在 $[-1,2]$ 上满足拉格朗日中值定理的条件，由定理可知，必存在 $\xi\in(-1,2)$，使 $f'(\xi)=\frac{f(b)-f(a)}{b-a}$.

由于 $\frac{f(b)-f(a)}{b-a}=\frac{2^3-(-1)^3}{2-(-1)}=3$，而 $f'(x)=3x^2$，因此有

$$3\xi^2=3$$

解得 $\xi=\pm 1$，从而在 $(-1,2)$ 内，所求点 $\xi=1$.

有必要指出，罗尔中值定理和拉格朗日中值定理的条件若不能得到满足，两定理均将不再成立. 例如 $f(x)=|x|$，它在 $[-1,2]$ 上连续，在 $(-1,2)$ 内有不可导点 $x=0$，则此时在 $(-1,2)$ 内不存在点 ξ 使 $f'(\xi)=\frac{f(2)-f(-1)}{2-(-1)}$. 还须指出，两定理的条件均为充分而非必要条件.

4.1.3 柯西中值定理

考察式（4-3），注意到它是对函数 $\begin{cases}y=f(x)\\x=x\end{cases}$ 而言的，如果函数形式是 $\begin{cases}y=y(t)\\x=x(t)\end{cases}$，

也许在一定条件下有类比于式（4-3）的式子：

$$\frac{y(b)-y(a)}{x(b)-x(a)}=\frac{y'(\xi)}{x'(\xi)}\left(=\frac{\mathrm{d}y}{\mathrm{d}x}\bigg|_{t=\xi}\right)$$

定理 4.3（柯西中值定理） 如果函数 $f(x)$ 及 $g(x)$ 在闭区间 $[a,b]$ 上连续，在开区间 (a,b) 内可导，且 $g'(x)$ 在 (a,b) 内的每一点处均不为零，那么在 (a,b) 内至少有一点 ξ，使等式

$$\frac{f(b)-f(a)}{g(b)-g(a)}=\frac{f'(\xi)}{g'(\xi)} \tag{4-5}$$

成立.

证明 仿照拉格朗日中值定理的证明，构造一个辅助函数

$$\psi(x)=f(x)-\frac{f(b)-f(a)}{g(b)-g(a)}[g(x)-g(a)]$$

易见 $\psi(x)$ 满足罗尔中值定理的三个条件，所以至少存在一点 $\xi\in(a,b)$，使 $\psi'(\xi)=0$.

即

$$f'(\xi)-\frac{f(b)-f(a)}{g(b)-g(a)}\cdot g'(\xi)=0$$

于是

$$\frac{f(b)-f(a)}{g(b)-g(a)}=\frac{f'(\xi)}{g'(\xi)}$$

习题 4.1

1. 验证罗尔中值定理对函数 $f(x)=\sin x$ 在区间 $\left[-\dfrac{3\pi}{2},\dfrac{\pi}{2}\right]$ 上的正确性.

2. 验证拉格朗日中值定理对函数 $y=\arctan x$ 在区间 $[0,1]$ 上的正确性.

3. 试证明对函数 $y=px^2+qx+r$ 应用拉格朗日中值定理时所求得的点 ξ 总是位于区间的正中间.

4. 证明恒等式：$\arcsin x+\arccos x=\dfrac{\pi}{2}$ $(-1\leqslant x\leqslant 1)$.

5. 若方程 $a_0x^4+a_1x^3+a_2x^2+a_3x=0$ 有一个正根 x_0，证明方程 $4a_0x^3+3a_1x^2+2a_2x+a_3=0$ 必有一个小于 x_0 的正根.

6. 试用拉格朗日中值定理证明：对于任意的 x_1，x_2，$|\sin x_2-\sin x_1|\leqslant|x_2-x_1|$.

4.2 洛必达法则

在求函数的极限时，常会遇到两个函数 $f(x)$，$F(x)$ 都是无穷小或都是无穷大的情况，若此时求它们比值的极限，则极限 $\lim\dfrac{f(x)}{F(x)}$ 可能存在，也可能不存在，通常把这种极限叫作未定式，有 $\dfrac{0}{0}$ 型、$\dfrac{\infty}{\infty}$ 型等. 例如，$\lim\limits_{x\to 0}\dfrac{\sin x}{x}$ 就是 $\dfrac{0}{0}$ 型未定式，而 $\lim\limits_{x\to+\infty}\dfrac{\ln x}{x}$

就是 $\frac{\infty}{\infty}$ 型未定式. 求解 $\frac{0}{0}$ 型未定式或者 $\frac{\infty}{\infty}$ 型未定式时,除了可使用前面讲过的方法外,洛必达法则是另一种简便而又十分有效的方法.

4.2.1 $\frac{0}{0}$ 型未定式

洛必达法则 设函数 $f(x)$,$F(x)$ 满足下列条件:

(1) $\lim\limits_{x \to x_0} f(x) = 0$,$\lim\limits_{x \to x_0} F(x) = 0$;

(2) $f(x)$ 与 $F(x)$ 在 x_0 的某一去心邻域内可导,且 $F'(x) \neq 0$;

(3) $\lim\limits_{x \to x_0} \dfrac{f'(x)}{F'(x)}$ 存在(或为无穷大).

则有
$$\lim_{x \to x_0} \frac{f(x)}{F(x)} = \lim_{x \to x_0} \frac{f'(x)}{F'(x)} \qquad (4-6)$$

式(4-6)说明:当 $\lim\limits_{x \to x_0} \dfrac{f'(x)}{F'(x)}$ 存在时,$\lim\limits_{x \to x_0} \dfrac{f(x)}{F(x)}$ 也存在且等于 $\lim\limits_{x \to x_0} \dfrac{f'(x)}{F'(x)}$;当 $\lim\limits_{x \to x_0} \dfrac{f'(x)}{F'(x)}$ 为无穷大时,$\lim\limits_{x \to x_0} \dfrac{f(x)}{F(x)}$ 也是无穷大.

这种在一定条件下通过先对分子、分母分别求导再求极限来确定结果的方法称为洛必达法则.

例 1 求 $\lim\limits_{x \to 0} \dfrac{e^{2x}-1}{3x}$.

分析 在使用洛必达法则前须验证分子、分母是否满足法则要求的条件.

解 $\lim\limits_{x \to 0} \dfrac{e^{2x}-1}{3x} = \lim\limits_{x \to 0} \dfrac{2e^{2x}}{3} = \dfrac{2}{3}$

例 2 求 $\lim\limits_{x \to +\infty} \dfrac{\dfrac{\pi}{2}-\arctan x}{\dfrac{1}{x}}$.

分析 在该自变量的变化趋势下,该未定式是 $\dfrac{0}{0}$ 型未定式.

解 $\lim\limits_{x \to +\infty} \dfrac{\dfrac{\pi}{2}-\arctan x}{\dfrac{1}{x}} = \lim\limits_{x \to +\infty} \dfrac{-\dfrac{1}{1+x^2}}{-\dfrac{1}{x^2}} = \lim\limits_{x \to +\infty} \dfrac{x^2}{1+x^2} = 1$

4.2.2 $\frac{\infty}{\infty}$ 型未定式

对于 $\dfrac{\infty}{\infty}$ 型未定式,有类似的洛必达法则,求解时具体做法和上面一样.

例3 求 $\lim\limits_{x \to +\infty} \dfrac{\ln x}{x^n}$ $(n>0)$.

分析 在该自变量的变化趋势下，该未定式是 $\dfrac{\infty}{\infty}$ 型未定式.

解 $\lim\limits_{x \to +\infty} \dfrac{\ln x}{x^n} = \lim\limits_{x \to +\infty} \dfrac{\dfrac{1}{x}}{nx^{n-1}} = \lim\limits_{x \to +\infty} \dfrac{1}{nx^n} = 0$

例4 求 $\lim\limits_{x \to +\infty} \dfrac{x^n}{e^x}$ (n 为正整数).

分析 如果满足洛必达法则条件，可以反复使用洛必达法则.

解 连续使用洛必达法则 n 次，得

$$\lim\limits_{x \to +\infty} \dfrac{x^n}{e^x} = \lim\limits_{x \to +\infty} \dfrac{nx^{n-1}}{e^x} = \lim\limits_{x \to +\infty} \dfrac{n(n-1)x^{n-2}}{e^x} = \cdots = \lim\limits_{x \to +\infty} \dfrac{n!}{e^x} = 0$$

例3及例4表明，当 $x \to +\infty$ 时，$\ln x$，x^n，e^x 均为无穷大，但以指数函数 e^x 增加最快，幂函数 x^n 次之，而对数函数 $\ln x$ 增加最慢.

4.2.3 其他类型的未定式

对于其他类型的未定式，如 $0 \cdot \infty$ 型未定式、$\infty - \infty$ 型未定式、1^∞ 型未定式、∞^0 型未定式，在求解时可将它们在形式上适当加以变化，转化为 $\dfrac{0}{0}$ 型未定式或 $\dfrac{\infty}{\infty}$ 型未定式，然后利用洛必达法则.

1. $0 \cdot \infty$ 型未定式

设 $f(x) \to 0$，$g(x) \to \infty$，则 $f(x) \cdot g(x) = \dfrac{f(x)}{1/g(x)}$ 或 $f(x) \cdot g(x) = \dfrac{g(x)}{1/f(x)}$，即将 $0 \cdot \infty$ 型未定式转化为 $\dfrac{0}{0}$ 型未定式或 $\dfrac{\infty}{\infty}$ 型未定式.

2. $\infty - \infty$ 型未定式

设 $f(x) \to \infty$，$g(x) \to \infty$，则 $f(x) - g(x) = \dfrac{\dfrac{1}{g(x)} - \dfrac{1}{f(x)}}{\dfrac{1}{f(x)g(x)}}$，即将 $\infty - \infty$ 型未定式转化为 $\dfrac{0}{0}$ 型未定式.

3. 1^∞ 型未定式、0^0 型未定式、∞^0 型未定式

它们都是幂指函数 $f(x)^{g(x)}$ 的形式，可作如下变化：

$$\lim f(x)^{g(x)} = \lim e^{g(x) \cdot \ln f(x)} = e^{\lim g(x) \ln f(x)}$$

这样可将 1^∞ 型未定式、0^0 型未定式、∞^0 型未定式转化为 $0 \cdot \infty$ 型未定式，再转化为 $\dfrac{0}{0}$

型未定式或 $\frac{\infty}{\infty}$ 型未定式后就可使用洛必达法则了.

例 5 求 $\lim\limits_{x \to 0^+} x \ln x$.

分析 这是 $0 \cdot \infty$ 型未定式，必须将其先转化为 $\frac{0}{0}$ 型未定式或 $\frac{\infty}{\infty}$ 型未定式.

解 $\lim\limits_{x \to 0^+} x \ln x = \lim\limits_{x \to 0^+} \frac{\ln x}{\frac{1}{x}} = \lim\limits_{x \to 0^+} \frac{\frac{1}{x}}{-\frac{1}{x^2}} = \lim\limits_{x \to 0^+} (-x) = 0$

例 6 求 $\lim\limits_{x \to 0}(1 - \sin 2x)^{\frac{1}{x}}$.

分析 这是 1^∞ 型未定式，先利用恒等式转换.

解 $\lim\limits_{x \to 0}(1 - \sin 2x)^{\frac{1}{x}} = \lim\limits_{x \to 0} e^{\frac{1}{x}\ln(1-\sin 2x)} = e^{\lim\limits_{x \to 0}\frac{\ln(1-\sin 2x)}{x}}$

由于 $\lim\limits_{x \to 0}\frac{\ln(1 - \sin 2x)}{x} = \lim\limits_{x \to 0}\frac{\frac{-2\cos 2x}{1 - \sin 2x}}{1} = -2$

所以 $\lim\limits_{x \to 0}(1 - \sin 2x)^{\frac{1}{x}} = e^{-2}$

4.2.4 应用洛必达法则时应注意的几个问题

(1) 洛必达法则只能直接用于 $\frac{0}{0}$ 型未定式或 $\frac{\infty}{\infty}$ 型未定式，因此，每次使用前须检查待求的未定式是否是 $\frac{0}{0}$ 型未定式或 $\frac{\infty}{\infty}$ 型未定式.

(2) 洛必达法则中的条件是充分而非必要的，当洛必达法则失效时不能断定原极限一定不存在，这时应改用其他方法求极限.

(3) 用洛必达法则求极限时，若配合使用等价无穷小代换、恒等变形等，会使求解更简便.

例 7 求 $\lim\limits_{x \to \infty}\frac{2x + \sin x}{x}$.

分析 此时若对分子、分母求导数，得到

$$\lim\limits_{x \to \infty}\frac{2 + \cos x}{1} = \lim\limits_{x \to \infty}(2 + \cos x)$$

上式右边的极限不存在，所以，不能用洛必达法则进行求解.

解 $\lim\limits_{x \to \infty}\frac{2x + \sin x}{x} = \lim\limits_{x \to \infty}\left(2 + \frac{\sin x}{x}\right) = 2 + 0 = 2$

例 8 求 $\lim\limits_{x \to 0}\frac{3x - \sin 3x}{(1 - \cos x)\ln(1 + 2x)}$.

分析 本题如果直接利用洛必达法则求解会很麻烦,如果配合使用等价无穷小代换、恒等变形化简后再用洛必达法则求解就简单了.

解 $\lim\limits_{x \to 0} \dfrac{3x - \sin 3x}{(1-\cos x)\ln(1+2x)} \xlongequal{\text{等价无穷小代换}} \lim\limits_{x \to 0} \dfrac{3x - \sin 3x}{\dfrac{x^2}{2} \cdot 2x}$

$= \lim\limits_{x \to 0} \dfrac{3x - \sin 3x}{x^3} \xlongequal{\text{洛必达法则}} \lim\limits_{x \to 0} \dfrac{3 - 3\cos 3x}{3x^2}$

$\xlongequal{\text{洛必达法则}} \lim\limits_{x \to 0} \dfrac{9\sin 3x}{6x} \xlongequal{\text{等价无穷小代换}} \lim\limits_{x \to 0} \dfrac{3 \cdot 3x}{2x} = \dfrac{9}{2}$

习题 4.2

1. 用洛必达法则求下列极限.

(1) $\lim\limits_{x \to 0} \dfrac{\sin ax}{\sin bx}$ $(b \neq 0)$;

(2) $\lim\limits_{x \to 1} \dfrac{x^3 - 3x + 2}{x^3 - x^2 - x + 1}$;

(3) $\lim\limits_{x \to a} \dfrac{e^{-x} - e^{-a}}{x - a}$;

(4) $\lim\limits_{y \to 0} \dfrac{e^y + \sin y - 1}{\ln(1+y)}$;

(5) $\lim\limits_{x \to +\infty} \dfrac{\sqrt{x}}{e^{2x}}$;

(6) $\lim\limits_{x \to +\infty} \dfrac{\ln(\ln x)}{x}$;

(7) $\lim\limits_{x \to 0^+} \dfrac{\ln\sin 3x}{\ln\sin x}$;

(8) $\lim\limits_{x \to +\infty} \dfrac{2^x}{x^{100}}$;

(9) $\lim\limits_{x \to 1} \left(\dfrac{2}{x^2 - 1} - \dfrac{1}{x - 1} \right)$;

(10) $\lim\limits_{x \to 0} x \cot 2x$.

2. 验证:极限 $\lim\limits_{x \to \infty} \dfrac{x + \sin x}{x}$ 存在但不能用洛必达法则得出.

4.3 函数的单调性

在初等数学中学过函数单调性的概念,现在利用导数来研究函数的单调性.

由图 4-3(a)可以看出,如果函数 $y = f(x)$ 在某区间上单调增加,则曲线上各点切线的倾斜角都是锐角,因此它们的斜率 $f'(x)$ 都是正的,即 $f'(x) > 0$. 同样由图 4-3(b)可以看出,如果函数 $y = f(x)$ 在某区间上单调减少,则曲线上各点切线的倾斜角都是钝角,因此它们的斜率 $f'(x)$ 都是负的,即 $f'(x) < 0$.

由此可见,函数的单调性与函数导数的符号有密切的联系. 那么,能否用导数的符号来判定函数的单调性呢?下面的定理回答了这个问题.

定理 4.4(函数单调性的判别法) 若函数 $f(x)$ 在闭区间 $[a, b]$ 上连续,在开区间 (a, b) 内可导,那么

(1) 如果在 (a,b) 内 $f'(x)>0$, 则 $f(x)$ 在 $[a,b]$ 上单调增加;

(2) 如果在 (a,b) 内 $f'(x)<0$, 则 $f(x)$ 在 $[a,b]$ 上单调减少.

证明 在 $[a,b]$ 上任取两点 x_1,x_2（不妨设 $x_1<x_2$）, 由拉格朗日中值定理可得
$$f(x_2)-f(x_1)=f'(\xi)(x_2-x_1), \xi\in(x_1,x_2)$$
若 $f'(x)>0$, 则必有 $f'(\xi)>0$. 又 $x_1<x_2$, 则 $x_2-x_1>0$, 于是
$$f(x_2)-f(x_1)=f'(\xi)(x_2-x_1)>0$$
即
$$f(x_2)>f(x_1)$$
也就是说函数 $f(x)$ 在 $[a,b]$ 上单调增加.

同理, 如果在 (a,b) 内 $f'(x)<0$, 则 $f'(\xi)<0$, 于是 $f(x_2)-f(x_1)<0$, 即 $f(x_2)<f(x_1)$, 这表明函数 $f(x)$ 在 $[a,b]$ 上单调减少.

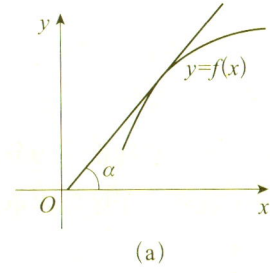

图 4-3

在使用定理 4.4 时须注意以下两点:

(1) 在定理 4.4 的证明过程中易于看到, 闭区间 $[a,b]$ 若为开区间 (a,b) 或无限区间, 定理结论同样成立;

(2) 有的可导函数在某区间内的个别点处导数等于零, 但函数在该区间内仍单调增加（或单调减少）.

例如, 幂函数 $y=x^3$ 的导数 $y'=3x^2$, 当 $x=0$ 时, $y'=0$, 但它在 $(-\infty,+\infty)$ 内是单调增加的, 如图 4-4 所示.

例 1 讨论函数 $f(x)=x^3+3x^2-1$ 的单调区间.

分析 本题依据单调性的判定定理即可.

解 函数的定义域为 $(-\infty,+\infty)$, 故有
$$f'(x)=3x^2+6x=3x(x+2)$$
令 $f'(x)=3x(x+2)=0$, 得 $x_1=-2,x_2=0$. 这两个根把定义域分成三个子区间, 即
$$(-\infty,-2),(-2,0),(0,+\infty)$$

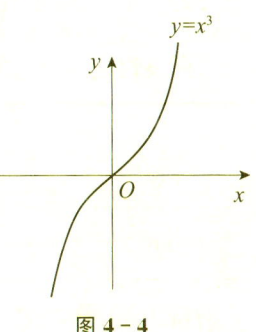

图 4-4

在 $(-\infty, -2)$ 内, $f'(x)>0$, 因而函数 $f(x)$ 在 $(-\infty, -2)$ 内单调增加; 在 $(-2, 0)$ 内, $f'(x)<0$, 因而函数 $f(x)$ 在 $(-2, 0)$ 内单调减少; 在 $(0, +\infty)$ 内, $f'(x)>0$, 因而函数 $f(x)$ 在 $(0, +\infty)$ 内单调增加.

例 2 讨论函数 $y=e^x-x-1$ 的单调性.

分析 本题依据单调性的判定定理即可.

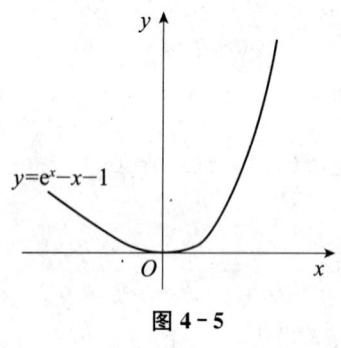

图 4-5

解 如图 4-5 所示, 函数 $y=e^x-x-1$ 的定义域为 $(-\infty, +\infty)$, $y'=e^x-1$.

因为在 $(-\infty, 0)$ 内 $y'<0$, 所以函数 $y=e^x-x-1$ 在 $(-\infty, 0)$ 内单调减少;

因为在 $(0, +\infty)$ 内 $y'>0$, 所以函数 $y=e^x-x-1$ 在 $(0, +\infty)$ 内单调增加.

由例 2 可看出, 有些函数在它的整个定义域上不是单调的, 这时须把整个定义域划分为若干个子区间, 然后分别讨论函数在各子区间内的单调性. 一般可以用 $f'(x)=0$ 的根作为分界点, 使得函数的导数在各子区间内符号不变, 从而使得函数 $f(x)$ 在各个子区间内单调.

例 3 确定函数 $f(x)=(x-1)x^{\frac{2}{3}}$ 的单调区间.

分析 本题依据单调性的判定定理即可, 通过表格形式呈现更直观.

解 函数 $f(x)=(x-1)x^{\frac{2}{3}}$ 的定义域为 $(-\infty, +\infty)$, 对 $f(x)$ 求导得

$$f'(x)=\frac{2}{3}x^{-\frac{1}{3}}(x-1)+x^{\frac{2}{3}}=\frac{5x-2}{3x^{\frac{1}{3}}}$$

令 $f'(x)=0$ 得 $x=\frac{2}{5}$, 此外, 在 $x=0$ 处 $f(x)$ 不可导, 于是 $x=0, x=\frac{2}{5}$ 将定义域分为三个子区间 $(-\infty, 0), \left(0, \frac{2}{5}\right), \left(\frac{2}{5}, +\infty\right)$.

列表讨论 $f(x)$ 的单调性.

x	$(-\infty, 0)$	0	$\left(0, \frac{2}{5}\right)$	$\frac{2}{5}$	$\left(\frac{2}{5}, +\infty\right)$
$f'(x)$	+	不存在	−	0	+
$f(x)$	↗		↘		↗

注: 表中用 "↘" 表示单调减少, 用 "↗" 表示单调增加.

所以，函数在 $(-\infty, 0)$ 和 $\left(\dfrac{2}{5}, +\infty\right)$ 内单调增加，在 $\left(0, \dfrac{2}{5}\right)$ 内单调减少.

由例 3 可知，使导数为零的点和导数不存在的点都可能是函数增减区间的分界点.

习题 4.3

1. 判断下列函数在指定区间内的单调性.

(1) $y = \tan x$，$x \in \left(-\dfrac{\pi}{2}, \dfrac{\pi}{2}\right)$；

(2) $y = 2x + \sin x$，$x \in (-\infty, +\infty)$；

(3) $f(x) = \arctan x - x$，$x \in (-\infty, +\infty)$.

2. 确定下列函数的单调区间.

(1) $y = x^2 - 2x + 4$； (2) $y = \sqrt[3]{x^2}$；

(3) $f(x) = 2x^2 - \ln x$； (4) $f(x) = e^{-x^2}$.

3. 证明不等式：当 $x \geqslant 0$ 时，$\arctan x \leqslant x$.

4.4 函数的极值和最值问题

4.4.1 函数极值的定义

由图 4-6 可知，函数 $y = f(x)$ 在点 x_2，x_5 处的函数值 $f(x_2)$，$f(x_5)$ 比它们近旁各点处的函数值都大，而在点 x_1，x_4，x_6 处的函数值 $f(x_1)$，$f(x_4)$，$f(x_6)$ 比它们近旁各点处的函数值都小. 对于这种性质的点和对应的函数值，给出如下定义.

定义 4.1 设函数 $f(x)$ 在区间 (a, b) 内有定义，x_0 是 (a, b) 内的一个点. 如果存在点 x_0 的一个去心邻域，对于这去心邻域内的任何点 x，$f(x) < f(x_0)$ 均成立，就称 $f(x_0)$ 是函数 $f(x)$ 的一个极大值，点 x_0 叫作函数 $f(x)$ 的极大点；如果存在点 x_0 的一个去心邻域，对于这去心邻域内的任何点 x，$f(x) > f(x_0)$ 均成立，就称 $f(x_0)$ 是函数 $f(x)$ 的一个极小值，点 x_0 叫作函数 $f(x)$ 的极小点.

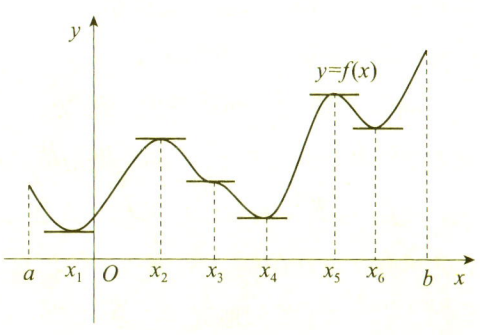

图 4-6

函数的极大值与极小值统称为极值，使函数取得极值的极大点与极小点统称为极值点.

因此，在图 4-6 中，$f(x_2)$，$f(x_5)$ 是函数的极大值，点 x_2，x_5 是函数的极大点；$f(x_1)$，$f(x_4)$，$f(x_6)$ 是函数的极小值，点 x_1，x_4，x_6 是函数的极小点.

值得注意的是，函数的极大值与极小值是有其局部性的，它们与函数的最大值、最小值不同. 极值 $f(x_0)$ 是就点 x_0 近旁的一个局部范围来说的，而最大值与最小值是就函数的整个定义域而言的. 所以极大值不一定是最大值，极小值不一定是最小值. 在一个区间上，一个函数可能有几个极大值与几个极小值，甚至某些极大值还可能比某些极小值小.

4.4.2 极值判定法

由图 4-6 可以看出，在函数取得极值处曲线的切线是水平的，即在极值点处函数的导数为零. 但反之，曲线上有水平切线的地方，即在使导数为零的点处，函数不一定取得极值. 例如，在点 x_3 处，曲线虽有水平切线，这时 $f'(x_3)=0$，但 $f(x_3)$ 并不是极值. 关于函数具有极值的必要条件和充分条件，将在下面的三个定理中加以讨论.

定理 4.5（极值的必要条件） 设函数 $f(x)$ 在点 x_0 处可导，且在点 x_0 处取得极值，则函数在点 x_0 处的导数为零，即 $f'(x_0)=0$.

通常把使导数为零的点（方程 $f'(x)=0$ 的实根）叫作函数 $f(x)$ 的驻点.

定理 4.5 说明可导函数的极值点必是它的驻点，但是反过来，函数的驻点并不一定是它的极值点. 例如，在图 4-6 中，点 x_3 是函数的驻点，但点 x_3 并不是它的极值点.

在求出函数的驻点后，如何判定哪些驻点是极值点，以及如何进一步判定哪些极值点是极大点，哪些极值点是极小点呢？单从有无水平切线这一个方面来看是不够的，还应考察曲线在该点附近的变化情况.

由图 4-7（a）可以看出，函数 $f(x)$ 在点 x_0 处有极大值. 除了在点 x_0 处有一条水平切线外，曲线在点 x_0 的左侧是单调增加的，在点 x_0 的右侧是单调减少的. 也就是说，在点 x_0 的左侧有 $f'(x)>0$，而在点 x_0 的右侧有 $f'(x)<0$. 利用这一特性，可以判定函数 $f(x)$ 在点 x_0 处有极大值. 对于函数 $f(x)$ 在点 x_0 处有极小值的情形，可结合图 4-7（b）类似地进行讨论.

归纳上面的分析可得到下面的定理.

定理 4.6（极值的第一充分条件） 设函数 $f(x)$ 在点 x_0 的一个邻域内可导且 $f'(x_0)=0$，

（1）如果当 x 取 x_0 左侧邻近的值时，$f'(x)$ 恒为正；当 x 取 x_0 右侧邻近的值时，

$f'(x)$ 恒为负,则函数 $f(x)$ 在点 x_0 处有极大值;

(2) 如果当 x 取 x_0 左侧邻近的值时,$f'(x)$ 恒为负;当 x 取 x_0 右侧邻近的值时,$f'(x)$ 恒为正,则函数 $f(x)$ 在点 x_0 处有极小值;

(3) 如果当 x 取 x_0 左、右两侧邻近的值时,$f'(x)$ 恒为正或恒为负,则函数 $f(x)$ 在点 x_0 处没有极值.

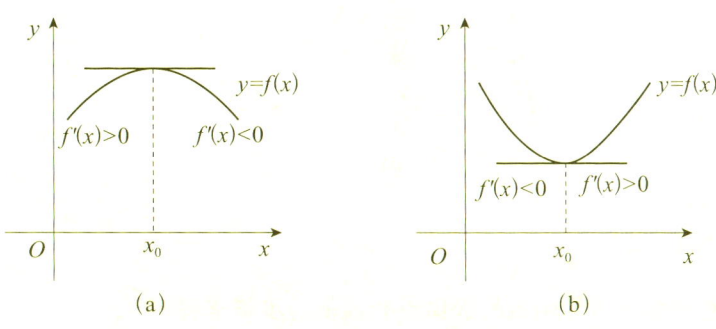

图 4-7

根据定理 4.5 和定理 4.6,可得到求可导函数的极值点和极值的步骤如下:

(1) 确定函数的定义域;

(2) 求函数的导数 $f'(x)$,并求出函数 $f(x)$ 的全部驻点(求出方程 $f'(x)=0$ 在定义域内的全部实根);

(3) 列表考察 $f'(x)$ 在每个驻点的左、右邻近的符号情况:

①如果左侧正而右侧负,那么该驻点是极大点,函数在该点处有极大值;

②如果左侧负而右侧正,那么该驻点是极小点,函数在该点处有极小值;

③如果两侧符号相同,那么该驻点不是极值点,函数在该点处没有极值.

例 1 求函数 $y=2x^3-6x^2-18x+7$ 的极值.

分析 本题按照求可导函数的极值点和极值的步骤求解即可.

解 函数 $f(x)$ 的定义域为 $(-\infty,+\infty)$,对 $f(x)$ 求导可得

$$y'=6x^2-12x-18=6(x+1)(x-3)$$

令 $y'=0$,得驻点 $x_1=-1$,$x_2=3$.

列表考察 $f(x)$ 的极值.

x	$(-\infty,-1)$	-1	$(-1,3)$	3	$(3,+\infty)$
y'	$+$	0	$-$	0	$+$
y	↗	极大值 17	↘	极小值 -47	↗

所以函数的极大值为 $y|_{x=-1}=17$，极小值为 $y|_{x=3}=-47$（见图 4-8）.

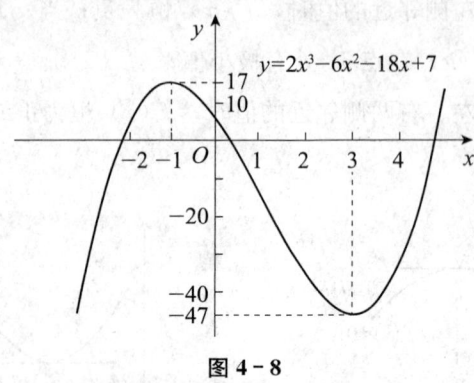

图 4-8

例 2 求函数 $f(x)=\dfrac{1}{5}x^5-\dfrac{1}{3}x^3$ 的极值.

分析 本题按照求可导函数的极值点和极值的步骤求解即可.

解 （1）函数的定义域为 $(-\infty,+\infty)$，显然 $f(x)$ 在其定义域内连续.

（2）对 $f(x)$ 求导可得：$f'(x)=x^4-x^2=x^2(x^2-1)$.

（3）令 $f'(x)=0$ 即 $x^2(x^2-1)=0$，解得驻点为 $x_1=-1$，$x_2=0$，$x_3=1$.

在 $(-\infty,-1)$ 内，$f'(x)>0$，在 $(-1,0)$ 内，$f'(x)<0$，从而 $x=-1$ 为极大点；在 $(0,1)$ 内 $f'(x)<0$，故 $x=0$ 不是极值点；在 $(1,+\infty)$ 内 $f'(x)>0$，故 $x=1$ 是极小点.

当 $x=-1$ 时，函数取极大值 $f(-1)=\dfrac{2}{15}$；当 $x=1$ 时，函数取极小值 $f(1)=-\dfrac{2}{15}$. 列表如下.

x	$(-\infty,-1)$	-1	$(-1,0)$	0	$(0,1)$	1	$(1,+\infty)$
$f'(x)$	+	0	−	0	−	0	+
$f(x)$	↗	极大值 $f(-1)=\dfrac{2}{15}$	↘	不取极值	↘	极小值 $f(1)=-\dfrac{2}{15}$	↗

还应当强调指出，以上讨论函数极值时是就可导函数而言的，实际上，连续但不可导的点也可能是极值点，即函数还可能在连续但不可导的点处取得极值. 例如函数 $y=|x|$，显然该函数在 $x=0$ 处连续但不可导，但是容易看出 $x=0$ 为该函数的极小点，如图 4-9 所示.

因此，函数可能在其驻点或者连续但不可导的点处取得极值.

当函数 $f(x)$ 在驻点处的二阶导数存在且不为零时，也可以利用下列定理来判断

$f(x)$ 在驻点处取得极大值还是极小值.

定理 4.7（极值的第二充分条件） 设函数 $f(x)$ 在点 x_0 处具有二阶导数且 $f'(x_0)=0$，$f''(x_0)\neq 0$，则

(1) 当 $f''(x_0)<0$ 时，函数 $f(x)$ 在点 x_0 处取得极大值；

(2) 当 $f''(x_0)>0$ 时，函数 $f(x)$ 在点 x_0 处取得极小值.

例 3 求函数 $f(x)=e^x-x-1$ 的极值.

分析 本题利用极值的第二充分条件计算比较简单.

解 $f'(x)=e^x-1$，$f''(x)=e^x$.

令 $f'(x)=e^x-1=0$，得驻点 $x=0$，$f''(0)=1>0$，由极值的第二充分条件得，当 $x=0$ 时，函数取极小值 $f(0)=0$.

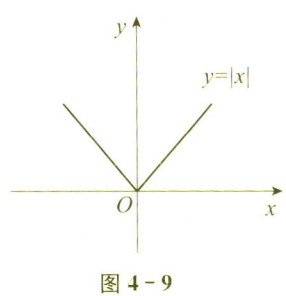

图 4-9

4.4.3 最大值、最小值问题

在实际工作中，为了发挥最大的经济效益，经常遇到如何能使产量最大、效率最高、用料最省的问题. 这类"最大""最高""最省"的问题，在数学上就是最大值、最小值问题.

设函数 $f(x)$ 是闭区间 $[a,b]$ 上的连续函数，由闭区间上的连续函数的性质可知，函数 $f(x)$ 在闭区间 $[a,b]$ 上一定存在最大值和最小值. 如果最大（小）值在区间 (a,b) 内取得，则这个最大（小）值一定是极大（小）值. 又由于函数 $f(x)$ 的最大（小）值也可能在闭区间端点处取得，因此，求函数 $f(x)$ 在闭区间 $[a,b]$ 上的最大（小）值时，可按以下步骤进行：

(1) 求出函数 $f(x)$ 在 (a,b) 内一切可能的极值点（驻点和 $f'(x)$ 不存在的点）；

(2) 计算 $f(x)$ 在上述各点和端点处的函数值，并将这些值加以比较，其中最大者即为最大值，最小者即为最小值.

例 4 求函数 $f(x)=\dfrac{3}{8}x^{\frac{8}{3}}-\dfrac{3}{2}x^{\frac{2}{3}}$ 在 $[-8,8]$ 上的最大值与最小值.

分析 求出驻点、一阶不可导点处的函数值及区间端点处的函数值并进行比较即可.

解 $f(x)=\dfrac{3}{8}x^{\frac{8}{3}}-\dfrac{3}{2}x^{\frac{2}{3}}$ 在 $[-8,8]$ 上连续，对 $f(x)$ 求导可得

$$f'(x)=x^{\frac{5}{3}}-x^{-\frac{1}{3}}=\dfrac{x^2-1}{\sqrt[3]{x}}=\dfrac{(x-1)(x+1)}{\sqrt[3]{x}}$$

令 $f'(x)=0$ 得函数在 $(-8,8)$ 内的驻点为 $x_1=-1$，$x_2=1$. 当 $x_3=0$ 时一阶导

数不存在.

经计算，$f(-1)=f(1)=-\dfrac{9}{8}$，$f(0)=0$，$f(-8)=f(8)=90$，比较得，当 $x=\pm 1$ 时，函数取最小值 $f(\pm 1)=-\dfrac{9}{8}$；当 $x=\pm 8$ 时，函数取最大值 $f(\pm 8)=90$.

特别需要指出的是，如果函数 $f(x)$ 在一个开区间内可导且有唯一的极值点 x_0，则当 $f(x_0)$ 是极大值时，$f(x_0)$ 就是函数 $f(x)$ 在该区间上的最大值，如图 4-10(a) 所示；当 $f(x_0)$ 是极小值时，$f(x_0)$ 就是函数 $f(x)$ 在该区间上的最小值，如图 4-10(b) 所示.

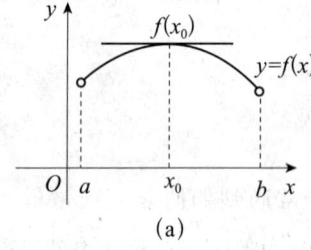

图 4-10

例 5 问函数 $y=x^2-\dfrac{54}{x}$（$x<0$）在何处取得最小值.

分析 如果函数存在最值，驻点唯一，则驻点处的函数值就是所求.

解 $y'=2x+\dfrac{54}{x^2}=\dfrac{2x^3+54}{x^2}$

令 $y'=0$，得驻点 $x=-3\in(-\infty,0)$，不可导点 $x=0\notin(-\infty,0)$.

又 $y''=2-\dfrac{108}{x^3}$，$y''(-3)=2+\dfrac{108}{27}=6>0$

故 $x=-3$ 是函数在 $(-\infty,0)$ 内的唯一的极小点，同时也是最小值点，即函数在 $x=-3$ 处取得最小值，最小值是 $y(-3)=27$.

例 6 求乘积为常数 a 且 $a>0$ 而其和为最小的两个正数.

分析 先依据题意列出数学模型，然后再分析解决.

解 设两个正数分别为 x，y，x 与 y 之和为 S，则有

$$S=x+y,\ xy=a,\ 其中\ x,\ y>0,\ a>0$$

由此可得 $\qquad S(x)=x+\dfrac{a}{x},\ x>0,\ a>0$

因为 $\qquad S'(x)=1-\dfrac{a}{x^2}$

令 $S'(x)=0$，得函数 $S(x)$ 在定义域内的驻点为 $x=\sqrt{a}$.

易知：当 $x>\sqrt{a}$ 时，$S'(x)>0$；当 $x<\sqrt{a}$ 时，$S'(x)<0$.

所以 $x=\sqrt{a}$ 是定义域内的唯一的极小点，同时也是最小值点，故乘积为 a ($a>0$) 而其和为最小的两个正数是 $\sqrt{a}$, $\sqrt{a}$.

还要指出，在实际问题中，如果函数 $f(x)$ 在某区间内只有一个驻点 x_0，而且从实际问题本身又可以判断 $f(x)$ 在该区间内必定有最大值或最小值，则 $f(x_0)$ 就是所要求的最大值或最小值.

例 7 如图 4-11 所示，从长为 12 cm，宽为 8 cm 的矩形纸板的四个角上剪去相同的小正方形后可折成一个无盖的盒子，要使盒子容积最大，剪去的小正方形的边长应为多少？

分析 先列出数学模型，然后根据题意求最值.

解 设剪去的小正方形的边长为 x，则盒子的容积

$$V=x(12-2x)(8-2x) \quad (0<x<4)$$

因为 $V'=(12-4x)(8-2x)+(12x-2x^2)\times(-2)$

$\qquad =12x^2-80x+96$

$\qquad =4(3x^2-20x+24)$

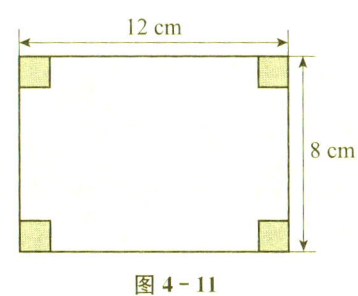

图 4-11

令 $V'=0$，得 $x=\dfrac{10-2\sqrt{7}}{3}$.

由于盒子必存在最大容积，而函数在 $(0,4)$ 内只有一个驻点，所以当 $x=\dfrac{10-2\sqrt{7}}{3}$ 时，盒子的容积最大.

例 8 一艘轮船每小时所耗煤费与其速度的 3 次方成正比，若速度为 10 节，则每小时所耗煤费为 25 元，轮船的其他耗费为每小时 100 元. 求总耗费最省的航行速度.

分析 先列出数学模型，然后根据题意求最值.

解 设航行速度为 x 节，每小时所耗煤费为 y 元，则 $y=kx^3$. 由 $x=10$ 时，$y=25$ 得 $k=\dfrac{1}{40}$，于是 $y=\dfrac{1}{40}x^3$.

现在航程未知，不妨假定航程为 1，则航行所需时间为 $\dfrac{1}{x}$，故总费用（目标函数）为

$$f(x)=\dfrac{x^3}{40}\cdot\dfrac{1}{x}+100\cdot\dfrac{1}{x},\ x>0$$

$$f'(x)=\frac{x}{20}-\frac{100}{x^2}$$

令 $f'(x)=\dfrac{x}{20}-\dfrac{100}{x^2}=0$，得驻点 $x=10\sqrt[3]{2}$．由于驻点唯一，根据问题的实际意义可知目标函数的最小值存在，因此当航行速度为 $10\sqrt[3]{2}$ 节时，总耗费最省．

习题 4.4

1. 求下列函数的极值．
   (1) $y=2x^2-8x+3$；
   (2) $y=2x^3-3x^2$；
   (3) $y=x^3-3x^2-9x+5$；
   (4) $f(x)=x-\ln(1+x)$；
   (5) $f(x)=2e^x+e^{-x}$．

2. 用求导数方法证明二次函数 $y=ax^2+bx+c$ $(a\neq 0)$ 的极值点为 $x=-\dfrac{b}{2a}$，并讨论它的极值．

3. 求下列函数在指定区间上的最值．
   (1) $y=\dfrac{1}{2}-\cos x$，$x\in[0,\pi]$；
   (2) $f(x)=1+3x^3$，$x\in[0,2\pi]$．

4. 如果函数 $y=a\ln x+bx^2+3x$ 在 $x=1$ 和 $x=2$ 处取得极值，试确定常数 a，b 的值．

4.5　曲线的凹凸性与拐点

本节介绍利用导数研究函数图像弯曲方向的方法．

4.5.1　曲线的凹凸性及其判别法

在某段曲线弧上，有部分曲线总是位于该部分曲线上的每一点切线的下方，有部分曲线总是位于该部分曲线上的每一点切线的上方，如图 4-12 所示，曲线的这种特性就是曲线的凹凸性．

关于曲线的凹凸性有如下定义．

定义 4.2　在区间 (a,b) 内，如果曲线弧位于其上每一点切线的上方，那么就称曲线在区间 (a,b) 内是凹的；如果曲线弧位于其上每一点切线的下方，那么就称曲线在区间 (a,b) 内是凸的．

例如图 4-12 中曲线弧 $\overset{\frown}{ABC}$ 在区间 (a,c) 内是凸的，

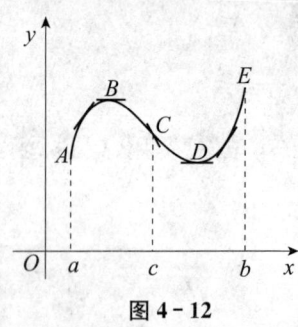

图 4-12

曲线弧$\overset{\frown}{CDE}$在区间(c, b)内是凹的. 如何来判定曲线在区间内的凹凸性呢?

由图 4-13 可以看出，如果曲线是凹的，那么切线的倾斜角随着自变量 x 的增大而增大，即切线的斜率也是递增的. 由于切线的斜率就是函数 $y = f(x)$ 的导数 $f'(x)$，因此，如果曲线是凹的，那么导数 $f'(x)$ 必定是单调增加的，也即 $f''(x) > 0$.

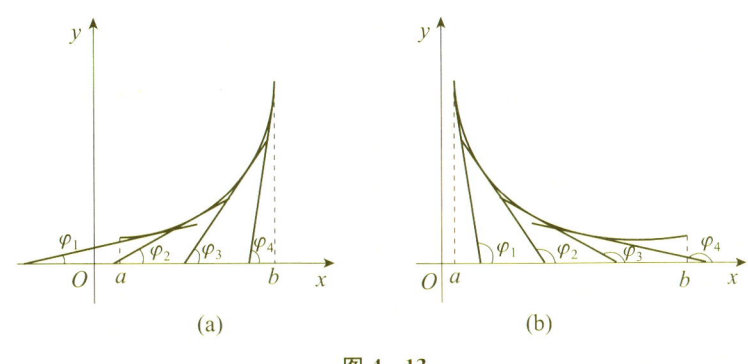

图 4-13

由图 4-14 可以看出，如果曲线是凸的，那么切线的倾斜角随着自变量 x 的增大而减小，即切线的斜率也是递减的. 由于切线的斜率就是函数 $y = f(x)$ 的导数 $f'(x)$，因此，如果曲线是凸的，那么导数 $f'(x)$ 必定是单调减少的，也即 $f''(x) < 0$.

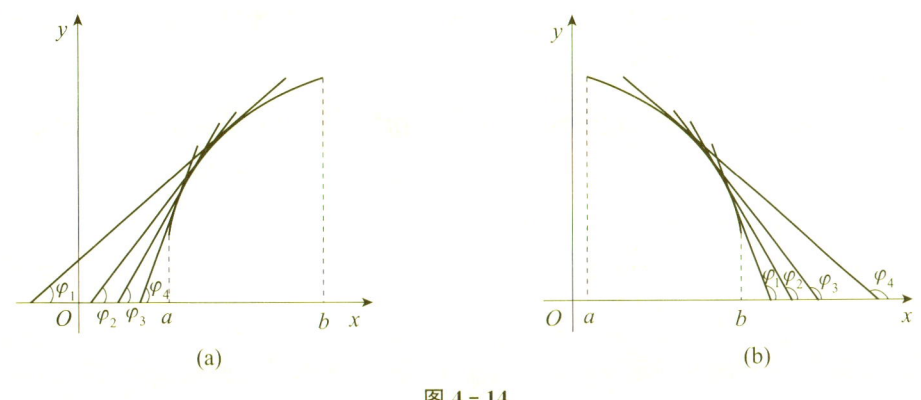

图 4-14

下面给出曲线的凹凸性的判定定理.

定理 4.8 设函数 $f(x)$ 在 (a, b) 内具有二阶导数 $f''(x)$，

(1) 如果在 (a, b) 内 $f''(x) > 0$，那么曲线在 (a, b) 内是凹的；

(2) 如果在 (a, b) 内 $f''(x) < 0$，那么曲线在 (a, b) 内是凸的.

例 1 判定曲线 $y = \dfrac{1}{x}$ 的凹凸性.

分析 根据定理 4.8 判定即可.

解 函数的定义域为 $(-\infty, 0) \cup (0, +\infty)$，$y$ 的一阶导数和二阶导数分别为

$$y'=-\frac{1}{x^2},\ y''=\frac{2}{x^3}$$

(1) 当 $x>0$ 时，$y''>0$，曲线是凹的；

(2) 当 $x<0$ 时，$y''<0$，曲线是凸的.

例 2　判定曲线 $y=x^3$ 的凹凸性.

分析　根据定理 4.8 判定即可.

解　函数的定义域为 $(-\infty,+\infty)$，y 的一阶导数和二阶导数分别为

$$y'=3x^2,\ y''=6x$$

令 $y''=0$，得 $x=0$，它把定义域分成两个区间 $(-\infty,0)$ 和 $(0,+\infty)$.

当 $x\in(0,+\infty)$ 时，$y''>0$，曲线是凹的；当 $x\in(-\infty,0)$ 时，$y''<0$，曲线是凸的. 这里点 $(0,0)$ 是凹与凸的分界点.

4.5.2 曲线的拐点

定义 4.3　连接曲线上凹的曲线弧与凸的曲线弧的分界点叫作曲线的拐点.

例如，例 2 中的点 $(0,0)$ 就是曲线 $y=x^3$ 的拐点. 下面来讨论曲线 $y=f(x)$ 的拐点的求法.

由 $f''(x)$ 的符号可以判定曲线的凹凸性. 如果 $f''(x)$ 连续，那么，当 $f''(x)$ 的符号由负变正或由正变负时，必定有一点 x_0 使 $f''(x_0)=0$. 这样，点 $(x_0, f(x_0))$ 就是曲线的一个拐点. 除此以外，使函数 $f(x)$ 的二阶导数不存在的点也有可能是使 $f''(x)$ 的符号发生变化的分界点. 因此，可以按下面的步骤来求曲线的拐点：

(1) 确定函数 $y=f(x)$ 的定义域；

(2) 求 $y=f(x)$ 的二阶导数 $f''(x)$，令 $f''(x)=0$，求出定义域内的所有实根，找出 $f''(x)$ 不存在的所有点；

(3) (2) 中得到的点将定义域分成若干子区间，在各子区间内分别讨论 $f''(x)$ 的符号和 $f(x)$ 的凹凸性；

(4) 确定 $y=f(x)$ 的拐点.

例 3　求曲线 $y=2x^3+3x^2-12x+14$ 的拐点.

分析　根据拐点的求解步骤计算即可.

解　函数 $y=2x^3+3x^2-12x+14$ 的定义域为 $(-\infty,+\infty)$，y 的一阶导数和二阶导数分别为

$$y'=6x^2+6x-12,\ y''=12x+6=6(2x+1)$$

令 $y''=0$，得 $x=-\frac{1}{2}$. 当 $x<-\frac{1}{2}$ 时，$y''<0$；当 $x>-\frac{1}{2}$ 时，$y''>0$. 因此，点

$\left(-\dfrac{1}{2},\ 20\dfrac{1}{2}\right)$ 是曲线的拐点.

例 4 求曲线 $y=3x^4-4x^3+1$ 的拐点及凹凸区间.

分析 根据凹凸区间的定义及拐点的求解步骤计算即可.

解 函数 $y=3x^4-4x^3+1$ 的定义域为 $(-\infty,+\infty)$，y 的一阶导数和二阶导数分别为
$$y'=12x^3-12x^2,\quad y''=36x^2-24x=12x(3x-2)$$

令 $y''=0$，得 $x_1=0$，$x_2=\dfrac{2}{3}$. $x_1=0$ 和 $x_2=\dfrac{2}{3}$ 把函数的定义域 $(-\infty,+\infty)$ 分成三个区间：$(-\infty,0)$，$\left(0,\dfrac{2}{3}\right)$，$\left(\dfrac{2}{3},+\infty\right)$.

在 $(-\infty,0)$ 内，$y''>0$，因此在区间 $(-\infty,0)$ 内曲线是凹的；在 $\left(0,\dfrac{2}{3}\right)$ 内，$y''<0$，因此在区间 $\left(0,\dfrac{2}{3}\right)$ 内曲线是凸的；在 $\left(\dfrac{2}{3},+\infty\right)$ 内，$y''>0$，因此在区间 $\left(\dfrac{2}{3},+\infty\right)$ 内曲线是凹的.

经上述分析可知，点 $(0,1)$ 是曲线的拐点，点 $\left(\dfrac{2}{3},\dfrac{11}{27}\right)$ 也是曲线的拐点.

例 5 问：曲线 $y=x^4$ 是否有拐点？

分析 根据拐点的求解步骤计算即可.

解 函数 $y=x^4$ 的定义域为 $(-\infty,+\infty)$，y 的一阶导数和二阶导数分别为
$$y'=4x^3,\quad y''=12x^2$$

显然，只有 $x=0$ 是方程 $y''=0$ 的根. 但当 $x\neq 0$ 时，无论 $x<0$ 或 $x>0$ 都有 $y''>0$，因此点 $(0,0)$ 不是曲线的拐点. 因此，曲线 $y=x^4$ 没有拐点，它在定义域 $(-\infty,+\infty)$ 内是凹的.

例 6 求曲线 $y=\sqrt[3]{x}$ 的拐点.

分析 根据拐点的求解步骤计算即可.

解 函数 $y=\sqrt[3]{x}$ 的定义域为 $(-\infty,+\infty)$.

当 $x\neq 0$ 时，$y'=\dfrac{1}{3\sqrt[3]{x^2}}$，$y''=-\dfrac{2}{9x\sqrt[3]{x^2}}$.

易知，$x=0$ 是 y'' 不存在的点，且 $x=0$ 把定义域 $(-\infty,+\infty)$ 分成两个区间：$(-\infty,0)$ 和 $(0,+\infty)$.

在 $(-\infty,0)$ 内，$y''>0$，曲线是凹的；在 $(0,+\infty)$ 内，$y''<0$，曲线是凸的.

因此，点 (0, 0) 是曲线 $y=\sqrt[3]{x}$ 的拐点.

> 注意：(1) 使二阶导数为零的点不一定都是拐点；
> (2) 使二阶导数不存在的点也有可能是拐点.

习题 4.5

1. 判定下列曲线的凹凸性.

    (1) $y=4x-x^2$；
    (2) $y=\dfrac{e^x-e^{-x}}{2}$；

    (3) $y=x+\dfrac{1}{x}$ $(x>0)$.

2. 求下列函数图像的拐点及凹凸区间.

    (1) $y=x^3-5x^2+3x+5$；
    (2) $y=xe^{-x}$；

    (3) $y=(x+1)^4+e^x$；
    (4) $y=\ln(x^2+1)$.

3. 已知曲线 $y=x^3-ax^2-9x+4$ 在 $x=1$ 处有拐点，试确定系数 a，并求曲线的凹凸区间和拐点.

4. 问：当 a,b 为何值时，点 (1, 3) 为曲线 $y=ax^3-bx^2$ 的拐点？

4.6 函数图像的描绘

前面介绍了如何利用导数研究函数的单调性，函数的极值和最值问题，曲线的凹凸性与拐点，本节将介绍如何综合利用这些知识作出函数的图像.

4.6.1 曲线的渐近线

定义 4.4 如果 $\lim\limits_{x\to\infty}f(x)=a$（或 $\lim\limits_{x\to-\infty}f(x)=a$ 或 $\lim\limits_{x\to+\infty}f(x)=a$），那么称直线 $y=a$ 为曲线 $y=f(x)$ 的一条水平渐近线；如果 $\lim\limits_{x\to b}f(x)=\infty$（或 $\lim\limits_{x\to b^+}f(x)=\infty$ 或 $\lim\limits_{x\to b^-}f(x)=\infty$），那么称直线 $x=b$ 为曲线 $y=f(x)$ 的一条垂直渐近线.

水平渐近线和垂直渐近线反映了一些连续曲线在无限延伸时的变化情况. 例如：因为 $\lim\limits_{x\to+\infty}\arctan x=\dfrac{\pi}{2}$，$\lim\limits_{x\to-\infty}\arctan x=-\dfrac{\pi}{2}$，所以直线 $y=\dfrac{\pi}{2}$ 和 $y=-\dfrac{\pi}{2}$ 是曲线 $y=\arctan x$ 的两条水平渐近线；因为 $\lim\limits_{x\to 2^+}\ln(x-2)=-\infty$，所以直线 $x=2$ 是曲线 $y=\ln(x-2)$ 的一条垂直渐近线.

4.6.2 作函数图像的一般步骤

作函数图像的一般步骤如下：

(1) 确定函数的定义域；

(2) 研究函数的奇偶性、周期性；

(3) 讨论函数的单调性、极值、曲线的凹凸性及拐点，并列表；

(4) 确定曲线的水平渐近线和垂直渐近线；

(5) 根据作图需要适当选取辅助点；

(6) 综合上述讨论，作出函数图像.

例 1 作出函数 $y=\dfrac{1}{3}x^3-x$ 的图像.

分析 按作函数图像的一般步骤进行.

解 (1) 函数的定义域为 $(-\infty, +\infty)$.

(2) 该函数是奇函数，图像关于原点对称.

(3) $y'=x^2-1$，令 $y'=0$，得 $x=\pm 1$；$y''=2x$，令 $y''=0$，得 $x=0$.

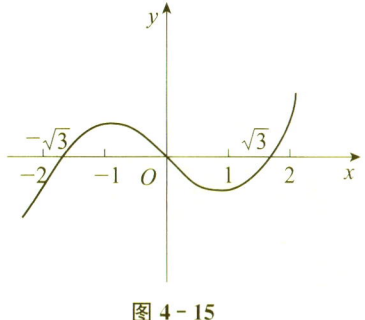

图 4-15

列表讨论如下.

x	$(-\infty, -1)$	-1	$(-1, 0)$	0	$(0, 1)$	1	$(1, +\infty)$
y'	$+$	0	$-$	$-$	$-$	0	$+$
y''	$-$	$-$	$-$	0	$+$	$+$	$+$
y	↗	极大值 $\dfrac{2}{3}$	↘	拐点 $(0,0)$	↘	极小值 $-\dfrac{2}{3}$	↗

(4) 无渐近线.

(5) 取辅助点 $\left(-2, -\dfrac{2}{3}\right)$，$(-\sqrt{3}, 0)$，$(\sqrt{3}, 0)$，$\left(2, \dfrac{2}{3}\right)$.

(6) 描点作图如图 4-15 所示.

例 2 作出函数 $y=\dfrac{1}{\sqrt{2\pi}}e^{-\frac{x^2}{2}}$ 的图像.

分析 按作函数图像的一般步骤进行.

解 (1) 函数的定义域为 $(-\infty, +\infty)$.

(2) 该函数是偶函数，故其图像关于 y 轴对称.

(3) $y'=-\dfrac{1}{\sqrt{2\pi}}xe^{-\frac{x^2}{2}}$，令 $y'=0$，得 $x=0$；

$y''=-\dfrac{1}{\sqrt{2\pi}}(1-x^2)e^{-\frac{x^2}{2}}$，令 $y''=0$，得 $x=\pm 1$.

列表讨论如下.

x	$(-\infty, -1)$	-1	$(-1, 0)$	0	$(0, 1)$	1	$(1, +\infty)$
y'	$+$	$+$	$+$	0	$-$	$-$	$-$
y''	$+$	0	$-$	$-$	$-$	0	$+$
y	↗	拐点 $\left(-1, \dfrac{1}{\sqrt{2\pi}}e^{-\frac{1}{2}}\right)$	↗	极大值 $\dfrac{1}{\sqrt{2\pi}}$	↘	拐点 $\left(1, \dfrac{1}{\sqrt{2\pi}}e^{-\frac{1}{2}}\right)$	↘

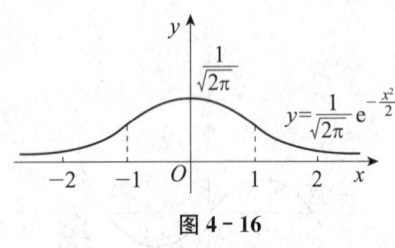

图 4-16

(4) 因为 $\lim\limits_{x\to\infty}\dfrac{1}{\sqrt{2\pi}}e^{-\frac{x^2}{2}}=0$，所以 $y=0$ 是该曲线的水平渐近线.

(5) 取辅助点 $(-1, 0.24)$，$(0, 0.40)$，$(1, 0.24)$.

(6) 描点作图如图 4-16 所示.

习题 4.6

1. 求下列曲线的渐近线.

   (1) $y=\dfrac{1}{x^2-4x+5}$；
   (2) $y=\dfrac{1}{(x+2)^3}$；
   (3) $y=e^{\frac{1}{x}}$.

2. 作出下列函数的图像.

   (1) $y=\dfrac{1}{1+x^2}$；
   (2) $y=xe^{-x}$；
   (3) $y=x\sqrt{3-x}$；
   (4) $y=\sqrt[3]{x^2}+2$；
   (5) $y=x-\ln(x+1)$.

拉格朗日
——学术三栖巨星

拉格朗日（1736—1813），法国著名数学家、物理学家. 1736 年 1 月 25 日生于意大利都灵，1813 年 4 月 10 日卒于巴黎. 拉格朗日是 18 世纪的伟大科学家，在数学、力学和天文学三个学科中都有历史性的重大贡献. 但他主要是数学家，拿破仑曾称赞他是

"一座高耸在数学界的金字塔".

拉格朗日的父亲是法国陆军骑兵里的一名军官,后由于经商破产,家道中落.父亲一心想把他培养成为一名律师,但拉格朗日个人却对法律毫无兴趣.青年时代,在数学家雷维里的教导下,拉格朗日喜爱上了几何学.17岁时,他读了英国天文学家哈雷的介绍牛顿微积分成就的短文《论分析方法的优点》后,感觉到"分析才是自己最热爱的学科",从此他开始专攻当时迅速发展的数学分析.拉格朗日写的第一篇论文,是用牛顿二项式定理处理两函数乘积的高阶微商,

他寄给了当时在柏林科学院任职的数学家欧拉.不久后,他获知这一成果早在半个世纪前就被莱布尼茨取得了.这个并不幸运的开端并未使拉格朗日灰心,相反,更坚定了他投身数学分析领域的信心.

拉格朗日在18岁时研究"等周问题",用纯分析的方法发展了欧拉开创的变分法.19岁时,他成为都灵炮兵学校的数学教授.1757年,他参与创建都灵科学协会,在协会出版的科技会刊上发表了大量论文,内容涉及变分法、概率论、微分方程、弦振动、最小作用原理等.1764年,他用万有引力解释月球天平动问题获巴黎科学院奖金.1766年,他又用微分方程理论和近似解法研究六体问题再度获奖,得到以他的名字命名的方程,成为欧洲极有声望的数学家.

拉格朗日最突出的贡献是在把数学分析的基础脱离几何与力学方面起了决定性的作用,他使数学的独立性更为清楚.他总结了18世纪的数学成果,又为19世纪的数学研究开辟了道路,堪称法国最杰出的数学大师.同时,他的关于月球运动(三体问题)、行星运动、轨道计算、两个不动中心问题、流体力学等方面的成果,在使天文学力学化、力学分析化上,也起到了历史性的作用,促进了力学和天体力学的进一步发展,成为这些领域的开创性或奠基性研究.拉格朗日堪称"学术三栖巨星".

拉格朗日也是分析力学的创立者.拉格朗日在其名著《分析力学》中,在总结历史上各种力学基本原理的基础上,发展达朗贝尔、欧拉等人的研究成果,引入了势和等势面的概念,进一步把数学分析应用于质点和刚体力学,提出了运用于静力学和动力学的普遍方程,引进广义坐标的概念,建立了拉格朗日方程,把力学体系的运动方程从以力为基本概念的牛顿形式,改变为以能量为基本概念的分析力学形式,奠定了分析力学的基础,为把力学理论推广应用到物理学其他领域开辟了道路.

近百余年来,数学领域的许多新成就都可以直接或间接地溯源于拉格朗日的工作.所以他在数学史上被认为是对分析数学的发展产生全面影响的数学家之一.

 复习题

1. 下列函数在给定区间上是否满足拉格朗日中值定理的条件？如果满足，求出定理中的数值 ξ.

   (1) $f(x)=\lg x,\ x\in[1,\ 10]$；

   (2) $f(x)=\arctan x,\ x\in[0,\ 1]$；

   (3) $f(x)=3x^3-5x^2+x-2,\ x\in[-1,\ 0]$.

2. 求下列函数的极限.

   (1) $\lim\limits_{x\to 2}\dfrac{x^2+x-6}{x^2-4}$；

   (2) $\lim\limits_{x\to 0}\dfrac{x-\sin x}{x^2+x}$；

   (3) $\lim\limits_{x\to 0}\dfrac{e^x+e^{-x}-2}{x^2}$；

   (4) $\lim\limits_{x\to 0}\dfrac{\sin x-x}{x\sin x}$.

3. 求下列函数的单调区间.

   (1) $y=1+\dfrac{\ln x}{x}$；

   (2) $y=x^4-3x^2+2$.

4. 求下列函数的极值.

   (1) $y=\dfrac{x}{1+x^2}$；

   (2) $y=2x^3-3x^2$；

   (3) $y=x^2+\dfrac{1}{x^2}$.

5. 求 $f(x)=\dfrac{1}{3}x^3-\dfrac{5}{2}x^2+4x$ 在 $[-1,\ 2]$ 上的最大值与最小值.

6. 欲围一个面积为 150 m² 的矩形场地，其正面所用材料的造价是 6 元/m²，其余三面是 3 元/m²，问场地的长与宽各为多少时，才能使所用材料费最少？

7. 已知曲线 $y=ax^3+bx^2+cx$ 在点 $(1,2)$ 处有水平切线，且原点为该曲线的拐点，求 a,b,c 的值，并写出此曲线的方程.

8. 作出下列函数的图像.

   (1) $y=\dfrac{x^2}{x+1}$；

   (2) $y=\dfrac{1}{x}+4x^2$；

   (3) $y=1+3x-x^3$.

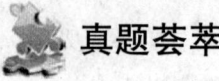 真题荟萃

一、选择题

1. （2011年）函数 $f(x)$ 在 x_0 点可导，且 $f(x_0)$ 是函数 $f(x)$ 的极大值，则（　　）.

   (A) $f'(x_0)<0$ 　　　　　　　　(B) $f''(x_0)>0$

(C) $f'(x_0)=0$，且 $f''(x_0)>0$ (D) $f'(x_0)=0$

2.（2016 年）若函数 $f(x)$ 在点 x_0 有极大值，则在 x_0 点的某充分小邻域内，函数 $f(x)$ 在点 x_0 的左侧和右侧的变化情况是（　　）．

(A) 左侧上升右侧下降 (B) 左侧下降右侧上升

(B) 左、右侧均先降后升 (D) 不能确定

3.（2007 年）若在区间 (a,b) 内，一阶导数 $f'(x)>0$，二阶导数 $f''(x)<0$，则函数 $f(x)$ 在该区间内（　　）．

(A) 单调增加，曲线为凸的 (B) 单调增加，曲线为凹的

(C) 单调减少，曲线为凸的 (D) 单调减少，曲线为凹的

4.（2011 年）函数 $y=\dfrac{\sin x}{x(x-1)}$ 的垂直渐近线是（　　）．

(A) $x=1$ (B) $x=0$ (C) $x=2$ (D) $x=-1$

5.（2017 年）曲线 $y=(x+6)\mathrm{e}^{\frac{1}{x}}$ 单调减少区间的个数为（　　）．

(A) 0 (B) 1 (C) 3 (D) 2

二、填空题

1.（2015 年）对函数 $f(x)=\dfrac{1}{x}$ 在区间 $[1,2]$ 上应用拉格朗日中值定理得 $f(2)-f(1)=f'(\xi)$，则 $\xi=$ _____，其中 $1<\xi<2$．

2.（2012 年）$\lim\limits_{x\to 0}\left(1+\dfrac{1}{x}\right)^x=$ _____．

3.（2016 年）$\lim\limits_{x\to+\infty}x^2[\ln(x^2+1)-2\ln x]=$ _____．

4.（2010 年）函数 $f(x)=2x^3-9x^2+12x$ 的单调减少区间是 _____．

5.（2009 年）函数 $f(x)=2x^3-9x^2+12x+1$ 在区间 $[0,2]$ 上的最大值点是 _____．

三、计算题

1.（2016 年）求极限：$\lim\limits_{x\to 0}\dfrac{x-\sin x}{\sin^2 x}$．

2.（2019 年）求极限：$\lim\limits_{x\to\frac{\pi}{2}}\dfrac{\ln\sin x}{(\pi-2x)^2}$．

3.（2008 年）求函数 $y=3x^2-x^3$ 的单调区间、极值、凹凸区间与拐点．

四、证明及综合应用题

1.（2015 年）证明方程 $x^5+x-1=0$ 只有一个正根．

2.（2019 年）证明：$x>0$ 时，$\ln(1+x)>\dfrac{\arctan x}{1+x}$．

3.（2010 年）现有边长为 96 cm 的正方形纸板，将其四角各剪去一个大小相同的小正方形，折做成无盖纸箱，问剪去的小正方形边长为多少时做成的无盖纸箱容积最大？

第 5 章 不定积分

关于如何求一个函数的导数问题,在微分学中已经进行了讨论,本章将讨论与它相反的一个问题,即寻求一个可导函数使它的导数等于已知函数,这就是积分问题,也是积分学中的一个基本问题.

5.1 不定积分的概念与性质

5.1.1 原函数与不定积分的概念

定义 5.1 如果对任意的 $x \in I$,都有
$$F'(x) = f(x) \text{ 或 } dF(x) = f(x)dx$$
则称 $F(x)$ 为 $f(x)$ 在区间 I 上的一个原函数.

例如,因为 $(\sin x)' = \cos x$,所以 $\sin x$ 是 $\cos x$ 的一个原函数. 又如,因为 $(x^2)' = 2x$,所以 x^2 是 $2x$ 的一个原函数. 又 $(x^2+1)' = 2x$,$(x^2+C)' = 2x$,所以 x^2+1,x^2+C 都是 $2x$ 的原函数. 由此可见,一个函数的原函数不是唯一的.

定理 5.1(原函数的结构定理) 如果 $f(x)$ 在区间 I 上有一个原函数 $F(x)$,则 $f(x)$ 就有无穷多个原函数;如果 $F(x)$ 与 $G(x)$ 都为 $f(x)$ 在区间 I 上的原函数,则 $F(x)$ 与 $G(x)$ 之差为常数,即 $F(x) - G(x) = C$(C 为任意常数).

证明 (1) 由于 $f(x)$ 在区间 I 上的原函数为 $F(x)$,即 $F'(x) = f(x)$,则有
$$[F(x) + C]' = F'(x) = f(x)$$
即 $F(x) + C$ 也为 $f(x)$ 的原函数(C 为任意常数),表明 $f(x)$ 的原函数不唯一,有无穷多个.

(2) 如果 $F(x)$ 与 $G(x)$ 都为 $f(x)$ 的原函数,则 $F'(x) = f(x)$,$G'(x) = f(x)$,所以 $[F(x) - G(x)]' = F'(x) - G'(x) = f(x) - f(x) = 0$,由拉格朗日中值定理的推论可知:$F(x) - G(x) = C$($C$ 为任意常数).

> 注意：(1) 求 $f(x)$ 的原函数，实质上就是问 $f(x)$ 是由哪个函数求导得来的；
> (2) 如果 $F(x)$ 为 $f(x)$ 在区间 I 上的一个原函数，则 $F(x)+C$（C 为任意常数）是 $f(x)$ 的全体原函数，称为 $f(x)$ 的原函数族.

定理 5.2（原函数存在定理） 如果函数 $f(x)$ 在区间 I 上连续，则 $f(x)$ 在区间 I 上一定有原函数，即存在区间 I 上的可导函数 $F(x)$，使得对任一 $x \in I$，有 $F'(x)=f(x)$.

> 注意：(1) 如果函数 $f(x)$ 在某区间上连续，则在该区间上 $f(x)$ 的原函数必定存在；
> (2) 由于初等函数在定义区间内连续，故初等函数在其定义区间内一定有原函数.

定义 5.2 函数 $f(x)$ 在区间 I 上的全体原函数 $F(x)+C$（C 为任意常数）称为函数 $f(x)$ 在区间 I 上的不定积分，记作

$$\int f(x)dx$$

其中 $\int$ 称为积分号，$f(x)$ 称为被积函数，$f(x)dx$ 称为被积表达式，x 称为积分变量.

由此定义可知：如果 $F(x)$ 为 $f(x)$ 在区间 I 上的一个原函数，那么 $F(x)+C$ 就是 $f(x)$ 在区间 I 上的不定积分，则有

$$\int f(x)dx = F(x)+C$$

其中 C 为任意常数，又称为积分常数.

因而不定积分 $\int f(x)dx$ 可表示 $f(x)$ 的所有原函数. 求一个函数的不定积分，就是求这个函数的全体原函数. 求全体原函数时只要求出一个原函数，再加上积分常数 C 就可以了.

例1 求 $\int \cos x dx$.

分析 因为不定积分为被积函数的全体原函数，所以找到被积函数的一个原函数，再加上一个任意常数即可.

解 因为 $(\sin x)' = \cos x$，所以 $\sin x$ 是 $\cos x$ 的一个原函数，因此

$$\int \cos x dx = \sin x + C$$

例2 求 $\int 2x dx$.

分析 求某个函数的不定积分,就是求这个函数所有的原函数,这个"所有"就体现在任意常数 C 上. 因此求不定积分时,不能把任意常数 C 丢掉.

解 因为 $(x^2)'=2x$,所以 x^2 是 $2x$ 的一个原函数,因此

$$\int 2x\,dx = x^2 + C$$

通常把求不定积分的方法称为积分法.

由不定积分定义可以看出,不定积分的运算是求导(或微分)运算的逆运算,显然有以下性质:

$$\left[\int f(x)\,dx\right]' = f(x) \quad \text{或} \quad d\int f(x)\,dx = f(x)\,dx$$

$$\int F'(x)\,dx = F(x) + C \quad \text{或} \quad \int dF(x) = F(x) + C$$

由此可见,当记号"$\int$"与"d"连在一起时,其运算规律可简单地描述为"先积后微,形式不变;先微后积,加个常数".

5.1.2 不定积分的性质

性质 5.1 两个函数和(或差)的不定积分等于各函数不定积分之和(或差),即

$$\int [f(x) \pm g(x)]\,dx = \int f(x)\,dx \pm \int g(x)\,dx$$

证明 由于

$$\left[\int f(x)\,dx \pm \int g(x)\,dx\right]'$$

$$= \left[\int f(x)\,dx\right]' \pm \left[\int g(x)\,dx\right]' = f(x) \pm g(x)$$

所以

$$\int [f(x) \pm g(x)]\,dx = \int f(x)\,dx \pm \int g(x)\,dx$$

此性质很容易推广到有限多个函数代数和(或差)的情况,即

$$\int [f_1(x) \pm f_2(x) \pm \cdots \pm f_n(x)]\,dx = \int f_1(x)\,dx \pm \int f_2(x)\,dx \pm \cdots \pm \int f_n(x)\,dx$$

性质 5.2 被积函数中不为零的常数因子可以提到积分号外,即

$$\int kf(x)\,dx = k\int f(x)\,dx \quad (k \neq 0)$$

证明 由于 $\left[k\int f(x)\,dx\right]' = k\left[\int f(x)\,dx\right]' = kf(x)$

所以

$$\int kf(x)\,dx = k\int f(x)\,dx$$

5.1.3 不定积分的几何意义

若 $y=F(x)$ 是 $f(x)$ 的一个原函数，则称 $y=F(x)$ 的图像是 $f(x)$ 的一条积分曲线.

由 $\int f(x)\mathrm{d}x = F(x)+C$ 可知，$f(x)$ 的不定积分是一族积分曲线，被称为积分曲线族.

每条积分曲线上横坐标相同的各点处对应的切线的斜率相等，都等于 $f'(x)$，因此横坐标相同的各点处对应的切线相互平行，如图 5-1 所示.

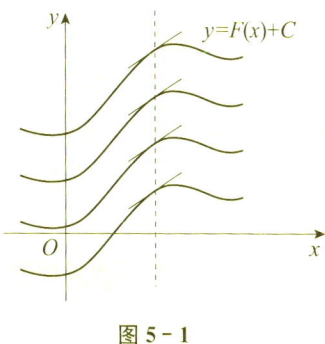

图 5-1

5.1.4 基本积分公式

由不定积分定义可知，求不定积分与求导数（或微分）是两种互逆的运算，只要把基本求导公式反过来，就可得到下面的基本积分公式.

(1) $\int k\mathrm{d}x = kx + C$（$k$ 为常数）

(2) $\int x^\mu \mathrm{d}x = \dfrac{1}{\mu+1}x^{\mu+1}+C$（$\mu \neq -1$）

(3) $\int \dfrac{1}{x}\mathrm{d}x = \ln|x| + C$

(4) $\int \dfrac{1}{1+x^2}\mathrm{d}x = \arctan x + C = -\operatorname{arccot} x + C$

(5) $\int \dfrac{1}{\sqrt{1-x^2}}\mathrm{d}x = \arcsin x + C = -\arccos x + C$

(6) $\int a^x \mathrm{d}x = \dfrac{1}{\ln a}a^x + C$

(7) $\int \mathrm{e}^x \mathrm{d}x = \mathrm{e}^x + C$

(8) $\int \cos x \mathrm{d}x = \sin x + C$

(9) $\int \sin x \mathrm{d}x = -\cos x + C$

(10) $\int \sec^2 x \mathrm{d}x = \tan x + C$

(11) $\int \csc^2 x \mathrm{d}x = -\cot x + C$

(12) $\int \sec x \tan x \mathrm{d}x = \sec x + C$

(13) $\int \csc x \cot x \mathrm{d}x = -\csc x + C$

基本积分公式是求不定积分的基础，下面利用不定积分的性质和基本积分公式求一些较简单的不定积分．

例 3 求 $\int \dfrac{1}{\sqrt{x}} \mathrm{d}x$．

分析 被积函数是用分式根式表示的幂函数，应先把它转化成 x^μ 的形式．

解 $\int \dfrac{1}{\sqrt{x}} \mathrm{d}x = \int x^{-\frac{1}{2}} \mathrm{d}x = \dfrac{1}{-\dfrac{1}{2}+1} x^{-\frac{1}{2}+1} + C = 2\sqrt{x} + C$

例 4 求 $\int x \sqrt[3]{x} \mathrm{d}x$．

分析 被积函数是用根式表示的幂函数，应先把它转化成 x^μ 的形式．

解 $\int x \sqrt[3]{x} \mathrm{d}x = \int x^{\frac{4}{3}} \mathrm{d}x = \dfrac{1}{\dfrac{4}{3}+1} x^{\frac{4}{3}+1} + C = \dfrac{3}{7} x^{\frac{7}{3}} + C$

例 5 求 $\int \mathrm{e}^{x-1} \mathrm{d}x$．

分析 利用公式 $\int \mathrm{e}^x \mathrm{d}x = \mathrm{e}^x + C$．

解 $\int \mathrm{e}^{x-1} \mathrm{d}x = \int \mathrm{e}^{-1} \mathrm{e}^x \mathrm{d}x = \mathrm{e}^{-1} \int \mathrm{e}^x \mathrm{d}x = \mathrm{e}^{-1} \mathrm{e}^x + C = \mathrm{e}^{x-1} + C$

> 注意：若想检验积分结果是否正确，只要对结果求导，看它的导数是否等于被积函数即可．

例 6 求 $\int (\mathrm{e}^x - 3\cos x) \mathrm{d}x$．

分析 如果被积函数为多个函数和差的形式或一个常数与函数的乘积形式，则要用到性质 5.1 或性质 5.2 来求不定积分．

解 $\int (\mathrm{e}^x - 3\cos x) \mathrm{d}x = \int \mathrm{e}^x \mathrm{d}x - 3 \int \cos x \mathrm{d}x$

$\qquad = \mathrm{e}^x - 3\sin x + C$

例 7 求 $\int (x - \sqrt{x})^2 \mathrm{d}x$．

分析 先展开，再利用不定积分的性质和基本积分公式即可．

解 $\int (x-\sqrt{x})^2 dx = \int (x^2 - 2x\sqrt{x} + x) dx$

$$= \int x^2 dx - 2\int x\sqrt{x} dx + \int x dx$$

$$= \frac{1}{2+1}x^{2+1} - 2 \times \frac{1}{\frac{3}{2}+1}x^{\frac{3}{2}+1} + \frac{1}{1+1}x^{1+1} + C$$

$$= \frac{1}{3}x^3 - \frac{4}{5}x^{\frac{5}{2}} + \frac{1}{2}x^2 + C$$

例 8 求 $\int \left(\frac{3}{1+x^2} + \frac{2}{\sqrt{1-x^2}}\right) dx$.

分析 利用性质 5.1、性质 5.2 及基本积分公式来求不定积分.

解 $\int \left(\frac{3}{1+x^2} + \frac{2}{\sqrt{1-x^2}}\right) dx = 3\int \frac{1}{1+x^2} dx + 2\int \frac{1}{\sqrt{1-x^2}} dx$

$$= 3\arctan x + 2\arcsin x + C$$

例 9 求 $\int e^x(3+2^x) dx$.

分析 利用性质 5.1、性质 5.2 及基本积分公式 $\int a^x dx = \frac{1}{\ln a}a^x + C$ 来求不定积分.

解 $\int e^x(3+2^x) dx = 3\int e^x dx + \int 2^x e^x dx$

$$= 3e^x + \int (2e)^x dx = 3e^x + \frac{(2e)^x}{\ln 2e} + C$$

> **注意**：在分项积分后，每个不定积分的结果都含有一个任意常数，但由于任意常数之和仍是任意常数，因此，最终只要写出一个任意常数就行了.

例 10 求 $\int \frac{x^4}{1+x^2} dx$.

分析 如果被积函数不能直接使用基本积分公式进行积分，则应先对被积函数进行变形处理使其转化为可直接利用基本积分公式的形式，然后再逐项求积分.

解 $\int \frac{x^4}{1+x^2} dx = \int \frac{x^4 - 1 + 1}{1+x^2} dx$

$$= \int \frac{(x^2+1)(x^2-1)+1}{1+x^2} dx$$

$$= \int \left(x^2 - 1 + \frac{1}{1+x^2}\right) dx$$

$$= \frac{1}{3}x^3 - x + \arctan x + C$$

例 11 求 $\int \dfrac{2x^2+1}{x^2(1+x^2)}dx$.

分析 把被积函数变形为 $\dfrac{1}{1+x^2}$ 及 x^μ 的形式，再利用基本积分公式求不定积分.

解 $\int \dfrac{2x^2+1}{x^2(1+x^2)}dx = \int \dfrac{1+x^2+x^2}{x^2(1+x^2)}dx$

$= \int \left(\dfrac{1}{x^2} + \dfrac{1}{1+x^2}\right)dx = -\dfrac{1}{x} + \arctan x + C$

例 12 求 $\int \tan^2 x dx$.

分析 只有把被积函数变形为 $\sin x$, $\cos x$, $\sec^2 x$, $\csc^2 x$, $\sec x\tan x$, $\csc x\cot x$ 这些形式中的一种，才能利用基本积分公式.

解 $\int \tan^2 x dx = \int (\sec^2 x - 1)dx = \tan x - x + C$

例 13 求 $\int \dfrac{\cos 2x}{\sin^2 x \cos^2 x}dx$.

分析 利用三角函数变形公式把被积函数变形为 $\sin x$, $\cos x$, $\sec^2 x$, $\csc^2 x$, $\sec x\tan x$, $\csc x\cot x$ 这些形式中的一种或几种，然后利用基本积分公式求不定积分.

解 $\int \dfrac{\cos 2x}{\sin^2 x \cos^2 x}dx = \int \dfrac{\cos^2 x - \sin^2 x}{\sin^2 x \cos^2 x}dx$

$= \int \left(\dfrac{1}{\sin^2 x} - \dfrac{1}{\cos^2 x}\right)dx$

$= -\cot x - \tan x + C$

利用不定积分的性质和基本积分公式直接求出不定积分的方法叫直接积分法.

习题 5.1

1. 填空.

(1) 函数 $\sin x$ 是函数（   ）的一个原函数.

(2) 函数 $\cos 2x$ 是函数（   ）的一个原函数.

(3) 函数 e^{3x} 是函数（   ）的一个原函数.

(4) 因 $(\sqrt{x})' = \dfrac{1}{2\sqrt{x}}$，故 $\dfrac{1}{2\sqrt{x}}$ 的原函数为（   ），于是 $\int \dfrac{1}{2\sqrt{x}}dx =$（   ）.

(5) 因（   ）$' = e^{-x}$，故 e^{-x} 的原函数为（   ），于是 $\int e^{-x}dx =$（   ）.

(6) 因（   ）$' = \dfrac{1}{1+x^2}$，故 $\dfrac{1}{1+x^2}$ 的原函数为（   ），于是 $\int \dfrac{1}{1+x^2}dx =$（   ）.

2. 求下列不定积分.

(1) $\int x\sqrt{x}\,dx$; (2) $\int \dfrac{x}{\sqrt{x^5}}\,dx$; (3) $\int \dfrac{1}{\sqrt[3]{x^4}}\,dx$; (4) $\int \sqrt{x}(x-\sqrt[3]{x})\,dx$;

(5) $\int 3^x e^x\,dx$; (6) $\int \sec x(\sec x - \tan x)\,dx$; (7) $\int \dfrac{dx}{1+\cos 2x}$;

(8) $\int \dfrac{(x-1)^3}{x^2}\,dx$; (9) $\int \left(\dfrac{x}{2} + \dfrac{2}{x}\right)dx$; (10) $\int \dfrac{1}{\sin^2 x \cos^2 x}\,dx$.

3. 设 $f(x)$ 的导数是 $\cos x$, 求 $f(x)$ 的全体原函数.

4. 已知平面曲线 $y=f(x)$ 上任意一点 $M(x, y)$ 处的切线斜率为 $k = 4x^3 - 1$, 且曲线经过点 $P(1, 3)$, 求该曲线方程.

5.2 换元积分法

直接利用基本积分公式及不定积分的性质所能计算的不定积分是非常有限的, 为了求出更多的初等函数的不定积分, 应首先学习一种常用的积分法——换元积分法, 简称换元法, 一般分为两种类型.

5.2.1 第一类换元积分法（凑微分法）

考察不定积分 $\int \cos 2x\,dx$.

被积函数 $\cos 2x$ 是 x 的复合函数, 并没有相应的基本积分公式可直接采用, 此时须把不定积分 $\int \cos 2x\,dx$ 化成某个基本积分公式的形式:

$$\int \cos 2x\,dx = \int \cos 2x \cdot \dfrac{1}{2}d(2x) = \dfrac{1}{2}\int \cos 2x\,d(2x)$$

$$\xrightarrow{\text{令 } 2x = u} \dfrac{1}{2}\int \cos u\,du = \dfrac{1}{2}\sin u + C$$

$$\xrightarrow{u = 2x} \dfrac{1}{2}\sin 2x + C$$

这种先"凑"微分再作变换的积分法叫第一类换元积分法, 又称凑微分法. 对一般情形, 有如下定理.

定理 5.3 若 $\int f(u)\,du = F(u) + C$ 且 $u = \varphi(x)$ 可微, 则有换元公式

$$\int f[\varphi(x)]\varphi'(x)\,dx = F[\varphi(x)] + C \tag{5-1}$$

实际上, 换元积分法是微分运算中复合函数求导的逆运算.

由于
$$(F[\varphi(x)])' = F'(u) \cdot \varphi'(x) = f(u) \cdot \varphi'(x) = f[\varphi(x)]\varphi'(x)$$
故
$$\int f[\varphi(x)]\varphi'(x)\mathrm{d}x = F[\varphi(x)] + C$$

> 说明：(1) 公式 (5-1) 称为第一类换元积分公式，被积表达式中的 $\mathrm{d}x$ 可当作变量 x 的微分来对待，从而微分等式 $\varphi'(x)\mathrm{d}x = \mathrm{d}u$ 可以应用到被积函数中，这样公式 (5-1) 就可理解为
> $$\int f[\varphi(x)]\varphi'(x)\mathrm{d}x \xrightarrow{u=\varphi(x)} \int f(u)\mathrm{d}u = F(u) + C = F[\varphi(x)] + C$$
> 故称此积分法为第一类换元积分法，其特点是将被积函数中的某一部分函数视为一个新的变量．
>
> (2) 公式 (5-1) 也可理解为：$\int f[\varphi(x)]\varphi'(x)\mathrm{d}x = \int f[\varphi(x)]\mathrm{d}\varphi(x) = F[\varphi(x)] + C$，因此，第一类换元积分法也被称为凑微分法．
>
> (3) 在求不定积分 $\int g(x)\mathrm{d}x$ 时，如果函数 $g(x)$ 可以化为 $g(x) = f[\varphi(x)]\varphi'(x)$ 的形式，那么 $\int g(x)\mathrm{d}x = \int f[\varphi(x)]\varphi'(x)\mathrm{d}x = \left[\int f(u)\mathrm{d}u\right]_{u=\varphi(x)}$．

例 1 求 $\int \sin 2x \mathrm{d}x$．

分析 利用公式 $\int \sin x \mathrm{d}x = -\cos x + C$ 作变量代换．

解 作变量代换 $u = 2x$，则 $\mathrm{d}u = 2\mathrm{d}x$，于是
$$\int \sin 2x \mathrm{d}x = \int \sin u \cdot \frac{1}{2}\mathrm{d}u = \frac{1}{2}\int \sin u \mathrm{d}u = -\frac{1}{2}\cos u + C = -\frac{1}{2}\cos 2x + C$$

例 2 求 $\int (2x+1)^3 \mathrm{d}x$．

分析 利用公式 $\int x^\mu \mathrm{d}x = \frac{1}{\mu+1}x^{\mu+1} + C\ (\mu \neq -1)$ 作变量代换．

解 作变量代换 $u = 2x+1$，则 $\mathrm{d}u = 2\mathrm{d}x$，于是
$$\int (2x+1)^3 \mathrm{d}x = \int u^3 \frac{1}{2}\mathrm{d}u = \frac{1}{2} \cdot \frac{1}{4}u^4 + C = \frac{1}{8}(2x+1)^4 + C$$

例 3 求 $\int 2x e^{x^2} \mathrm{d}x$．

分析 利用公式 $\int e^x \mathrm{d}x = e^x + C$ 作变量代换，也可把公式理解为 $\int e^{(\ )} \mathrm{d}(\ ) = e^{(\ )} + C$，此时可以不写出中间变量．

解 作变量代换 $u=x^2$，则 $du=2xdx$，于是
$$\int 2xe^{x^2}dx = \int e^u du = e^u + C = e^{x^2} + C$$

另解：$\int 2xe^{x^2}dx = \int e^{x^2}dx^2 = e^{x^2} + C$

在求复合函数的导数时，通常不写出中间变量以简化做题过程．

例 4 求 $\int \dfrac{dx}{\sqrt{a^2-x^2}}\ (a>0)$．

分析 利用公式 $\int \dfrac{1}{\sqrt{1-(\quad)^2}}d(\quad) = \arcsin(\quad) + C = -\arccos(\quad) + C$．

解 $\int \dfrac{dx}{\sqrt{a^2-x^2}} = \int \dfrac{d\left(\dfrac{x}{a}\right)}{\sqrt{1-\left(\dfrac{x}{a}\right)^2}} = \arcsin \dfrac{x}{a} + C$

例 5 求 $\int \dfrac{dx}{a^2+x^2}\ (a \neq 0)$．

分析 分母是二次二项式且判别式 $\Delta < 0$，此时可利用基本积分公式 $\int \dfrac{1}{1+x^2}dx = \arctan x + C = -\text{arccot}\, x + C$．

解 $\int \dfrac{dx}{a^2+x^2} = \dfrac{1}{a}\int \dfrac{d\left(\dfrac{x}{a}\right)}{1+\left(\dfrac{x}{a}\right)^2} = \dfrac{1}{a}\arctan \dfrac{x}{a} + C$

例 6 求 $\int \dfrac{dx}{x^2-a^2}\ (a \neq 0)$．

分析 分母是二次二项式且判别式 $\Delta > 0$，此时可先对被积函数进行裂项处理，再利用基本积分公式 $\int \dfrac{1}{x}dx = \ln|x| + C$．

解 因为 $\dfrac{1}{x^2-a^2} = \dfrac{1}{2a}\left(\dfrac{1}{x-a} - \dfrac{1}{x+a}\right)$

所以 $\int \dfrac{dx}{x^2-a^2} = \dfrac{1}{2a}\int \left(\dfrac{1}{x-a} - \dfrac{1}{x+a}\right)dx$

$= \dfrac{1}{2a}\int \dfrac{d(x-a)}{x-a} - \dfrac{1}{2a}\int \dfrac{d(x+a)}{x+a} = \dfrac{1}{2a}\ln|x-a| - \dfrac{1}{2a}\ln|x+a| + C$

$= \dfrac{1}{2a}\ln\left|\dfrac{x-a}{x+a}\right| + C$

例 7 求 $\int \tan x\, dx$．

分析 先进行"切化弦"处理，再利用基本积分公式 $\int \dfrac{1}{x}\mathrm{d}x = \ln|x|+C$.

解 $\int \tan x\mathrm{d}x = \int \dfrac{\sin x}{\cos x}\mathrm{d}x = -\int \dfrac{\mathrm{d}(\cos x)}{\cos x}$

$= -\ln|\cos x| + C$

类似地，$\int \cot x\mathrm{d}x = \ln|\sin x| + C.$

例 8 求 $\int \csc x\mathrm{d}x$.

分析 先进行"割化弦"处理，再利用基本积分公式.

解法一：$\int \csc x\mathrm{d}x = \int \dfrac{\sin x}{\sin^2 x}\mathrm{d}x = -\int \dfrac{\mathrm{d}(\cos x)}{1-\cos^2 x} = \int \dfrac{\mathrm{d}(\cos x)}{\cos^2 x - 1}$

$= \dfrac{1}{2}\ln\left|\dfrac{\cos x - 1}{\cos x + 1}\right| + C$（利用例 6 的结论）

$= \dfrac{1}{2}\ln\left|\dfrac{1-\cos x}{\sin x}\right|^2 + C = \ln|\csc x - \cot x| + C$

解法二：$\int \csc x\mathrm{d}x = \int \dfrac{\mathrm{d}x}{\sin x} = \int \dfrac{\mathrm{d}x}{2\sin\dfrac{x}{2}\cos\dfrac{x}{2}}$

$= \int \dfrac{\mathrm{d}\left(\dfrac{x}{2}\right)}{\tan\dfrac{x}{2}\cos^2\dfrac{x}{2}} = \int \dfrac{1}{\tan\dfrac{x}{2}}\mathrm{d}\left(\tan\dfrac{x}{2}\right)$

$= \ln\left|\tan\dfrac{x}{2}\right| + C = \ln|\csc x - \cot x| + C$

类似地，$\int \sec x\mathrm{d}x = \ln|\sec x + \tan x| + C.$

> **注意**：在求不定积分时，采用不同的方法求得的积分结果形式可能不一样，可通过对所得积分结果进行求导以验证结果是否正确.

例 9 求 $\int \cos^2 x\mathrm{d}x$.

分析 当被积函数为弦函数 $\sin x$ 与 $\cos x$ 的高次幂时，如果都是偶次的，可先用降幂公式 $\left(\cos^2 x = \dfrac{1+\cos 2x}{2},\ \sin^2 x = \dfrac{1-\cos 2x}{2}\right)$ 降幂，再积分.

解 $\int \cos^2 x\mathrm{d}x = \int \dfrac{1+\cos 2x}{2}\mathrm{d}x = \dfrac{1}{2}\left(\int \mathrm{d}x + \int \cos 2x\mathrm{d}x\right)$

$= \dfrac{1}{2}\int \mathrm{d}x + \dfrac{1}{4}\int \cos 2x\mathrm{d}(2x) = \dfrac{x}{2} + \dfrac{\sin 2x}{4} + C$

例 10 求 $\int \sin^3 x \, \mathrm{d}x$.

分析 当被积函数为弦函数 $\sin x$ 与 $\cos x$ 的高次幂时,如果有一个是奇次的,可先用微分公式对奇次的作微分变换($\sin x \mathrm{d}x = -\mathrm{d}\cos x$,$\cos x = \mathrm{d}\sin x$),再积分.

解
$$\int \sin^3 x \, \mathrm{d}x = \int \sin^2 x \sin x \, \mathrm{d}x$$
$$= -\int (1-\cos^2 x) \mathrm{d}\cos x = -\cos x + \frac{1}{3}\cos^3 x + C$$

例 11 求 $\int \cos 2x \cos 3x \, \mathrm{d}x$.

分析 先利用积化和差公式化简,再凑微分.

解 利用积化和差公式 $\cos \alpha \cos \beta = \frac{1}{2}[\cos(\alpha+\beta) + \cos(\alpha-\beta)]$ 化简可得

$$\int \cos 2x \cos 3x \, \mathrm{d}x = \frac{1}{2}\int (\cos x + \cos 5x) \mathrm{d}x$$
$$= \frac{1}{2}\sin x + \frac{1}{10}\sin 5x + C$$

在积分学中经常使用第一类换元积分法,不过如何适当地选择变量代换却没有一般的法则可循. 这种方法的特点是凑微分,要掌握这种方法须熟记一些函数的微分公式,例如:

$$x\mathrm{d}x = \frac{1}{2}\mathrm{d}(x^2),\quad \frac{1}{x}\mathrm{d}x = \mathrm{d}(\ln|x|)$$

$$\frac{1}{x^2}\mathrm{d}x = -\mathrm{d}\left(\frac{1}{x}\right),\quad \frac{1}{\sqrt{x}}\mathrm{d}x = 2\mathrm{d}(\sqrt{x})$$

$$\mathrm{e}^x \mathrm{d}x = \mathrm{d}(\mathrm{e}^x),\quad \sin x \mathrm{d}x = -\mathrm{d}(\cos x)$$

要善于根据这些微分公式从被积表达式中拼凑出合适的微分因子. 为了掌握这种积分法,须熟悉一些典型的例子,并要多做练习,不断积累经验.

5.2.2 第二类换元积分法

第一类换元积分法是作代换 $u = \varphi(x)$,使得积分 $\int f[\varphi(x)]\varphi'(x)\mathrm{d}x$ 变为积分 $\int f(u)\mathrm{d}u$,从而利用 $f(u)$ 的原函数求出积分 $\int f[\varphi(x)]\varphi'(x)\mathrm{d}x$. 但是,有时不易凑微分却可以作一个代换 $x = \psi(t)$,把积分 $\int f(x)\mathrm{d}x$ 转化成 $\int f[\psi(t)]\psi'(t)\mathrm{d}t$,若后者容易求出,则前者就可以求出了. 这相当于从相反的方向运用第一类换元积分公式.

定理 5.4 设 $x=\psi(t)$ 单调可微，且 $\psi'(t)\neq 0$，若
$$\int f[\psi(t)]\psi'(t)\mathrm{d}t = F(t)+C$$
则
$$\int f(x)\mathrm{d}x = F[\psi^{-1}(x)]+C \tag{5-2}$$
其中 $t=\psi^{-1}(x)$ 是 $x=\psi(t)$ 的反函数．

读者不难验证 $F[\psi^{-1}(x)]+C$ 的导数是 $f(x)$．

> 说明：(1) 公式 (5-2) 称为第二类换元积分公式，公式 (5-2) 可理解为
> $$\int f(x)\mathrm{d}x \xrightarrow{x=\psi(t)} \int f[\psi(t)]\psi'(t)\mathrm{d}t = F(t)+C = F[\psi^{-1}(x)]+C$$
> 其特点是将积分变量 x 视为某个新变量的函数．
> (2) 利用公式 (5-2) 的关键在于选择适当的变量代换 $x=\psi(t)$．

例 12 求 $\displaystyle\int\frac{\mathrm{d}x}{1+\sqrt{x}}$．

分析 当被积函数带根号时，一般情况下，如果根号下 x 的次数是一次，可直接作换元处理．

解 令 $\sqrt{x}=t$，则有 $x=t^2$，$\mathrm{d}x=2t\mathrm{d}t$．

所以 $\displaystyle\int\frac{\mathrm{d}x}{1+\sqrt{x}} \xrightarrow{\sqrt{x}=t} \int\frac{2t}{1+t}\mathrm{d}t = 2\int\left(1-\frac{1}{1+t}\right)\mathrm{d}t$

$= 2(t-\ln|1+t|)+C$

$= 2(\sqrt{x}-\ln(1+\sqrt{x}))+C$

例 13 求 $\displaystyle\int\sqrt{1-x^2}\,\mathrm{d}x$．

分析 当被积函数带根号时，如果根号下 x 的次数是二次且不能直接使用基本积分公式，可采用第二类换元积分法．对于 $\sqrt{a^2-x^2}$ 可作代换 $x=a\sin t$ $\left(-\dfrac{\pi}{2}<t<\dfrac{\pi}{2}\right)$．

解 令 $x=\sin t\left(-\dfrac{\pi}{2}<t<\dfrac{\pi}{2}\right)$，则有 $\mathrm{d}x=\cos t\mathrm{d}t$，$\cos t=\sqrt{1-\sin^2 t}=\sqrt{1-x^2}$．

$\displaystyle\int\sqrt{1-x^2}\,\mathrm{d}x = \int\cos t\cdot\cos t\mathrm{d}t = \int\cos^2 t\mathrm{d}t = \int\frac{1+\cos 2t}{2}\mathrm{d}t = \frac{1}{2}\left(\int\mathrm{d}t+\int\cos 2t\mathrm{d}t\right)$

$= \dfrac{1}{2}\left(t+\dfrac{1}{2}\sin 2t\right)+C = \dfrac{1}{2}(t+\sin t\cos t)+C$

$$= \frac{1}{2}(\arcsin x + x\sqrt{1-x^2}) + C$$

例 14 求 $\int \frac{1}{\sqrt{x^2+a^2}} dx \, (a > 0)$.

分析 对于 $\sqrt{x^2+a^2}$ 可作代换 $x = a\tan t \left(-\frac{\pi}{2} < t < \frac{\pi}{2}\right)$.

解 设 $x = a\tan t \left(-\frac{\pi}{2} < t < \frac{\pi}{2}\right)$，则有 $t = \arctan \frac{x}{a}$，$dx = a\sec^2 t \, dt$.

于是 $\int \frac{dx}{\sqrt{x^2+a^2}} = \int \frac{1}{a\sec t} \cdot a\sec^2 t \, dt$

$$= \int \sec t \, dt = \ln|\sec t + \tan t| + C_1$$

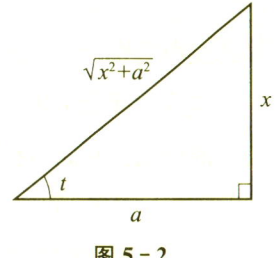

图 5-2

根据代换式 $x = a\tan t \left(-\frac{\pi}{2} < t < \frac{\pi}{2}\right)$ 作直角三角形，如图 5-2 所示，得 $\sec t = \frac{\sqrt{x^2+a^2}}{a}$，因此有

$$\int \frac{dx}{\sqrt{x^2+a^2}} = \ln\left|\frac{x}{a} + \frac{\sqrt{x^2+a^2}}{a}\right| + C_1$$

$$= \ln\left|x + \sqrt{x^2+a^2}\right| + C$$

其中，$C = C_1 - \ln a$.

例 15 求 $\int \frac{dx}{\sqrt{x^2-a^2}} \, (a > 0)$.

分析 对于 $\sqrt{x^2-a^2}$ 可作代换 $x = a\sec t \left(0 < t < \frac{\pi}{2}\right)$.

解 设 $x = a\sec t \left(0 < t < \frac{\pi}{2}\right)$，则有 $dx = a\sec t \tan t \, dt$.

于是 $\int \frac{dx}{\sqrt{x^2-a^2}} = \int \frac{a\sec t \tan t}{a\tan t} dt = \int \sec t \, dt$

$$= \ln|\sec t + \tan t| + C_1$$

根据代换式 $x = a\sec t \left(0 < t < \frac{\pi}{2}\right)$ 作直角三角形，如

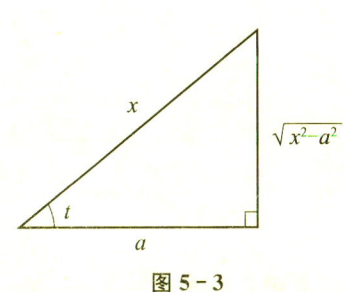

图 5-3

图 5-3 所示，得 $\tan t = \frac{\sqrt{x^2-a^2}}{a}$，因此有

$$\int \frac{dx}{\sqrt{x^2-a^2}} = \ln\left|\frac{x}{a} + \frac{\sqrt{x^2-a^2}}{a}\right| + C_1$$

$$= \ln\left|x + \sqrt{x^2 - a^2}\right| + C$$

其中,$C = C_1 - \ln a$.

例 13、例 14、例 15 中所用的代换称为三角代换. 对具体问题要具体分析, 可直接通过转化便能采用基本积分公式的就不用三角代换. 例如:

$$\int x\sqrt{4-x^2}\,dx = -\frac{1}{2}\int \sqrt{4-x^2}\,d(4-x^2) = -\frac{1}{3}(4-x^2)^{\frac{3}{2}} + C$$

这比使用变换 $x = 2\sin t$ 来计算简便得多.

本节的部分例题的积分结果以后会经常用到, 通常也当公式使用, 作为对基本积分公式的补充将它们列在下面.

---

(14) $\int \tan x\,dx = -\ln|\cos x| + C$

(15) $\int \cot x\,dx = \ln|\sin x| + C$

(16) $\int \sec x\,dx = \ln|\sec x + \tan x| + C$

(17) $\int \csc x\,dx = \ln|\csc x - \cot x| + C$

(18) $\int \dfrac{dx}{a^2 + x^2} = \dfrac{1}{a}\arctan \dfrac{x}{a} + C\ (a \neq 0)$

(19) $\int \dfrac{dx}{x^2 - a^2} = \dfrac{1}{2a}\ln\left|\dfrac{x-a}{x+a}\right| + C\ (a \neq 0)$

(20) $\int \dfrac{dx}{\sqrt{a^2 - x^2}} = \arcsin \dfrac{x}{a} + C\ (a > 0)$

(21) $\int \dfrac{dx}{\sqrt{x^2 + a^2}} = \ln\left|x + \sqrt{x^2 + a^2}\right| + C\ (a > 0)$

(22) $\int \dfrac{dx}{\sqrt{x^2 - a^2}} = \ln\left|x + \sqrt{x^2 - a^2}\right| + C\ (a > 0)$

(23) $\int \sqrt{a^2 - x^2}\,dx = \dfrac{a^2}{2}\arcsin \dfrac{x}{a} + \dfrac{x}{2}\sqrt{a^2 - x^2} + C\ (a > 0)$

例 16 求 $\int \dfrac{dx}{x^2 + 2x + 3}$.

分析 分母是二次三项式且判别式 $\Delta < 0$, 此时可利用基本积分公式 $\int \dfrac{1}{1+x^2}\,dx = \arctan x + C = -\operatorname{arccot} x + C$ 求解, 或利用公式 $\int \dfrac{dx}{a^2 + x^2} = \dfrac{1}{a}\arctan \dfrac{x}{a} + C$ 也可求解.

解 $\int \dfrac{\mathrm{d}x}{x^2+2x+3} = \int \dfrac{\mathrm{d}(x+1)}{(x+1)^2+(\sqrt{2})^2}$，利用公式（18）便得

$$\int \dfrac{\mathrm{d}x}{x^2+2x+3} = \dfrac{1}{\sqrt{2}}\arctan\dfrac{x+1}{\sqrt{2}} + C$$

习题 5.2

1. 填空.

(1) $x\mathrm{d}x = $ _____ $\mathrm{d}(2x^2+1)$；　　(2) $\mathrm{d}x = $ _____ $\mathrm{d}(ax+b)$ $(a\neq 0)$；

(3) $\mathrm{e}^{2x}\mathrm{d}x = $ _____ $\mathrm{d}(\mathrm{e}^{2x})$；　　(4) $\dfrac{1}{\sqrt{x}}\mathrm{d}x = $ _____ $\mathrm{d}(3\sqrt{x})$；

(5) $\dfrac{1}{x}\mathrm{d}x = $ _____ $\mathrm{d}(3-5\ln x)$；　　(6) $\sin\dfrac{3}{2}x\mathrm{d}x = $ _____ $\mathrm{d}\left(\cos\dfrac{3}{2}x\right)$；

(7) $\dfrac{\mathrm{d}x}{\sqrt{1-x^2}} = $ _____ $\mathrm{d}(1-2\arcsin x)$；　　(8) $\dfrac{\mathrm{d}x}{1+9x^2} = $ _____ $\mathrm{d}(\arctan 3x)$.

2. 求下列不定积分.

(1) $\displaystyle\int \cos(2x-3)\mathrm{d}x$；　　(2) $\displaystyle\int \dfrac{\mathrm{d}t}{2+3t}$；　　(3) $\displaystyle\int (1-2x)^{10}\mathrm{d}x$；

(4) $\displaystyle\int \cos^3 x\mathrm{d}x$；　　(5) $\displaystyle\int \mathrm{e}^{-3x}\mathrm{d}x$；　　(6) $\displaystyle\int \sin^2 x\mathrm{d}x$；

(7) $\displaystyle\int \dfrac{2x-3}{x^2-3x+1}\mathrm{d}x$；　　(8) $\displaystyle\int \dfrac{1}{x\ln x}\mathrm{d}x$；

(9) $\displaystyle\int \dfrac{\mathrm{e}^x}{\mathrm{e}^x+1}\mathrm{d}x$；　　(10) $\displaystyle\int \dfrac{x}{1+x^4}\mathrm{d}x$；

(11) $\displaystyle\int \dfrac{\mathrm{d}x}{\sqrt{9-4x^2}}$；　　(12) $\displaystyle\int \dfrac{\mathrm{d}x}{(\arcsin x)^2\sqrt{1-x^2}}$；

(13) $\displaystyle\int \dfrac{\sin\sqrt{x}}{\sqrt{x}}\mathrm{d}x$；　　(14) $\displaystyle\int \sin x\cos x\mathrm{d}x$；

(15) $\displaystyle\int \sin x\cos 2x\mathrm{d}x$；　　(16) $\displaystyle\int \dfrac{\sin 2\sqrt{x}}{\sqrt{x}}\mathrm{d}x$.

3. 求下列不定积分.

(1) $\displaystyle\int x\sqrt{x-1}\mathrm{d}x$；　　(2) $\displaystyle\int \sqrt[5]{x+1}\mathrm{d}x$；　　(3) $\displaystyle\int \dfrac{\mathrm{d}x}{1+\sqrt{2x}}$；

(4) $\displaystyle\int \dfrac{\sqrt{x+1}-1}{\sqrt{x+1}+1}\mathrm{d}x$；　　(5) $\displaystyle\int \dfrac{x^2}{\sqrt{1-x^2}}\mathrm{d}x$；　　(6) $\displaystyle\int \dfrac{\sqrt{x^2-9}}{x}\mathrm{d}x$.

5.3 分部积分法

分部积分法是常用的另一种基本积分法，它往往与换元积分法配合运用，是微分学中两个函数乘积的微分运算的逆运算.

定理 5.5 设 $u(x)$，$v(x)$ 都具有连续导数，则有分部积分公式
$$\int u(x)v'(x)\mathrm{d}x = u(x)v(x) - \int v(x)u'(x)\mathrm{d}x$$
或简写成
$$\int u\mathrm{d}v = uv - \int v\mathrm{d}u.$$

例 1 求 $\int \arctan x \mathrm{d}x$.

分析 直接利用公式 $\int u\mathrm{d}v = uv - \int v\mathrm{d}u$.

解
$$\begin{aligned}\int \arctan x \mathrm{d}x &= x\arctan x - \int x \cdot \frac{1}{1+x^2}\mathrm{d}x \\ &= x\arctan x - \frac{1}{2}\int \frac{\mathrm{d}(1+x^2)}{1+x^2} \\ &= x\arctan x - \frac{1}{2}\ln(1+x^2) + C\end{aligned}$$

例 2 求 $\int \ln x \mathrm{d}x$.

分析 直接利用公式 $\int u\mathrm{d}v = uv - \int v\mathrm{d}u$.

解
$$\begin{aligned}\int \ln x \mathrm{d}x &= x\ln x - \int x \cdot \frac{1}{x}\mathrm{d}x \\ &= x\ln x - x + C\end{aligned}$$

例 3 求 $\int x\ln x \mathrm{d}x$.

分析 如果被积函数是幂函数和对数函数的乘积，可考虑用分部积分法，用微分 $x\mathrm{d}x = \frac{1}{2}\mathrm{d}x^2$（幂函数用微分）.

解
$$\begin{aligned}\int x\ln x \mathrm{d}x &= \frac{1}{2}\int \ln x \mathrm{d}x^2 = \frac{1}{2}\left(x^2\ln x - \int x^2 \mathrm{d}\ln x\right) \\ &= \frac{x^2}{2}\ln x - \frac{1}{4}x^2 + C\end{aligned}$$

例 4 求 $\int x\arctan x \mathrm{d}x$.

分析 如果被积函数是幂函数和反三角函数的乘积，可考虑用分部积分法，用微分 $x\mathrm{d}x = \frac{1}{2}\mathrm{d}x^2$（幂函数用微分）.

解 $\int x\arctan x \mathrm{d}x = \frac{1}{2}\int \arctan x \mathrm{d}x^2 = \frac{1}{2}\left(x^2\arctan x - \int x^2 \mathrm{d}\arctan x\right)$

$$= \frac{1}{2}x^2 \arctan x - \frac{1}{2}\int \frac{x^2}{1+x^2}dx$$

$$= \frac{x^2}{2}\arctan x - \frac{x}{2} + \frac{\arctan x}{2} + C$$

例 5 求 $\int x\cos x dx$.

分析 如果被积函数是幂函数和正（余）弦函数的乘积，可考虑用分部积分法，用微分 $\cos x dx = d\sin x$（弦函数用微分）.

解 $\int x\cos x dx = \int x d\sin x = x\sin x - \int \sin x dx = x\sin x + \cos x + C$

例 6 求 $\int xe^x dx$.

分析 如果被积函数是幂函数和指数函数的乘积，可考虑用分部积分法，用微分 $e^x dx = de^x$（指数函数用微分）.

解 $\int xe^x dx = \int x de^x = xe^x - \int e^x dx = xe^x - e^x + C$

例 7 求 $\int e^x \sin x dx$.

分析 如果被积函数是弦函数和指数函数的乘积，可考虑用分部积分法，用微分 $e^x dx = de^x$（指数函数用微分）或 $\sin x dx = -d\cos x$（弦函数用微分）都可以.

解 $\int e^x \sin x dx = \int e^x d(-\cos x)$

$$= -e^x \cos x + \int \cos x d(e^x) = -e^x \cos x + \int e^x \cos x dx$$

由于

$$\int e^x \cos x dx = \int e^x d(\sin x) = e^x \sin x - \int \sin x d(e^x)$$

$$= e^x \sin x - \int e^x \sin x dx$$

代入得

$$\int e^x \sin x dx = -e^x \cos x + e^x \sin x - \int e^x \sin x dx$$

移项得

$$2\int e^x \sin x dx = e^x(\sin x - \cos x)$$

于是

$$\int e^x \sin x dx = \frac{1}{2}e^x(\sin x - \cos x) + C$$

例8 求 $\int \dfrac{\arcsin x}{x^2}\mathrm{d}x$.

分析 与例 4 相同，本例中的被积函数是幂函数和反三角函数的乘积，需要兼用分部积分法和换元积分法才能求出结果.

解 $\int \dfrac{\arcsin x}{x^2}\mathrm{d}x = \int \arcsin x \mathrm{d}\left(-\dfrac{1}{x}\right) = -\dfrac{1}{x}\arcsin x + \int \dfrac{\mathrm{d}x}{x\sqrt{1-x^2}}$

而 $\int \dfrac{\mathrm{d}x}{x\sqrt{1-x^2}} \xrightarrow{x=\sin t} \int \dfrac{\cos t \mathrm{d}t}{\sin t \cos t} = \int \csc t \mathrm{d}t$

$$= \ln|\csc t - \cot t| + C = \ln\left|\dfrac{1}{x} - \dfrac{\sqrt{1-x^2}}{x}\right| + C$$

所以 $\int \dfrac{\arcsin x}{x^2}\mathrm{d}x = -\dfrac{1}{x}\arcsin x + \ln\left|\dfrac{1}{x} - \dfrac{\sqrt{1-x^2}}{x}\right| + C$

例9 求 $\int \mathrm{e}^{\sqrt{x}}\mathrm{d}x$.

分析 先用换元积分法再用分部积分法求解.

解 $\int \mathrm{e}^{\sqrt{x}}\mathrm{d}x \xrightarrow{\sqrt{x}=t} \int \mathrm{e}^t \cdot 2t \mathrm{d}t$

$$= 2\int t\mathrm{e}^t \mathrm{d}t = 2\int t \mathrm{d}(\mathrm{e}^t) = 2t\mathrm{e}^t - 2\int \mathrm{e}^t \mathrm{d}t$$

$$= 2t\mathrm{e}^t - 2\mathrm{e}^t + C = 2(t-1)\mathrm{e}^t + C = 2(\sqrt{x}-1)\mathrm{e}^{\sqrt{x}} + C$$

下面一个例题是关于有理分式函数积分的，在计算这类题目时，通常需要用到代数理论进行拆项.

例10 求 $\int \dfrac{3x+11}{x^2+5x-6}\mathrm{d}x$.

分析 这是一道关于有理分式函数积分的题目，可先用待定系数法拆项，再用公式求出.

解 设 $\dfrac{3x+11}{x^2+5x-6} = \dfrac{A}{x+6} + \dfrac{B}{x-1}$，其中 A, B 为待定常数.

两边消去分母得
$$3x+11 = (A+B)x - A + 6B$$

从而 $A+B=3$，$-A+6B=11$

解得 $A=1, B=2$.

即 $\dfrac{3x+11}{x^2+5x-6} = \dfrac{1}{x+6} + \dfrac{2}{x-1}$

$$\int \frac{3x+11}{x^2+5x-6}dx = \int\left(\frac{1}{x+6}+\frac{2}{x-1}\right)dx = \ln|x+6|+2\ln|x-1|+C$$

须强调指出,求不定积分是积分学中非常重要的基本运算,与求导运算比较,它更需要灵活的解题技巧.

对初等函数来说,在其定义区间内它们的原函数一定存在,但不一定是初等函数,例如 $\int \frac{\sin x}{x}dx$, $\int e^{x^2}dx$, $\int \sin x^2 dx$, $\int \frac{1}{\ln x}dx$ 等都不是初等函数,它们在一般积分运算中被称作是"无法积分"的类型或者称为"积不出来".

习题 5.3

1. 求下列不定积分.

(1) $\int x\sin x\, dx$; (2) $\int x^2 \ln x\, dx$; (3) $\int xe^{-x}dx$;

(4) $\int xe^{2x}dx$; (5) $\int \arcsin x\, dx$; (6) $\int x\ln(x-1)dx$;

(7) $\int x^2 \cos x\, dx$; (8) $\int \frac{x+1}{x^2-2x+5}dx$; (9) $\int \frac{x\,dx}{(x+1)(x+2)(x+3)}$.

2. 已知 $f(x)=x^2$,求 $\int xf''(x)\,dx$.

牛 顿
——现代科学之父

牛顿(1643—1727),英国数学家、物理学家、天文学家、自然哲学家,是百科全书式的"全才".著有《自然哲学的数学原理》.1643 年 1 月 4 日,牛顿出生于英格兰林肯郡乡下的一个小村落伍尔索普村的伍尔索普庄园.1727 年 3 月 31 日,他卒于伦敦,与很多杰出的英国人一样被安葬在威斯敏斯特教堂.19 世纪的物理大师爱因斯坦在谈到牛顿和他的《自然哲学的数学原理》时说:"自然在他面前好像是一本内容浩瀚的书,他毫不费力地遨游其中……其伟大之处在于,他集艺术家、实验者、机械师和理论家于一身."这是对牛顿其人及其贡献的准确评价.

少年时代的牛顿并不是神童,他成绩一般,但他喜欢读书,喜欢看一些介绍各种简单机械模型制作方法的读物，并从中受到启发，自己动手制作些奇奇怪怪的小玩意，如风车、木钟、折叠式提灯等。上中学后，牛顿对自然科学产生了浓厚的兴趣，并立志要报考名牌大学，从而发奋读书，学习成绩突飞猛进。据《大数学家》和《数学史介绍》两书记载：牛顿在国王中学时，他寄宿在当地的药剂师威廉•克拉克家中，并在19岁前往剑桥大学求学前，与药剂师的女儿订婚。之后因为牛顿专注于他的研究而使得爱情冷却，权衡爱情与事业，他还是下决心选择了充满荆棘的科学险途，并终生未娶。

1661年，牛顿以优异的成绩考入久负盛名的剑桥大学三一学院，数学上受教于巴罗。在那时，该学院的教学基于亚里士多德的学说，但牛顿更喜欢阅读一些笛卡尔等现代哲学家及伽利略、哥白尼和开普勒等天文学家的更先进的思想。1964年毕业后，牛顿曾为躲避鼠疫而回乡，1665—1666年间做出了流数法、万有引力和光的分析三大成果，年仅23岁。1667年，牛顿返回剑桥并在三一学院执教，他艰苦奋斗，三十多岁就白发满头。1669年，他继巴罗之后任卢卡斯数学教授。牛顿晚年致力于哲学和公务，1696年任造币厂监督，3年后任厂长。1703年，他当选为英国皇家学会主席。1705年，他受女王封爵。

牛顿在数学上以创建微积分学而著称，其流数法始于1665年，初建于《运用无穷多项方程的分析学》(1669年完成，1711年发表)，系统叙述于《流数法与无穷级数》(1671年完成，1736年出版)，首先发表在《自然哲学的数学原理》(1687年)中。其中他借助运动学中描述的连续量及其变化率阐述他的流数理论，并创用字母上加一点的符号表示流动变化率。讨论的基本问题是：已知流量间的关系，求它们的流数的关系及逆运算，确立了微分与积分这两类运算的互逆关系，即微积分基本定理。此外，他还论述了有理指数的二项式定理，n次代数方程根的m次幂和的公式，以及数论、解析几何学、曲线分类、变分法等问题。

《自然哲学的数学原理》内容丰富，涉及天文、物理、生物、心理、政治、经济、法律与军事等众多领域，开辟了大科学时代。在该著作中，牛顿首先列举了运动三定律和万有引力定律，阐明了角动量守恒的原理，为近代物理学和力学奠定了基础。在光学上，他发明了反射式望远镜，并基于对三棱镜将白光发散成可见光谱的观察，发展出了颜色理论。他还系统地表述了冷却定律，并研究了音速。在牛顿以后，人类在自然科学方面的伟大成果层出不穷，但追本溯源，许多都与这本非凡的著作有着直接的联系。如在1846年发现海王星之前，它的轨道就已经依据万有引力定律被计算出来了，然后才在实测中发现了它。现代科学家计算人造地球卫星、火箭、宇宙飞船的发射升空和运行轨道，当然更离不开牛顿的伟大成果。

诗人亚历山大•波普在牛顿的墓志铭中写道：Nature and Nature' law lay hid in night; God said, "Let Newton be," and all was light. （自然与自然的定律，都隐藏在黑暗之中；上帝说"让牛顿来吧！"于是，一切变为光明。）

第5章 不定积分

复习题

一、填空题

1. 若 $\int f(x)dx = x - 2\ln(2x+3) + C$，则 $f(x) = $ _____.

2. 设 $f(x) = e^{-x}$，则 $\int \dfrac{f'(\ln x)}{x}dx = $ _____.

3. 设 $F'(x) = f(x)$，$G'(x) = f(x)$，则 $G(x) - F(x) = $ _____.

4. $\left[\int f(x)dx\right]' = $ _____.

5. 设 $\int f(x)dx = F(x) + C$，则 $\int f(ax+b)dx = $ _____ $(a \neq 0)$.

二、计算题

1. $\int xe^{x^2}dx$;
2. $\int x(2x^2-1)^{20}dx$;
3. $\int \dfrac{x^2-4}{x-3}dx$;

4. $\int \sqrt{x}\sin\sqrt{x}\,dx$;
5. $\int \dfrac{\sin x}{1+\cos x}dx$;

6. $\int \dfrac{x}{(1+x^2)^3}dx$;
7. $\int \dfrac{\sqrt{1+\cos 2x}}{\sin x}dx$;

8. $\int x\ln(1+x^2)dx$;
9. $\int \dfrac{1}{\sqrt{x}+\sqrt[4]{x}}dx$;

10. $\int \dfrac{dx}{4-x^2}$;
11. $\int x^2\arctan x\,dx$;

12. $\int \sec^4 x\,dx$;
13. $\int \dfrac{dx}{x(x+1)}$;

14. $\int \dfrac{\cos^2 x}{\sin x}dx$;
15. $\int \dfrac{1+\cos x}{x+\sin x}dx$.

三、 已知 $f(x)$ 的一个原函数为 $\dfrac{\sin x}{x}$，求 $\int xf'(x)dx$.

真题荟萃

一、选择题

1. （2009 年）下列等式中，正确的一个是（　　）.

(A) $\left[\int f(x)\,dx\right]' = f(x)$ 　　(B) $d\left[\int f(x)\,dx\right] = f(x)$

(C) $\int F'(x)\,dx = f(x)$ 　　(D) $d\left[\int f(x)\,dx\right] = f(x) + C$

2. （2007年）设 $f'(x^2)=\dfrac{1}{x}$ $(x>0)$，则 $f(x)=$ （   ）.

(A) $2x+C$　　(B) $\ln x+C$　　(C) $2\sqrt{x}+C$　　(D) $\dfrac{1}{\sqrt{x}}+C$

3. （2006年）若 $\int f(x)\mathrm{e}^{-\frac{1}{x}}\mathrm{d}x=\mathrm{e}^{-\frac{1}{x}}+C$，则 $f(x)=$ （   ）.

(A) $\dfrac{1}{x}$　　(B) $-\dfrac{1}{x}$　　(C) $\dfrac{1}{x^2}$　　(D) $-\dfrac{1}{x^2}$

4. （2015年）若 $\int f(x)\mathrm{d}x=x\mathrm{e}^{-2x}+C$，则 $f(x)=$ （   ）（其中 C 为常数）.

(A) $-2x\mathrm{e}^{-2x}$　　　　　　(B) $-2x^2\mathrm{e}^{-2x}$

(C) $(1-2x)\mathrm{e}^{-2x}$　　　　(D) $(1-2x^2)\mathrm{e}^{-2x}$

5. （2019年）已知 $\int f(x)\mathrm{d}x=x\sin x^2+C$，则 $\int xf(x^2)\mathrm{d}x=$ （   ）.

(A) $x\cos x^2+C$　　　　　(B) $x\sin x^2+C$

(C) $\dfrac{1}{2}x^2\sin x^4+C$　　(D) $\dfrac{1}{2}x^2\cos x^4+C$

二、填空题

1. （2010年）不定积分 $\int \mathrm{d}f(x)=$ _____.

2. （2009年）设 $f(x)=\mathrm{e}^{-x}$，则 $\int \dfrac{f'(\ln x)}{x}\mathrm{d}x=$ _____.

3. （2013年）若 $\int xf(x)\mathrm{d}x=\dfrac{1}{2}x^2+C$，则 $\int \dfrac{1}{f(x)}\mathrm{d}x=$ _____.

三、计算题

1. （2005年）求不定积分 $\int \dfrac{1}{2+\cos x}\mathrm{d}x$.

2. （2006年）若 $\int f(x)\mathrm{d}x=x^2+C$，求 $\int xf(1-x^2)\mathrm{d}x$.

3. （2009年）求不定积分 $\int \dfrac{\ln x}{\sqrt{x}}\mathrm{d}x$.

4. （2010年）求不定积分 $\int \dfrac{\ln x-1}{x^2}\mathrm{d}x$.

5. （2011年）求 $\int \sin^2 x\cos^3 x\mathrm{d}x$.

第6章 定积分及其应用

定积分是积分学的重要内容之一,它和第5章讨论的不定积分有着密切的内在联系,并且定积分的计算主要是通过不定积分来解决的. 定积分在各种实际问题中有着广泛的应用. 在本章中,首先通过实例引入定积分的概念,然后讨论它的性质、计算方法及其在几何方面的具体应用.

6.1 定积分的概念与性质

6.1.1 引例

不定积分和定积分是积分学中的两大基本问题,求不定积分是求导数的逆运算,而求定积分则是求某种特殊和式的极限,它们之间既有本质的区别,又有紧密的联系. 先看两个实例.

1. 曲边梯形的面积

在初等数学中已经学习过一些简单的平面封闭图形(如三角形、圆形等)面积的计算. 但实际问题中出现的图形常具有不规则的"曲边",那么怎样计算它们的面积呢?下面以曲边梯形为例来讨论这个问题.

设函数 $y=f(x)$ 在区间 $[a,b]$ 上连续,且 $f(x) \geqslant 0$. 由曲线 $y=f(x)$,直线 $x=a, x=b$ 及 x 轴所围成的平面图形如图 6-1 所示,该平面图形称为曲边梯形. 下面将讨论该曲边梯形面积的计算.

由于函数 $y=f(x)$ 上的点的纵坐标不断变化,整个曲边梯形各处的高不相等,差异很大. 为使高的变化较小,在区间 $[a,b]$ 内任意插入若干个分点,得到

$$a=x_0<x_1<x_2<\cdots<x_{n-1}<x_n=b$$

这些分点把区间 $[a,b]$ 分割成 n 个小区间

$$[x_0, x_1], [x_1, x_2], \cdots, [x_{n-1}, x_n]$$

它们的长度依次为

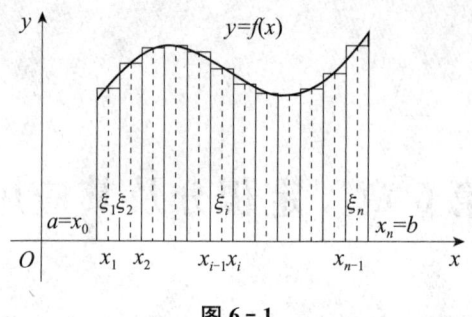

图 6-1

$$\Delta x_1 = x_1 - x_0, \Delta x_2 = x_2 - x_1, \cdots, \Delta x_n = x_n - x_{n-1}$$

经过每一个分点作平行于 y 轴的直线段，从而把曲边梯形分成 n 个窄曲边梯形．在每一个小区间 $[x_{i-1}, x_i]$ 内任取一点 ξ_i，用以区间 $[x_{i-1}, x_i]$ 的长度为底、以 $f(\xi_i)$ 为高的窄矩形近似代替第 i 个窄曲边梯形 $(i=1, 2, \cdots, n)$，把这样得到的 n 个窄矩形的面积之和作为所求曲边梯形面积 A 的近似值，即

$$A \approx f(\xi_1)\Delta x_1 + f(\xi_2)\Delta x_2 + \cdots + f(\xi_n)\Delta x_n = \sum_{i=1}^{n} f(\xi_i)\Delta x_i$$

为了保证所有小区间的长度都无限缩小，须要求小区间长度中的最大值趋于零，如设 $\lambda = \max\{\Delta x_1, \Delta x_2, \cdots, \Delta x_n\}$，则上述条件可表示为 $\lambda \to 0$．当 $\lambda \to 0$ 时（这时分段数 n 无限增多，即 $n \to \infty$），取上述和式的极限，便得曲边梯形的面积

$$A = \lim_{\lambda \to 0} \sum_{i=1}^{n} f(\xi_i)\Delta x_i$$

2. 变速直线运动的路程

设物体作变速直线运动，速度 $v = v(t)$ 是时间 t 的连续函数，且 $v(t) \geqslant 0$．求物体在时间区间 $[T_1, T_2]$ 内所经过的路程 s．

由于速度 $v(t)$ 随时间的变化而变化，因此不能用匀速直线运动的公式（路程=速度×时间）来计算物体做变速直线运动的路程．但由于物体运动的速度 $v(t)$ 是连续变化的，当 t 的变化很小时，速度的变化也非常小，因此在很小的一段时间内，变速直线运动可以被近似看成匀速直线运动．又因为时间区间 $[T_1, T_2]$ 可以划分为若干个微小的时间区间之和，所以，与前述曲边梯形的面积问题一样，可以采用分割、局部近似、求和、取极限的方法来求变速直线运动的路程．

(1) 分割：用分点 $T_1 = t_0 < t_1 < t_2 < \cdots < t_n = T_2$ 将时间区间 $[T_1, T_2]$ 分成 n 个小区间 $[t_{i-1}, t_i]$ $(i=1, 2, \cdots, n)$，其中第 i 个时间段的长度为 $\Delta t_i = t_i - t_{i-1}$，物体在此时间段内经过的路程为 Δs_i．

(2) 局部近似：当 Δt_i 很小时，在 $[t_{i-1}, t_i]$ 上任取一点 ξ_i，以 $v(\xi_i)$ 来代替

$[t_{i-1}, t_i]$ 上各时刻的速度，则 $\Delta s_i \approx v(\xi_i) \cdot \Delta t_i$.

（3）求和：在每个小区间上用同样的方法求得路程的近似值，再求和，得

$$s = \sum_{i=1}^{n} \Delta s_i \approx \sum_{i=1}^{n} v(\xi_i) \Delta t_i \qquad (6-1)$$

（4）取极限：令 $\lambda = \max\limits_{1 \leq i \leq n} \{\Delta t_i\}$，则当 $\lambda \to 0$ 时，式（6-1）右端的和式作为 s 近似值的误差会趋于零，因此

$$s = \lim_{\lambda \to 0} \sum_{i=1}^{n} v(\xi_i) \Delta t_i$$

以上两个例子尽管来自不同领域，却都可归结为求同一结构的和式的极限. 此外，在求变力所做的功、水压力、某些空间体的体积等许多问题中，都会出现这种形式的极限，因此，有必要在数学上对它们进行统一研究.

6.1.2 定积分定义

在上述两个例子中，虽然所计算的量具有不同的实际意义（前者是几何量，后者是物理量），但如果抽去它们的实际意义可以看出，计算这些量的思想方法和步骤都是相同的，并最终归结为求一个和式的极限. 对于这种和式的极限给出下面的定义.

定义 6.1 设函数 $y = f(x)$ 在区间 $[a, b]$ 上有界，任意用分点

$$a = x_0 < x_1 < x_2 < \cdots < x_{i-1} < x_i < \cdots < x_{n-1} < x_n = b$$

将区间 $[a, b]$ 分成 n 个小区间 $[x_{i-1}, x_i]$ $(i = 1, 2, \cdots, n)$，各小区间长度为 $\Delta x = x_i - x_{i-1}$ $(i = 1, 2, \cdots, n)$，在每个小区间 $[x_{i-1}, x_i]$ 上，任取一点 ξ_i $(x_{i-1} \leq \xi_i \leq x_i)$，有相应的函数值 $f(\xi_i)$，作乘积 $f(\xi_i) \cdot \Delta x_i$ $(i = 1, 2, \cdots, n)$ 的和式

$$\sum_{i=1}^{n} f(\xi_i) \Delta x_i$$

如果不论对区间 $[a, b]$ 采取何种分法及 ξ_i 如何选择，令 $\lambda = \max\limits_{1 \leq i \leq n} \{\Delta x_i\}$，当最大的小区间的长度趋于零，即 $\lambda \to 0$ 时，和式 $\sum_{i=1}^{n} f(\xi_i) \Delta x_i$ 的极限存在，则称此极限值为函数 $f(x)$ 在区间 $[a, b]$ 上的定积分，记作 $\int_a^b f(x) dx$，即

$$\int_a^b f(x) dx = \lim_{\lambda \to 0} \sum_{i=1}^{n} f(\xi_i) \Delta x_i$$

其中 $f(x)$ 叫作被积函数，$f(x) dx$ 叫作被积表达式，x 叫作积分变量，a 与 b 分别叫作积分下限与上限，$[a, b]$ 叫作积分区间.

根据定积分的定义，前面两个例子均可以写成定积分的形式.

高等数学

曲边梯形的面积 A 等于其曲边 $y=f(x)$ 在其底所在的区间 $[a,b]$ 上的定积分：

$$A = \int_a^b f(x)\mathrm{d}x$$

做变速直线运动的物体所经过的路程 s 等于其速度 $v=v(t)$ 在时间区间 $[T_1, T_2]$ 上的定积分：

$$s = \int_{T_1}^{T_2} v(t)\mathrm{d}t$$

> 注意：（1）定积分是一个数值，它仅与被积函数及积分区间有关，而与区间 $[a,b]$ 的分法及点 ξ_i 的取法无关. 如果不改变被积函数与积分区间，而只把积分变量 x 改用其他字母，如用 t 或 u 来代替，那么定积分的值不变，即
>
> $$\int_a^b f(x)\mathrm{d}x = \int_a^b f(t)\mathrm{d}t = \int_a^b f(u)\mathrm{d}u$$
>
> （2）关于定积分的存在性，这里只给出一个充分条件：如果函数 $f(x)$ 在区间 $[a,b]$ 上连续，那么 $f(x)$ 在 $[a,b]$ 上可积，即定积分 $\int_a^b f(x)\mathrm{d}x$ 一定存在.
>
> （3）定积分 $\int_a^b f(x)\mathrm{d}x$ 的定义中是假定 $a<b$ 的，为了今后应用方便，有以下的补充规定：
>
> ①当 $a>b$ 时，规定 $\int_a^b f(x)\mathrm{d}x = -\int_b^a f(x)\mathrm{d}x$；
>
> ②当 $a=b$ 时，规定 $\int_a^b f(x)\mathrm{d}x = 0$.

定理 6.1 设 $f(x)$ 在区间 $[a,b]$ 上连续，则 $f(x)$ 在 $[a,b]$ 上可积.

定理 6.2 设 $f(x)$ 在区间 $[a,b]$ 上有界，且只有有限个间断点，则 $f(x)$ 在 $[a,b]$ 上可积.

下面不加证明地给出定积分的性质，并且对于各性质中积分上、下限的大小，如不特别指明，均不加限制. 其中所涉及的函数在讨论的区间上都是可积的.

性质 6.1 函数的和（差）的定积分等于它们的定积分的和（差），即

$$\int_a^b [f(x) \pm g(x)]\mathrm{d}x = \int_a^b f(x)\mathrm{d}x \pm \int_a^b g(x)\mathrm{d}x$$

> 注意：这个性质可以推广到有限多个函数的情形.

性质 6.2 被积表达式中的常数因子可以提到积分号前面，即

$$\int_a^b kf(x)\mathrm{d}x = k\int_a^b f(x)\mathrm{d}x\ (k\ 为常数)$$

性质 6.3 对任意的数 c，有

$$\int_a^b f(x)\mathrm{d}x = \int_a^c f(x)\mathrm{d}x + \int_c^b f(x)\mathrm{d}x$$

这个性质叫作定积分对区间 $[a,b]$ 的可加性.

> 注意：不论 $c\in[a,b]$ 还是 $c\notin[a,b]$，性质 6.3 均成立.

性质 6.4 如果在区间 $[a,b]$ 上 $f(x)\equiv 1$，那么

$$\int_a^b f(x)\mathrm{d}x = b-a$$

这个性质的证明请读者自行完成.

性质 6.5 如果在区间 $[a,b]$ 上有 $f(x)\geqslant 0$，那么

$$\int_a^b f(x)\mathrm{d}x \geqslant 0\quad (a<b)$$

性质 6.6 如果在区间 $[a,b]$ 上有 $f(x)\leqslant g(x)$，那么

$$\int_a^b f(x)\mathrm{d}x \leqslant \int_a^b g(x)\mathrm{d}x\quad (a<b)$$

> 注意：性质 6.6 说明，在积分区间相同的条件下，若想比较两个定积分的大小，只要比较被积函数的大小即可.

性质 6.7 $\left|\int_a^b f(x)\mathrm{d}x\right| \leqslant \int_a^b |f(x)|\mathrm{d}x\ (a<b)$

> 注意：$|f(x)|$ 在 $[a,b]$ 上的可积性可由 $f(x)$ 在 $[a,b]$ 上的可积性推出.

性质 6.8（估值定理） 如果 $f(x)$ 在 $[a,b]$ 上的最大值为 M，最小值为 m，那么

$$m(b-a) \leqslant \int_a^b f(x)\mathrm{d}x \leqslant M(b-a)\ (a<b)$$

性质 6.9（定积分中值定理） 如果 $f(x)$ 在 $[a,b]$ 上连续，那么在积分区间 $[a,b]$ 上至少存在一点 ξ，使

$$\int_a^b f(x)\mathrm{d}x = f(\xi)(b-a)\ (a\leqslant \xi \leqslant b)$$

这个公式叫作定积分中值公式.

定积分中值公式有如下的几何解释：在区间 $[a,b]$ 上至少存在一点 ξ，使得以区间 $[a,b]$ 为底边、以曲线 $y=f(x)$ 为曲边的曲边梯形的面积等于底边相同而高为

$f(\xi)$ 的矩形的面积,如图 6-2 所示.

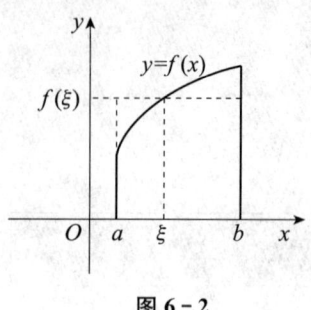

图 6-2

例1 比较定积分 $\int_0^1 e^x dx$ 与 $\int_0^1 (1+x)dx$ 的大小.

分析 利用性质 6.6 求解即可.

解 设 $f(x) = e^x - (1+x)$,则有:$f'(x) = e^x - 1$.

当 $x \in (0, 1)$ 时,$f'(x) > 0$,$f(x)$ 在 $[0, 1]$ 上单调增加,即 $f(x) \geq f(0) = 0$,从而 $e^x \geq 1+x$.

由性质 6.6 有

$$\int_0^1 e^x dx \geq \int_0^1 (1+x)dx$$

6.1.3 定积分的几何意义

当在 $[a, b]$ 上有 $f(x) \geq 0$ 时,$\int_a^b f(x)dx$ 在几何上表示以曲线 $y = f(x)$ 为曲边、以区间 $[a, b]$ 为底边的位于 x 轴上方的曲边梯形的面积.

若在 $[a, b]$ 上有 $f(x) < 0$,这时曲边梯形在 x 轴下方,如图 6-3 所示,由于 $f(\xi_i) < 0$,$\Delta x_i > 0$,则有

$$\lim_{\lambda \to 0} \sum_{i=1}^n f(\xi_i) \Delta x_i \leq 0$$

此时,$\int_a^b f(x)dx$ 在几何上表示曲边梯形面积 A 的负值,即

$$\int_a^b f(x)dx = -A$$

当 $f(x)$ 在 $[a, b]$ 上有正有负时,$\int_a^b f(x)dx$ 在几何上表示几个曲边梯形面积的代数和,如图 6-4 所示,有 $\int_a^b f(x)dx = A_1 - A_2 + A_3$.

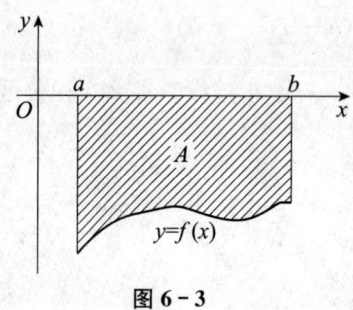

图 6-3

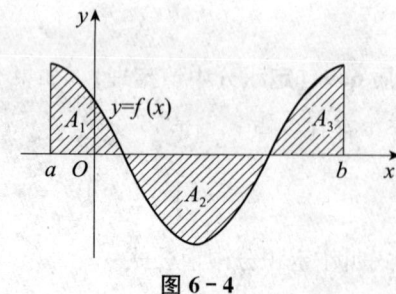

图 6-4

例2 用定积分的几何意义计算 $\int_{-a}^{a} \sqrt{a^2-x^2}\,dx\,(a>0)$.

分析 由于 $x\in[-a,a]$ 时 $\sqrt{a^2-x^2}\geqslant 0$，因此 $\int_{-a}^{a}\sqrt{a^2-x^2}\,dx$ 在几何上表示以曲线 $y=\sqrt{a^2-x^2}$ 为曲边、以区间 $[-a,a]$ 为底边的位于 x 轴上方的曲边梯形的面积，这个曲边梯形即为 x 轴上方的半圆 $y=\sqrt{a^2-x^2}$ 与 x 轴所围成的平面图形.

解 $\int_{-a}^{a}\sqrt{a^2-x^2}\,dx=\dfrac{1}{2}\pi a^2$

习题 6.1

1. 利用定积分的几何意义求下列定积分的值.

(1) $\int_{-1}^{2} x\,dx$； (2) $\int_{-1}^{1}|x|\,dx$； (3) $\int_{1}^{3} 1\,dx$.

2. 估计下列各定积分的值.

(1) $\int_{1}^{2}(1+x^2)\,dx$； (2) $\int_{0}^{2}(1+e^x)\,dx$； (3) $\int_{\frac{\pi}{6}}^{\frac{\pi}{3}}(2+\sin x)\,dx$； (4) $\int_{-1}^{-2}\dfrac{1}{x^2}\,dx$.

3. 比较定积分的大小.

(1) $\int_{0}^{1} e^x\,dx$ 与 $\int_{0}^{1} e^{x^2}\,dx$； (2) $\int_{0}^{1}(1+x^2)\,dx$ 与 $\int_{0}^{1}(1+x)\,dx$；

(3) $\int_{1}^{2}\ln^3 x\,dx$ 与 $\int_{1}^{2}\ln^2 x\,dx$； (4) $\int_{0}^{1}\ln(1+x)\,dx$ 与 $\int_{0}^{1} x\,dx$.

6.2 微积分基本公式

定积分作为一种特定和式的极限，直接按定义来计算的话将十分繁杂，本节将对定积分与原函数关系进行讨论，进而导出一种计算定积分的有效方法.

其实在变速直线运动的路程问题中已经蕴含了上述关系的内容. 从定积分概念可知，物体在时间区间 $[T_1,T_2]$ 内经过的路程可以用速度函数 $v(t)$ 在 $[T_1,T_2]$ 上的定积分来表达，即

$$\int_{T_1}^{T_2} v(t)\,dt$$

另外，这段路程也可以通过位置函数 $s(t)$ 在区间 $[T_1,T_2]$ 上的增量来表示，即

$$s(T_2)-s(T_1)$$

由此可见，位置函数 $s(t)$ 与速度函数 $v(t)$ 之间有如下关系：

$$\int_{T_1}^{T_2} v(t)\,dt = s(T_2)-s(T_1) \qquad (6-2)$$

因为 $s'(t)=v(t)$，即位置函数 $s(t)$ 是速度函数 $v(t)$ 的原函数，所以式（6-2）表明速度函数 $v(t)$ 在 $[T_1,T_2]$ 上的定积分等于 $v(t)$ 的原函数 $s(t)$ 在区间 $[T_1,T_2]$ 上的增量.

这个结论是否具有普遍性？即对于一般的可积函数 $f(x)$，若 $F(x)$ 是 $f(x)$ 的一个原函数，是否仍有

$$\int_a^b f(x)\mathrm{d}x = F(b)-F(a)$$

呢？回答是肯定的. 下面将具体讨论之.

6.2.1 积分上限函数及其导数

设函数 $f(t)$ 在区间 $[a,b]$ 上连续，对于 $[a,b]$ 上任意一点 x，由于 $f(t)$ 在 $[a,x]$ 上连续，故定积分 $\int_a^x f(t)\mathrm{d}t$ 存在. 于是，对 $[a,b]$ 上每一点 x，都有一个唯一确定的值 $\int_a^x f(t)\mathrm{d}t$ 与之对应，由此在 $[a,b]$ 上定义了一个函数，称之为积分上限函数，记作 $\Phi(x)$，即

$$\Phi(x) = \int_a^x f(t)\mathrm{d}t \ (a \leqslant x \leqslant b)$$

积分上限函数 $\Phi(x)$ 具有下面定理所阐明的重要性质.

定理 6.3 如果函数 $f(x)$ 在区间 $[a,b]$ 上连续，则积分上限函数 $\Phi(x)=\int_a^x f(t)\mathrm{d}t$ 在 $[a,b]$ 上可导，且

$$\Phi'(x) = \left[\int_a^x f(t)\mathrm{d}t\right]' = f(x) \ (a \leqslant x \leqslant b)$$

定理 6.4 如果函数 $f(x)$ 在区间 $[a,b]$ 上连续，则函数

$$\Phi(x) = \int_a^x f(t)\mathrm{d}t$$

是 $f(x)$ 的一个原函数.

定理 6.4 的重要意义是：一方面，它肯定了连续函数的原函数是存在的；另一方面，它初步揭示了积分学中的定积分与原函数的关系. 而不定积分是全体原函数，据此推断有可能通过原函数即不定积分来计算定积分.

例 1 已知函数 $g(x)=\int_0^{x^2} \mathrm{e}^t \mathrm{d}t$，求 $g'(x)$，$g''(x)$.

分析 根据定理 6.3 计算即可.

解 $g'(x) = \left(\int_0^{x^2} e^t dt\right)' = e^{x^2}(x^2)' = 2x e^{x^2}$

$g''(x) = 2(x e^{x^2})' = 2[e^{x^2} + x e^{x^2}(2x)] = 2(1+2x^2)e^{x^2}$

例 2 求 $\lim\limits_{x\to 0} \dfrac{\int_0^{\sin^2 x} e^t dt}{x^2}$.

分析 利用洛必达法则计算.

解 $\lim\limits_{x\to 0} \dfrac{\int_0^{\sin^2 x} e^t dt}{x^2} = \lim\limits_{x\to 0} \dfrac{\left(\int_0^{\sin^2 x} e^t dt\right)'}{(x^2)'} = \lim\limits_{x\to 0} \dfrac{e^{\sin^2 x} 2\sin x \cos x}{2x}$

$= \lim\limits_{x\to 0} e^{\sin^2 x} \cos x \cdot \dfrac{\sin x}{x} = 1$

例 3 设 $f(x) = \int_2^{\sqrt{x}} t\sin t^2 dt$,求 $f'(x)$.

分析 $f(x)$ 是由函数 $y = \int_2^u t\sin t^2 dt$,$u = \sqrt{x}$ 复合而成的,由复合函数的求导法则及定理 6.3 计算即可.

解 $f'(x) = \dfrac{dy}{du} \cdot \dfrac{du}{dx} = \left(\int_2^u t\sin t^2 dt\right)'_u \cdot (\sqrt{x})'_x$

$= u\sin u^2 \cdot \dfrac{1}{2\sqrt{x}} = \dfrac{1}{2}\sin x$

6.2.2 基本公式

定理 6.5 如果函数 $F(x)$ 是连续函数 $f(x)$ 在区间 $[a,b]$ 上的一个原函数,则

$$\int_a^b f(x)dx = F(b) - F(a)$$

分析 欲证 $\int_a^b f(x)dx = F(b) - F(a)$,必须构造一个能将定积分与原函数连接起来的式子,由前面的分析可知,这个式子只能是变上限定积分,为此有如下证明.

证明 设 x 是区间 $[a,b]$ 上的任意一点,令

$$\Phi(x) = \int_a^x f(t)dt$$

由定理 6.4 知,$\Phi(x)$ 是 $f(x)$ 的一个原函数,而已知 $F(x)$ 也是 $f(x)$ 的一个原函数,所以

$$F(x) - \Phi(x) = c \; (a \leqslant x \leqslant b) \tag{6-3}$$

其中 c 为任意常数. 令 $x = a$,则有

$$F(a) - \Phi(a) = c$$

而

$$\Phi(a) = \int_a^a f(t)\,\mathrm{d}t = 0$$

所以

$$c = F(a) - 0 = F(a) \tag{6-4}$$

由式 (6-3) 与式 (6-4) 有

$$\Phi(x) = F(x) - c = F(x) - F(a)$$

即

$$\int_a^x f(x)\,\mathrm{d}x = F(x) - F(a) \tag{6-5}$$

对于式 (6-5), 再令 $x=b$, 即得

$$\int_a^b f(x)\,\mathrm{d}x = F(b) - F(a)$$

证毕.

为方便起见,把 $F(b)-F(a)$ 记作 $F(x)\big|_a^b$, 即

$$\int_a^b f(x)\,\mathrm{d}x = F(x)\Big|_a^b = F(b) - F(a) \tag{6-6}$$

该公式就是牛顿-莱布尼茨公式,也称作微积分基本公式.

例 4 计算下列定积分.

(1) $\int_0^1 x^2\,\mathrm{d}x$；   (2) $\int_0^{\frac{\pi}{2}} \sin x\,\mathrm{d}x$.

分析 利用牛顿-莱布尼茨公式计算即可.

解 (1) 因为 $\dfrac{x^3}{3}$ 是被积函数 x^2 的一个原函数,所以

$$\int_0^1 x^2\,\mathrm{d}x = \frac{x^3}{3}\bigg|_0^1 = \frac{1^3}{3} - \frac{0^3}{3} = \frac{1}{3}$$

(2) 因为 $-\cos x$ 是被积函数 $\sin x$ 的一个原函数,所以

$$\int_0^{\frac{\pi}{2}} \sin x\,\mathrm{d}x = (-\cos x)\bigg|_0^{\frac{\pi}{2}} = \left(-\cos\frac{\pi}{2}\right) - (-\cos 0) = 1$$

例 5 计算 $\int_{-1}^1 \dfrac{1}{1+x^2}\,\mathrm{d}x$.

分析 利用牛顿-莱布尼茨公式计算即可.

解 由于 $\arctan x$ 是 $\dfrac{1}{1+x^2}$ 的一个原函数,所以

$$\int_{-1}^{1} \frac{1}{1+x^2} dx = \arctan x \Big|_{-1}^{1} = \arctan 1 - \arctan(-1) = \frac{\pi}{4} - \left(-\frac{\pi}{4}\right) = \frac{\pi}{2}$$

例 6 计算 $\int_{1}^{2} \frac{dx}{x}$.

分析 利用牛顿-莱布尼茨公式计算即可.

解 $\int_{1}^{2} \frac{1}{x} dx = \ln|x| \Big|_{1}^{2} = \ln 2 - \ln 1 = \ln 2$

例 7 汽车以 36 km/h 的速度行驶,到某处需要减速停车,设汽车以等加速度 $a = -5$ m/s^2 刹车,问从开始刹车到停车,汽车走了多远的距离?

分析 首先根据物理知识列出速度与时间的关系式,再利用牛顿-莱布尼茨公式计算即可.

解 设开始刹车时的时刻为 $t=0$,则此时汽车速度为

$$v_0 = \frac{36 \times 1\,000}{3\,600} = 10 \text{(m/s)}$$

汽车刹车后减速行驶,其速度为

$$v(t) = v_0 + at = 10 - 5t$$

当汽车停住时,速度 $v(t) = 0$,故从

$$v(t) = 10 - 5t = 0$$

解得

$$t = 2$$

于是这段时间内,汽车所驶过的距离为

$$s = \int_{0}^{2} v(t) dt = \int_{0}^{2} (10 - 5t) dt = \left(10t - \frac{5}{2}t^2\right)\Big|_{0}^{2} = 10 \text{(m)}$$

即刹车后,汽车需要走 10 m 才能停住.

习题 6.2

1. 计算下列各导数.

   (1) $\dfrac{d}{dx} \int_{0}^{x} t e^{2t} dt$;

   (2) $\dfrac{d}{dx} \int_{0}^{x^2} \sqrt{t + t^2} dt$;

   (3) $\dfrac{d}{dx} \int_{x^2}^{x^3} (3t^2 - t) dt$;

   (4) $\dfrac{d}{dx} \int_{\sin x}^{\cos x} \sin(\pi t) dt$.

2. 求下列极限.

   (1) $\lim\limits_{x \to 0} \dfrac{\int_{0}^{x} \cos t^2 dt}{x}$;

   (2) $\lim\limits_{x \to 0} \dfrac{\int_{0}^{x^2} \sqrt{3 + t^2} dt}{x^2}$.

3. 计算下列定积分.

(1) $\int_1^2 (3x - \sqrt{x}) dx$;

(2) $\int_0^3 (2x^2 - x + 1) dx$;

(3) $\int_1^2 \sqrt{x}(1+x) dx$;

(4) $\int_0^{\frac{\pi}{2}} \cos^2 x \sin x dx$;

(5) $\int_1^2 \frac{dx}{2x-1}$;

(6) $\int_0^1 t e^{-\frac{t^2}{2}} dt$.

4. 求函数 $\Phi(x) = \int_0^x \sin t dt$ 在 $x = 0$ 及 $x = \frac{\pi}{3}$ 处的函数值及导数值.

5. 当 x 为何值时, 函数 $\Phi(x) = \int_0^x t e^t dt$ 有极值?

6.3 换元积分法

利用牛顿-莱布尼茨公式计算定积分的关键是求不定积分, 而换元积分法和分部积分法是求不定积分的两种基本方法, 若能将这两种方法直接应用到定积分的计算上, 将使计算得到简化. 本节将介绍定积分的换元积分法.

6.3.1 引例

在介绍定积分的换元积分法之前, 先看两个例子.

例 1 求定积分 $\int_0^1 e^{x^2} x dx$.

分析 由不定积分的第一类换元积分法有

$$\int e^{x^2} x dx = \frac{1}{2} \int e^{x^2} d(x^2) = \frac{1}{2} e^{x^2} + C$$

这就说明 $\frac{1}{2} e^{x^2}$ 是被积函数 $x e^{x^2}$ 的一个原函数, 所以由牛顿-莱布尼茨公式计算即可.

解 $\int_0^1 e^{x^2} x dx = \frac{1}{2} \int_0^1 e^{x^2} d(x^2) = \frac{1}{2} e^{x^2} \Big|_0^1 = \frac{e-1}{2}$

即利用类似不定积分的凑微分法凑出被积函数的原函数, 然后利用牛顿-莱布尼茨公式计算定积分.

例 2 求定积分 $\int_0^a \sqrt{a^2 - x^2} dx$ (常数 $a > 0$).

分析 由于不定积分 $\int \sqrt{a^2 - x^2} dx$ 的计算需要换元, 可设 $x = a \sin t$, 则 $dx = a \cos t dt$.

$$\int \sqrt{a^2-x^2}\,\mathrm{d}x = \int \sqrt{a^2-a^2\sin^2 t}\,a\cos t\,\mathrm{d}t$$

$$= a^2\int \cos^2 t\,\mathrm{d}t = \frac{a^2}{2}\int (1+\cos 2t)\,\mathrm{d}t$$

$$= \frac{a^2}{2}\left(t+\frac{\sin 2t}{2}\right)+C$$

$$= \frac{a^2}{2}\arcsin\frac{x}{a}+\frac{x}{2}\sqrt{a^2-x^2}+C$$

所以 $\frac{a^2}{2}\arcsin\frac{x}{a}+\frac{x}{2}\sqrt{a^2-x^2}$ 是被积函数 $\sqrt{a^2-x^2}$ 的一个原函数，于是再根据牛顿-莱布尼茨公式计算即可.

解 $\int_0^a \sqrt{a^2-x^2}\,\mathrm{d}x = \left(\frac{a^2}{2}\arcsin\frac{x}{a}+\frac{x}{2}\sqrt{a^2-x^2}\right)\bigg|_0^a = \frac{\pi a^2}{4}$

不难看出，这样计算定积分的过程很繁杂，能否在计算过程中简化运算步骤呢？

注意到，在作 $x=a\sin t$ 变换之后，积分的上限和下限分别变为 $\frac{\pi}{2}$ 和 0，如在定积分中直接换元，并把上限和下限的值也换成 t 的上限和下限，便为

$$\int_0^a \sqrt{a^2-x^2}\,\mathrm{d}x = \int_0^{\frac{\pi}{2}} a\sqrt{a^2-a^2\sin^2 t}\,\cos t\,\mathrm{d}t$$

$$= a^2\int_0^{\frac{\pi}{2}} \cos^2 t\,\mathrm{d}t = \frac{a^2}{2}\int_0^{\frac{\pi}{2}}(1+\cos 2t)\,\mathrm{d}t$$

$$= \frac{a^2}{2}\left(t+\frac{\sin 2t}{2}\right)\bigg|_0^{\frac{\pi}{2}} = \frac{\pi a^2}{4}$$

这样运算步骤得到了简化.

这种情形不是巧合，它就是下面将要介绍的定积分的换元积分法. 那么，在什么条件下可以用换元积分法来计算定积分呢？定理 6.6 回答了这一问题.

6.3.2 定积分的换元积分法

定理 6.6 设函数 $f(x)$ 在区间 $[a,b]$ 上连续，作变换 $x=\varphi(t)$ 且其满足以下条件：

(1) 当 t 在 α 与 β 之间变化时，$x=\varphi(t)$ 的值在 $[a,b]$ 上变化；

(2) $\varphi(t)$ 在区间 $[\alpha,\beta]$（或 $[\beta,\alpha]$）上有连续导函数 $\varphi'(t)$；

(3) $\varphi(\alpha)=a$ 且 $\varphi(\beta)=b$（注意这里 α 未必一定小于 β）.

则有定积分换元公式

$$\int_a^b f(x)\,\mathrm{d}x = \int_\alpha^\beta f[\varphi(t)]\varphi'(t)\,\mathrm{d}t \tag{6-7}$$

证明 因为 $f(x)$ 在区间 $[a,b]$ 上连续，因而 $f(x)$ 在 $[a,b]$ 上可积. 由原函数存在定理知，$f(x)$ 存在原函数，设为 $F(x)$. 于是由牛顿-莱布尼茨公式得

$$\int_a^b f(x) \mathrm{d}x = F(b) - F(a)$$

另外，由不定积分的换元积分法有

$$\int f[\varphi(t)]\varphi'(t) \mathrm{d}t = \int f[\varphi(t)] \mathrm{d}\varphi(t) = F[\varphi(t)] + C$$

所以 $F[\varphi(t)]$ 是 $f[\varphi(t)]\varphi'(t)$ 的一个原函数，于是由牛顿-莱布尼茨公式得

$$\int_\alpha^\beta f[\varphi(t)]\varphi'(t) \mathrm{d}t = F[\varphi(t)]\Big|_\alpha^\beta = F[\varphi(\beta)] - F[\varphi(\alpha)]$$

再由 $\varphi(\alpha) = a$ 及 $\varphi(\beta) = b$ 得

$$\int_\alpha^\beta f[\varphi(t)]\varphi'(t) \mathrm{d}t = F(b) - F(a)$$

所以

$$\int_a^b f(x) \mathrm{d}x = \int_\alpha^\beta f[\varphi(t)]\varphi'(t) \mathrm{d}t$$

这个公式与不定积分的换元公式很类似. 所不同的是，运用不定积分的换元积分法时，最后须将变量还原为原来的变量；而对于定积分的换元积分法，只需将积分限作相应替换，最后不用还原而可直接计算结果.

例 3 计算下列定积分.

(1) $\int_0^4 \dfrac{\mathrm{d}x}{1+\sqrt{x}}$；   (2) $\int_0^a \dfrac{\mathrm{d}x}{(x^2+a^2)^{3/2}}(a>0)$；   (3) $\int_0^{\frac{\pi}{2}} \cos^3 x \sin x \mathrm{d}x$.

分析 根据换元积分法对应换元即可.

解 (1) 令 $\sqrt{x}=t$，即 $x=t^2$，则有 $\mathrm{d}x=2t\mathrm{d}t$. 当 $x=0$ 时，$t=0$；当 $x=4$ 时，$t=2$. 由定积分换元公式得

$$\int_0^4 \frac{\mathrm{d}x}{1+\sqrt{x}} = \int_0^2 \frac{2t}{1+t}\mathrm{d}t = 2\int_0^2 \frac{1+t-1}{1+t}\mathrm{d}t = 2\int_0^2 1\mathrm{d}t - 2\int_0^2 \frac{1}{1+t}\mathrm{d}t$$

$$= 4 - 2\ln|1+t|\Big|_0^2 = 4 - 2\ln 3$$

(2) 作三角代换，令 $x=a\tan t$，则有 $\mathrm{d}x=a\sec^2 t\mathrm{d}t$. 当 $x=0$ 时，$t=0$；当 $x=a$ 时，$t=\dfrac{\pi}{4}$. 由定积分换元公式得

$$\int_0^a \frac{\mathrm{d}x}{(x^2+a^2)^{3/2}} = \int_0^{\frac{\pi}{4}} \frac{a\sec^2 t}{(a^2\tan^2 t + a^2)^{3/2}}\mathrm{d}t$$

$$= \frac{1}{a^2}\int_0^{\frac{\pi}{4}} \cos t \mathrm{d}t = \frac{1}{a^2}\sin t \Big|_0^{\frac{\pi}{4}} = \frac{\sqrt{2}}{2a^2}$$

(3) 因为 $\int_0^{\frac{\pi}{2}} \cos^3 x \sin x \, dx = -\int_0^{\frac{\pi}{2}} \cos^3 x \, d(\cos x)$，所以可令 $t = \cos x$. 当 $x = 0$ 时，$t = 1$；当 $x = \frac{\pi}{2}$ 时，$t = 0$. 于是

$$\int_0^{\frac{\pi}{2}} \cos^3 x \sin x \, dx = -\int_0^{\frac{\pi}{2}} \cos^3 x \, d(\cos x)$$

$$= -\int_1^0 t^3 \, dt = -\frac{1}{4} t^4 \Big|_1^0 = \frac{1}{4}$$

第（3）题也可以这样计算：

$$\int_0^{\frac{\pi}{2}} \cos^3 x \sin x \, dx = -\int_0^{\frac{\pi}{2}} \cos^3 x \, d(\cos x)$$

$$= -\frac{1}{4} \cos^4 x \Big|_0^{\frac{\pi}{2}} = \frac{1}{4}$$

这种方法被称为"凑微分法"，也就是说，定积分换元公式也可以倒过来用，即

$$\int_\alpha^\beta f[\varphi(t)] \varphi'(t) \, dt = \int_\alpha^\beta f[\varphi(t)] \, d\varphi(t) \xrightarrow{x = \varphi(t)} \int_a^b f(x) \, dx$$

例 1 便使用此法. 而实际上，定积分的凑微分法与不定积分的凑微分法（第一类换元积分法）类似，就是凑出被积函数的原函数，然后用牛顿-莱布尼茨公式直接计算，不必设出变量替换过程.

相应地，前面的换元法称为"变量换元法". 至于何时利用变量换元法，何时利用凑微分法，这与不定积分完全类似，这里不再赘述. 下面再举两个例子.

例 4 用适当的换元法计算下列定积分.

(1) $\int_{e^{-1}}^{e} \frac{x + \ln x}{x} \, dx$；　　(2) $\int_{\frac{2}{\sqrt{3}}}^{2} \frac{dx}{x \sqrt{x^2 - 1}}$.

分析　(1) 注意积分运算性质及凑微分法的运用；(2) 注意三角代换法的运用.

解　(1) 由定积分的性质有

$$\int_{e^{-1}}^{e} \frac{x + \ln x}{x} \, dx = \int_{e^{-1}}^{e} 1 \, dx + \int_{e^{-1}}^{e} \frac{1}{x} \ln x \, dx$$

$$= (e - e^{-1}) + \int_{e^{-1}}^{e} \ln x \, d(\ln x)$$

$$= (e - e^{-1}) + \frac{1}{2} (\ln x)^2 \Big|_{e^{-1}}^{e} = e - e^{-1}$$

(2) 作三角换元. 令 $x = \sec t$，则 $dx = \sec t \tan t \, dt$. 当 $x = \frac{2}{\sqrt{3}}$ 时，$t = \frac{\pi}{6}$；当 $x = 2$，$t = \frac{\pi}{3}$. 所以

$$\int_{\frac{2}{\sqrt{3}}}^{2} \frac{\mathrm{d}x}{x\sqrt{x^2-1}} = \int_{\frac{\pi}{6}}^{\frac{\pi}{3}} \frac{\sec t \tan t}{\sec t \sqrt{\sec^2 t - 1}} \mathrm{d}t = \int_{\frac{\pi}{6}}^{\frac{\pi}{3}} 1 \mathrm{d}t = \frac{\pi}{6}$$

> **注意**：（1）在利用定积分的换元积分法时一定要注意："换元必换限，上限对上限，下限对下限"。定积分的换元积分法与不定积分的换元积分法的不同体现在，它只要求计算出在新的积分变量下，新的被积函数在新的积分区间内的积分值，从而避免了不定积分中要将积分后的新变量还原成原变量的麻烦。
>
> （2）在定积分的计算过程中，如果运用凑微分法，且未写出中间变量，则积分限无需改变。

例 5 试证：若 $f(x)$ 在 $[-a, a]$ 上连续，则

(1) $\int_{-a}^{a} f(x) \mathrm{d}x = \int_{0}^{a} [f(-x) + f(x)] \mathrm{d}x$；

(2) 当 $f(x)$ 为奇函数时，$\int_{-a}^{a} f(x) \mathrm{d}x = 0$；

(3) 当 $f(x)$ 为偶函数时，$\int_{-a}^{a} f(x) \mathrm{d}x = 2 \int_{0}^{a} f(x) \mathrm{d}x$。

分析 注意定积分的性质、奇偶函数概念的运用。

证明 (1) 因为 $\int_{-a}^{a} f(x) \mathrm{d}x = \int_{-a}^{0} f(x) \mathrm{d}x + \int_{0}^{a} f(x) \mathrm{d}x$

对积分式 $\int_{-a}^{0} f(x) \mathrm{d}x$ 作变换：$x = -t$，则有

$$\int_{-a}^{0} f(x) \mathrm{d}x = -\int_{a}^{0} f(-t) \mathrm{d}t = \int_{0}^{a} f(-x) \mathrm{d}x$$

从而

$$\int_{-a}^{a} f(x) \mathrm{d}x = \int_{0}^{a} f(-x) \mathrm{d}x + \int_{0}^{a} f(x) \mathrm{d}x = \int_{0}^{a} [f(-x) + f(x)] \mathrm{d}x$$

(2) 若 $f(x)$ 为奇函数，即 $f(-x) = -f(x)$，由（1）有

$$\int_{-a}^{a} f(x) \mathrm{d}x = \int_{0}^{a} [-f(x) + f(x)] \mathrm{d}x = 0$$

(3) 若 $f(x)$ 为偶函数，即 $f(-x) = f(x)$，由（1）有

$$\int_{-a}^{a} f(x) \mathrm{d}x = \int_{0}^{a} [f(x) + f(x)] \mathrm{d}x = 2 \int_{0}^{a} f(x) \mathrm{d}x$$

> **注意**：利用例 5 的结论常常可以简化奇函数、偶函数在对称区间上的定积分。

例如，因为 $x^3 \cos x$ 是奇函数，所以 $\int_{-1}^{1} x^3 \cos x \mathrm{d}x = 0$。

习题 6.3

1. 计算下列定积分.

   (1) $\int_0^2 \dfrac{x^3}{1+x^2} dx$；

   (2) $\int_{-1}^1 \dfrac{x dx}{\sqrt{5-4x}}$；

   (3) $\int_0^1 \dfrac{dx}{\sqrt{4-x^2}}$；

   (4) $\int_{\frac{\pi}{3}}^{\pi} \sin\left(x+\dfrac{\pi}{3}\right) dx$；

   (5) $\int_{-2}^1 \dfrac{dx}{(11+5x)^3}$；

   (6) $\int_1^{e^2} \dfrac{1}{x(\ln x+1)} dx$；

   (7) $\int_{\frac{\pi}{3}}^{\pi} \cos^2 u\, du$；

   (8) $\int_0^{\ln 2} e^x (1+e^x)^2 dx$；

   (9) $\int_1^2 \dfrac{dx}{x(1+x)}$.

2. 利用函数的奇偶性化简下列定积分并计算出结果.

   (1) $\int_{-\pi}^{\pi} \dfrac{x^2 \sin x}{1+\cos x} dx$；

   (2) $\int_{-1}^1 (x^2 + 2x - \sin x + 1) dx$.

6.4 分部积分法

在学习了微积分基本公式的基础上，本节讨论定积分的分部积分法.

由第 5 章知道，不定积分的分部积分公式是

$$\int u(x) dv(x) = u(x)v(x) - \int v(x) du(x)$$

其中 $u(x)$，$v(x)$ 均具有连续导数.

于是

$$\int_a^b u(x) v'(x) dx = \left[\int u(x) v'(x) dx\right]\Big|_a^b$$

$$= \left[u(x)v(x) - \int v(x) u'(x) dx\right]\Big|_a^b$$

$$= \left[u(x)v(x)\right]\Big|_a^b - \int_a^b v(x) u'(x) dx$$

简记为

$$\int_a^b uv' dx = [uv]\Big|_a^b - \int_a^b v u' dx \tag{6-8}$$

或

$$\int_a^b u\, dv = [uv]\Big|_a^b - \int_a^b v\, du$$

这就是定积分的分部积分公式.

注意：定积分的分部积分公式的应用原则和所适用的积分类型类似于不定积分.

例1 计算 $\int_0^1 \arctan x\, dx$.

分析 选 $u(x) = \arctan x$，$v(x) = x$，运用定积分的分部积分公式计算即可.

解 $\int_0^1 \arctan x\,dx = x\arctan x\Big|_0^1 - \int_0^1 x\frac{1}{1+x^2}dx = \arctan 1 - \frac{1}{2}\int_0^1 \frac{1}{1+x^2}d(1+x^2)$

$= \frac{\pi}{4} - \frac{1}{2}\ln(1+x^2)\Big|_0^1 = \frac{\pi}{4} - \frac{1}{2}\ln 2$

例 2 计算 $\int_0^1 x e^{-x}dx$.

分析 选 $u(x)=x$, $v(x)=-e^{-x}$, 运用定积分的分部积分公式计算即可.

解 $\int_0^1 x e^{-x}dx = \int_0^1 x d(-e^{-x}) = -xe^{-x}\Big|_0^1 - \int_0^1 -e^{-x}dx = -e^{-1} - e^{-x}\Big|_0^1$

$= 1 - \frac{2}{e}$

例 3 计算 $\int_0^1 e^{\sqrt{x}}dx$.

分析 注意到被积函数含有 $\sqrt{x}$, 因此先换元. 令 $\sqrt{x}=t$, 则有 $x=t^2$, $dx=2t\,dt$, 且当 $x=0$ 时, $t=0$; 当 $x=1$ 时, $t=1$. 然后利用分部积分法即可.

解 $\int_0^1 e^{\sqrt{x}}dx = 2\int_0^1 t e^t dt = 2\int_0^1 t\,de^t = 2t\,e^t\Big|_0^1 - 2\int_0^1 e^t dt$

$= 2e - 2e^t\Big|_0^1 = 2e - 2(e-1) = 2$

习题 6.4

1. 用分部积分法计算下列定积分.

(1) $\int_1^2 \ln x\,dx$;   (2) $\int_1^e x\ln x\,dx$;   (3) $\int_0^1 x e^{-x}dx$;

(4) $\int_0^{\frac{\pi}{2}} x\sin x\,dx$;   (5) $\int_0^2 x^2 e^x dx$;   (6) $\int_1^e x^2 \ln x\,dx$;

(7) $\int_0^{\frac{\pi}{2}} e^x \cos x\,dx$;   (8) $\int_0^{\frac{\pi}{2}}(x - x\sin x)dx$;   (9) $\int_0^1 x\arctan x\,dx$.

6.5 定积分在几何方面的应用

前面已经学习了定积分的概念与计算方法, 在此基础上可进一步研究它的应用, 这里主要介绍定积分在几何方面的应用.

6.5.1 定积分的微元法

用定积分表示一个量时, 一般分四步来考虑, 下面来回顾一下解决以区间 $[a, b]$

为底边、以连续曲线 $y=f(x)(f(x)\geqslant 0)$ 为曲边的曲边梯形面积的计算过程.

(1) 分割：将 $[a,b]$ 任意分成 n 个子区间 $[x_{i-1},x_i]$ $(i=1,2,\cdots,n)$，其中 $x_0=a$，$x_n=b$，相应地把曲边梯形分成 n 个小曲边梯形.

(2) 局部近似：在每个子区间 $[x_{i-1},x_i]$ 上任取一点 ξ_i，作相应的小曲边梯形面积 ΔA_i 的近似值：
$$\Delta A_i \approx f(\xi_i)\Delta x_i$$

(3) 求和：曲边梯形的面积 A 的近似值为
$$A=\sum_{i=1}^{n}\Delta A_i \approx \sum_{i=1}^{n}f(\xi_i)\Delta x_i$$

(4) 取极限：令 $\lambda=\max\limits_{1\leqslant i\leqslant n}\{\Delta x_i\}\to 0$ 得
$$A=\lim_{\lambda\to 0}\sum_{i=1}^{n}f(\xi_i)\Delta x_i=\int_a^b f(x)\mathrm{d}x$$

在上述四步中，最重要的是第 (2) 步. 如果从分割后所得的子区间中任取一个代表来讨论，由于分割的任意性，这个代表区间可记为 $[x,x+\mathrm{d}x]$，而点 ξ 可取 x，那么第 (2) 步中近似处理时相应的小曲边梯形面积可表示为 $f(x)\mathrm{d}x$，与第 (4) 步中积分 $\int_a^b f(x)\mathrm{d}x$ 的被积表达式相同. 基于此，可以把上述四步简化为以下两步.

(1) 选取积分变量 $x\in[a,b]$，在 $[a,b]$ 上任取一代表性的子区间 $[x,x+\mathrm{d}x]$，如图 6-5 所示. 将以点 x 处的函数值 $f(x)$ 为高、$\mathrm{d}x$ 为底的小矩形的面积 $f(x)\mathrm{d}x$ 作为 $[x,x+\mathrm{d}x]$ 上小曲边梯形面积 ΔA 的近似值，有
$$\Delta A \approx f(x)\mathrm{d}x \qquad (6-9)$$

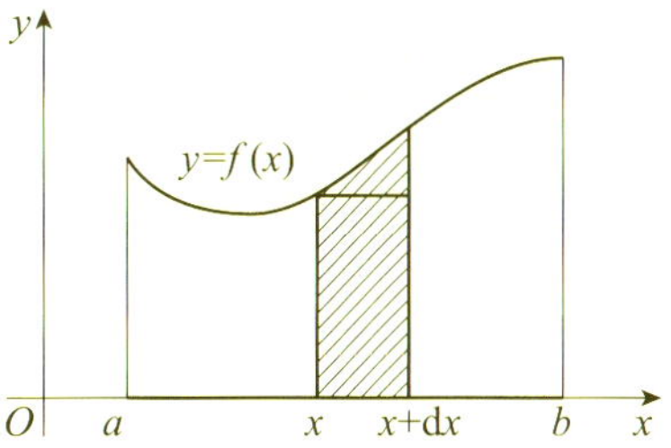

(2) 将式 (6-9) 右端在 $[a,b]$ 上积分，得
$$A=\int_a^b f(x)\mathrm{d}x$$

图 6-5

一般地，如果某一实际问题中的所求量 Q 与一个区间 $[a,b]$ 有关，并且假设：

(1) 量 Q 对于区间 $[a,b]$ 具有可加性，即如果把 $[a,b]$ 分成许多部分区间，则 Q 相应地被分成许多部分量，而 Q 等于所有部分量之和；

(2) 相应于子区间 $[x,x+\mathrm{d}x]$ 的部分量 ΔQ 可近似地表示为 $f(x)\mathrm{d}x$；

(3) $\Delta Q-f(x)\mathrm{d}x$ 是 $\mathrm{d}x$ 的高阶无穷小（这一要求在实际问题中常常能满足，$f(x)$ 连续时肯定能满足）.

那么，就可用定积分来表达量 Q，表达的一般步骤介绍如下.

(1) 选取积分变量 $x \in [a, b]$，在 $[a, b]$ 上任取一子区间 $[x, x+dx]$，求出相应的部分量 ΔQ 的近似值 $f(x)dx$，它是 Q 的微分，即

$$dQ = f(x)dx$$

称它为量 Q 的微元.

(2) 将 dQ 在 $[a, b]$ 上积分，得

$$Q = \int_a^b dQ = \int_a^b f(x)dx$$

这个方法称为定积分的微元法，下面将应用定积分的微元法讨论一些实际问题.

6.5.2 平面图形的面积

下面将计算一些比较复杂的平面图形的面积，这里只讨论直角坐标系的情形.

在区间 $[a, b]$ 上，一条连续曲线 $y = f(x) \geqslant 0$ 与直线 $x = a$，$x = b$ 及 x 轴所围成的曲边梯形的面积 A 就是定积分 $\int_a^b f(x)dx$. 这里，被积表达式 $f(x)dx$ 就是面积微元 dA.

在区间 $[a, b]$ 上，若 $g(x) \leqslant f(x)$，则由连续曲线 $y = f(x)$，$y = g(x)$ 与直线 $x = a$，$x = b$ 所围成的平面图形如图 6-6 所示，其面积 A 为

$$A = \int_a^b f(x)dx - \int_a^b g(x)dx = \int_a^b [f(x) - g(x)]dx$$

同理，在区间 $[c, d]$ 上，若 $\psi(y) \leqslant \varphi(y)$，则由连续曲线 $x = \varphi(y)$，$x = \psi(y)$ 与直线 $y = c$，$y = d$ 所围成的平面图形如图 6-7 所示，其面积为

$$A = \int_c^d [\varphi(y) - \psi(y)]dy$$

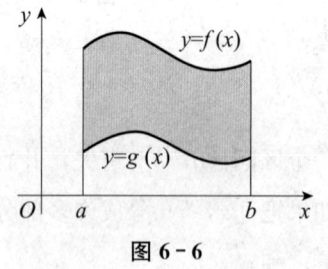

图 6-6

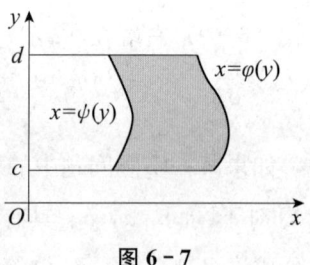

图 6-7

例 1 求由直线 $y = x$ 及抛物线 $y = x^2$ 所围成的平面图形的面积.

分析 先求曲线交点，再求面积微元.

解 画出由直线 $y = x$ 及抛物线 $y = x^2$ 所围成的平面图形，如图 6-8 所示. 求解方程组

得交点 (0, 0) 与 (1, 1). 取 x 为积分变量, 其变化区间为 [0, 1], 则面积微元 $dA = (x - x^2)dx$.

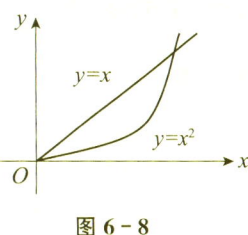

图 6-8

所求平面图形的面积为

$$A = \int_0^1 (x - x^2)dx = \left(\frac{x^2}{2} - \frac{x^3}{3}\right)\bigg|_0^1 = \frac{1}{6}$$

例 2 求抛物线 $y = x^2$ 与直线 $y = x$, $y = 2x$ 所围成的平面图形的面积.

分析 先求曲线交点, 再求面积微元.

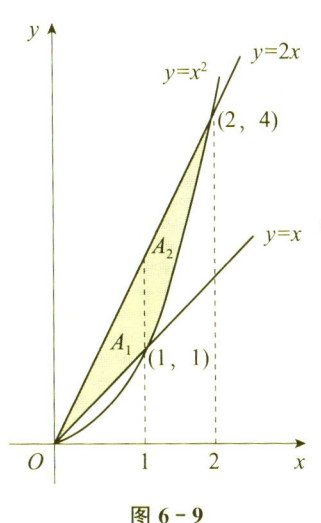

图 6-9

解 作出图形如图 6-9 所示.

解两个方程组

$$\begin{cases} y = x^2 \\ y = x \end{cases} \quad \text{和} \quad \begin{cases} y = x^2 \\ y = 2x \end{cases}$$

得抛物线与直线 $y = x$, $y = 2x$ 的交点分别为 (1, 1) 与 (2, 4).

故所求面积

$$A = A_1 + A_2 = \int_0^1 (2x - x)dx + \int_1^2 (2x - x^2)dx = \frac{7}{6}$$

例 3 求抛物线 $y^2 = 2x$ 与直线 $y = x - 4$ 所围成的平面图形的面积.

分析 先求曲线交点, 再求面积微元.

解 作出图形如图 6-10 所示.

解方程组 $\begin{cases} y^2 = 2x \\ y = x - 4 \end{cases}$, 得抛物线与直线的交点 (2, -2) 和 (8, 4).

取 y 为积分变量, 确定积分区间为 [-2, 4]. 于是面积微元:

$$dA = \left[(y + 4) - \frac{1}{2}y^2\right]dy$$

所求平面图形的面积为

$$A = \int_{-2}^4 \left(y + 4 - \frac{1}{2}y^2\right)dy = \left(\frac{y^2}{2} + 4y - \frac{y^3}{6}\right)\bigg|_{-2}^4 = 18$$

例 4 求椭圆 $\frac{x^2}{a^2} + \frac{y^2}{b^2} = 1$ 的面积.

分析 如图 6-11 所示, 因为椭圆关于两坐标轴都对称, 所以, 椭圆面积为第一象限部分面积的 4 倍.

解 $A = 4\int_0^a y\mathrm{d}x$

为了计算方便,利用椭圆的参数方程 $\begin{cases} x=a\cos t \\ y=b\sin t \end{cases}$. 由定积分的换元积分法,令 $x=a\cos t$,则有 $y=b\sin t$,$\mathrm{d}x=-a\sin t\mathrm{d}t$. 当 $x=0$ 时,$t=\dfrac{\pi}{2}$;$x=a$ 时,$t=0$. 于是有

$$A = 4\int_{\frac{\pi}{2}}^0 b\sin t(-a\sin t)\mathrm{d}t = 4ab\int_0^{\frac{\pi}{2}} \frac{1-\cos 2t}{2}\mathrm{d}t = 2ab \cdot \frac{\pi}{2} = \pi ab$$

特别地,当 $a=b$ 时,得到半径为 a 的圆的面积公式 $A=\pi a^2$.

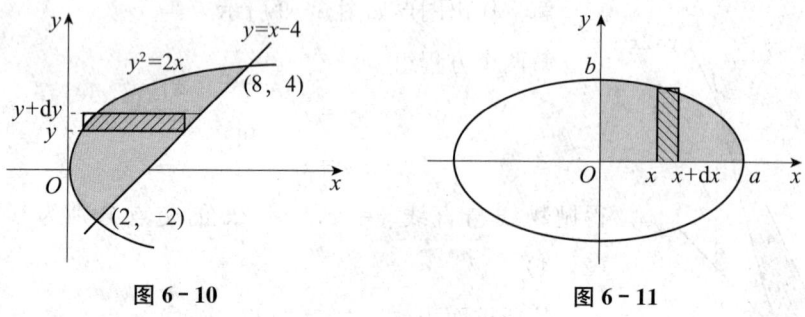

图 6 - 10 图 6 - 11

6.5.3 旋转体的体积

一个平面图形绕该平面内一条定直线旋转一周而形成的立体称为旋转体,该直线称为旋转轴. 例如,圆柱、圆锥、圆台、球体等都是旋转体.

现在计算由连续曲线 $y=f(x)$,直线 $x=a$,直线 $x=b$ 与 x 轴所围成的曲边梯形绕 x 轴旋转一周所形成的旋转体的体积.

取 x 为积分变量,$[a,b]$ 为积分区间. 用垂直于 x 轴的一组平行平面将旋转体分割成许多立体小薄片,其断面都是圆,只是半径不同. 任取 $[a,b]$ 上的一个小区间 $[x, x+\mathrm{d}x]$ 上的一小薄片,它的体积近似于以 $f(x)$ 为底面半径、$\mathrm{d}x$ 为高的扁圆柱体的体积,如图 6 - 12 所示,即体积微元为

$$\mathrm{d}V = \pi[f(x)]^2\mathrm{d}x$$

于是,以 $\pi[f(x)]^2\mathrm{d}x$ 为被积表达式,在区间 $[a,b]$ 上作定积分,便得所求旋转体体积

$$V = \int_a^b \pi[f(x)]^2\mathrm{d}x = \int_a^b \pi y^2\mathrm{d}x \qquad (6-10)$$

这就是以 x 轴为旋转轴的旋转体体积公式.

同理,由连续曲线 $x=\varphi(y)$,直线 $y=c$,直线 $y=d$ 与 y 轴所围成的曲边梯形绕 y

轴旋转一周所形成的旋转体的体积为

$$V = \int_c^d \pi[\varphi(y)]^2 \mathrm{d}y = \int_c^d \pi x^2 \mathrm{d}y \qquad (6-11)$$

例 5 求由椭圆 $\dfrac{x^2}{a^2} + \dfrac{y^2}{b^2} = 1$ 绕 x 轴旋转一周而形成的旋转体（称为旋转椭球体）的体积.

分析 旋转椭球体如图 6-13 所示，可看作是由上半个椭圆 $y = b\sqrt{1 - \dfrac{x^2}{a^2}}$ 及 x 轴所围成的平面图形绕 x 轴旋转 $360°$ 而形成的旋转体. 首先应求出体积微元.

解 取 x 为积分变量，积分区间为 $[-a, a]$，则体积微元为

$$\mathrm{d}V = \pi b^2 \left(1 - \dfrac{x^2}{a^2}\right) \mathrm{d}x$$

于是，旋转椭球体的体积为

$$V = \int_{-a}^a \pi b^2 \left(1 - \dfrac{x^2}{a^2}\right) \mathrm{d}x = \pi b^2 \int_{-a}^a \left(1 - \dfrac{x^2}{a^2}\right) \mathrm{d}x$$

$$= \pi b^2 \left(x - \dfrac{x^3}{3a^2}\right) \bigg|_{-a}^a = \dfrac{4}{3} \pi a b^2$$

特别地，当 $a = b$ 时，得到半径为 a 的球体体积公式 $V = \dfrac{4}{3} \pi a^3$.

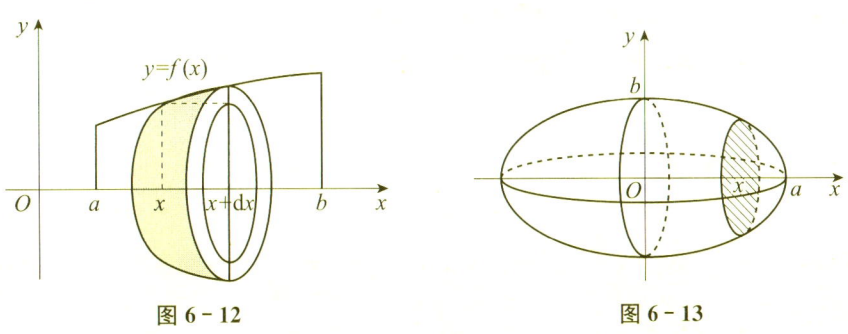

图 6-12 图 6-13

例 6 求由抛物线 $y = x^2$，直线 $x = 2$ 与 x 轴所围成的平面图形分别绕 x 轴和绕 y 轴旋转一周所得旋转体的体积.

分析 （1）求平面图形绕 x 轴旋转一周所得旋转体的体积时（见图 6-14），取 x 为积分变量，积分区间为 $[0, 2]$，首先应写出体积微元.

（2）求平面图形绕 y 轴旋转一周所得旋转体的体积时，取 y 为积分变量，积分区间为 $[0, 4]$. 旋转体体积应为圆柱体的体积减去杯状体的体积（见图 6-15）.

解 （1）平面图形绕 x 轴旋转一周而形成的旋转体如图 6-14 所示，其体积为

$$V_x = \int_0^2 \pi y^2 \mathrm{d}x = \int_0^2 \pi x^4 \mathrm{d}x = \left(\frac{\pi}{5}x^5\right)\Big|_0^2 = \frac{32}{5}\pi$$

（2）平面图形绕 y 轴旋转一周而形成的旋转体如图 6-15 所示，其体积为

$$V_y = \int_0^4 \pi \cdot 2^2 \mathrm{d}y - \int_0^4 \pi(\sqrt{y})^2 \mathrm{d}y = \pi\int_0^4 [2^2 - (\sqrt{y})^2]\mathrm{d}y = \pi\left(4y - \frac{y^2}{2}\right)\Big|_0^4 = 8\pi$$

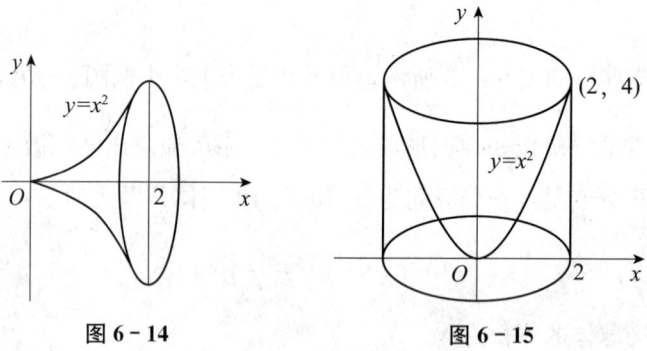

图 6-14　　　　　图 6-15

习题 6.5

1. 求由曲线 $y = x^2$ 与直线 $y = 2x + 3$ 所围成的平面图形的面积.

2. 求由曲线 $y = x^2$ 与直线 $y + x = 1$ 所围成的平面图形的面积.

3. 求由曲线 $y = \mathrm{e}^x$，$y = \mathrm{e}^{-x}$ 与直线 $x = \mathrm{e}^2$ 所围成的平面图形的面积.

4. 求由曲线 $y = \sqrt{x}$ 与直线 $x - y = 0$ 所围成的平面图形的面积.

5. 求由曲线 $y = x^2$ 与直线 $y = 0$，直线 $x = 2$ 所围成的平面图形绕 x 轴旋转一周而形成的旋转体的体积.

6. 求由曲线 $y = \sqrt{x}$ 与直线 $x = 4$，直线 $y = 0$ 所围成的平面图形绕 x 轴旋转一周而形成的旋转体的体积.

7. 求由曲线 $y = \mathrm{e}^x$ 与直线 $x = 0$，直线 $x = 1$，直线 $y = 0$ 所围成的平面图形绕 x 轴旋转一周而形成的旋转体的体积.

8. 求由曲线 $y = x^2$ 与 $x = y^2$ 所围成的平面图形绕 y 轴旋转一周而形成的旋转体的体积.

 **课外阅读**

莱布尼茨

——符号大师

莱布尼茨（1646—1716），德国哲学家、数学家，历史上少见的通才，被誉为"17 世纪的亚里士多德"．莱布尼茨在数学史和哲学史上都占有重要地位．在数学上，他和

牛顿先后独立建立了微积分理论,与牛顿共同成为微积分学的奠基人. 在哲学上,他和笛卡尔、巴鲁赫·斯宾诺莎被认为是 17 世纪三位最伟大的理性主义哲学家.

1646 年 7 月 1 日,莱布尼茨出生于神圣罗马帝国的莱比锡. 莱布尼茨的父亲是莱比锡大学的伦理学教授,在莱布尼茨 6 岁时去世,留下了一个私人的图书馆,这为莱布尼茨早年的学习创造了良好条件. 12 岁时,莱布尼茨自学拉丁文,并着手学习希腊文. 14 岁时,他进入莱比锡大学念书,学习哲学、修辞学、数学及多种语言,后选择法学. 他 20 岁拿到博士学位后,任职服务于美茵茨选帝侯大主教 Johann Philipp von Schönborn 的高等法庭. 1672 年,莱布尼茨来到巴黎,结识了马勒伯朗士和数学家惠更斯等著名学者. 他的研究涉及逻辑学、数学、力学、地质学、法学、历史、语言及神学等多个领域,其目的是寻求一种可以获得知识与创造发明的普遍方法.

在数学上,莱布尼茨以独立创立微积分学而著称,始于 1675 年,发表于 1684 年,即《一种求极大、极小值与切线的新方法》. 文章从几何学的角度论述微分法则,得到微分学的一系列基本结果,是较早的微积分学文献. 1686 年,他又发表第一篇积分学论文,可以求出原函数. 这两篇文献均早于牛顿首次发表的微积分结论(1687 年),但他开始从事研究的时间要晚近 10 年,因此数学史上将他们二人并列作为微积分学的创立者. 莱布尼茨创设的数学符号非常优良(如引入 dx 表示 x 的微分、$\int$ 表示积分等),对微积分学的发展有极大影响,至今仍在使用.

他在数学上的其他贡献有: 1666 年,在《组合的艺术》中表述了某些现代计算机理论的先驱思想; 1673 年,制作了能进行四则运算的计算机; 系统阐述了二进制记数法,并把它与中国的八卦联系起来; 1691 年,提出了常微分方程的变量分离法等.

在哲学上,莱布尼茨的乐观主义最为著名. 他认为,"我们的宇宙,在某种意义上是上帝所创造的最好的一个". 他倡导客观唯心主义的单子论,在逻辑学上提出了数理逻辑的许多基本概念和命题.

莱布尼茨也是最早接触中国文化的欧洲人之一,他从一些曾经前往中国传教的教士那里接触到中国文化,从马可·波罗引起的东方热留下的影响中也了解过中国文化. 法国汉学大师若阿基姆·布韦向莱布尼茨介绍了《周易》和八卦的系统. 在莱布尼茨眼中,"阴"与"阳"基本上就是他的二进制的中国版. 他曾断言: "二进制乃是具有世界普遍性的、最完美的逻辑语言."

复习题

一、填空题

1. 定积分 $\int_0^{\frac{\pi}{2}} \cos^3 x \, dx =$ _____.

2. 设 $y = \int_0^x t e^t \, dt$，则 $dy =$ _____.

3. $\int_{-\pi}^{\pi} \frac{\sin x}{3 + 5x^2} \, dx =$ _____.

4. 设 $f(x)$ 具有连续导数，且 $f(0) = 0$，$f'(0) = 2$，则 $\lim\limits_{x \to 0} \dfrac{\int_0^x f(t) \, dt}{x^2} =$ _____.

5. 设 $f(x) = \int_0^x \dfrac{\sin t}{t} \, dt$，求 $f'(0) =$ _____.

二、选择题

1. $\int_{-1}^1 \dfrac{x + |x|}{2 + x^2} \, dx = $ (   ).

   A. $\ln 2 - \ln 3$ B. $\ln 3 - \ln 2$ C. $\ln 2$ D. $\ln 3$

2. 设函数 $f(x)$ 在闭区间 $[0, 1]$ 上连续，则下列积分与 $\int_0^1 f(\sqrt{1 - x^2}) \, dx$ 相等的是(   ).

   A. $\int_0^{\frac{\pi}{2}} f(\cos x) \cos x \, dx$ B. $\int_0^{\frac{\pi}{2}} f(\cos x) \sin x \, dx$

   C. $\int_0^{\frac{\pi}{2}} f(x) \, dx$ D. $\int_0^1 f(x) \, dx$

3. $d \int_0^x \arctan t^2 \, dt = $ (   ).

   A. $\arctan x^2$ B. $\arctan x^2 \, dx$

   C. $2x \arctan x^2$ D. $2x \arctan x^2 \, dx$

4. $\int_{-1}^1 x^3 \arctan x^2 \, dx = $ (   ).

   A. 0   B. 1   C. 2   D. 3

5. $\dfrac{d\left[\int_0^1 \ln(1 + x) \, dx\right]}{dx} = $ (   ).

   A. $\ln 2$ B. 0

   C. $\ln(1 + x)$ D. $\dfrac{1}{1 + x}$

三、计算下列定积分

1. $\int_0^{\frac{\pi}{2}} \cos^3 x \sin x \, dx$；

2. $\int_0^1 (2e^x + 1) \, dx$；

3. $\int_0^{\frac{\pi}{2}} \cos 3x \cos 2x \, dx$;

4. $\int_0^1 \frac{x^2}{1+x^2} \, dx$;

5. $\int_1^e \frac{dx}{x(1+2\ln x)}$;

6. $\int_1^e \frac{\ln x}{x} \, dx$.

四、设 $f(x) = \begin{cases} x^2, & x \in [0,1) \\ x, & x \in [1,2] \end{cases}$,求 $F(x) = \int_0^x f(t) \, dt$ 在 $[0,2]$ 上的表达式.

真题荟萃

一、选择题

1. (2010 年) 设 $\varphi(x) = \int_0^{x^2} e^{-t} \, dt$,则 $\varphi'(x) = (\quad)$.

(A) e^{-x^2} (B) $-e^{-x^2}$ (C) $2xe^{-x^2}$ (D) $-2xe^{-x^2}$

2. (2010 年) 定积分 $\int_{-2}^2 x \cos x \, dx = (\quad)$.

(A) -1 (B) 0 (C) 1 (D) $\frac{1}{2}$

3. (2011 年) 定积分 $\int_0^2 \sqrt{4-x^2} \, dx$ 的值是 $(\quad)$.

(A) 2π (B) π (C) $\frac{\pi}{2}$ (D) 4π

4. (2016 年) 设 $f(x)$ 是连续函数,则 $\frac{d}{dx} \int_{2x}^{-1} f(t) \, dt = (\quad)$.

(A) $f(2x)$ (B) $2f(2x)$ (C) $-f(2x)$ (D) $-2f(2x)$

5. (2017 年) 若连续函数 $f(x)$ 满足 $\int_0^{x^3-1} f(t) \, dt = x$,则 $f(7) = (\quad)$.

(A) 1 (B) 2 (C) $\frac{1}{12}$ (D) $\frac{1}{2}$

二、填空题

1. (2007 年) 积分 $\int_1^e \frac{dx}{x\sqrt{1+\ln x}}$ 的值等于 _____.

2. (2005 年) $\int_{-1}^1 x^2 (\sin^3 x + e^{x^3}) \, dx = $ _____.

3. (2009 年) 设 $\int_1^x f(t) \, dt = x^2 + \ln x - 1$,则 $f(x) = $ _____.

4. (2009 年) 由曲线 $y = e^x$,$y = e$ 及 y 轴围成的图形的面积是 _____.

5. (2019 年) 设函数 $f(x) = \begin{cases} \frac{1}{x} \int_x^0 \frac{\sin 2t}{t} \, dt, & x \neq 0 \\ a, & x = 0 \end{cases}$ 在 $x=0$ 处连续,则 $a = $ _____.

三、计算题

1. （2006 年）设 $f(x)=\begin{cases}\dfrac{1}{2}\sin x, & 0\leqslant x\leqslant\pi \\ 0, & \text{其他}\end{cases}$，求 $F(x)=\int_0^x f(t)\,dt$ 在 $(-\infty,+\infty)$ 内的表达式.

2. （2005 年）求定积分 $\int_{-\frac{\pi}{2}}^{\frac{\pi}{2}}\dfrac{|\sin\theta|}{4-\cos^2\theta}d\theta$.

3. （2006 年）求定积分 $\int_0^1 e^{x+e^x}\,dx$.

4. （2009 年）求定积分 $\int_0^1 \dfrac{dx}{e^x+e^{-x}}$.

5. （2010 年）求定积分 $\int_1^e x\ln x\,dx$.

四、证明及应用题

1. （2013 年）证明 $f(x)=xe^{x^2}\int_0^{2x}e^{t^2}dt$ 在 $(-\infty,+\infty)$ 上为偶函数.

2. （2016 年）求 $y=\sin x$，$y=\cos x$，$x=0$，$x=\dfrac{\pi}{2}$ 所围成的平面图形的面积.

3. （2018 年）求 $y=x^2$ 上 $(2,4)$ 处切线与 $y=-x^2+4x+1$ 所围成的图形的面积.

第7章 常微分方程

寻求函数关系对解决工程问题具有重要作用，但是，有时不能直接找出所需要的函数关系，却可以先根据问题具体情况，找出自变量、未知函数及未知函数的导数（或微分）之间的关系式，这样的关系式就是所谓的微分方程. 由已知微分方程找出未知函数的工作，就是解微分方程. 本章主要介绍常见类型微分方程的解法，并举例说明它们在实际问题中的应用.

7.1 微分方程的基本概念

本节通过对几个实际例子的分析，引入微分方程的基本概念，并给出简单微分方程的建立方法.

7.1.1 微分方程的基本概念

下面通过一个几何例子来说明微分方程的基本概念.

引例 一曲线通过点 $(0, 0)$，且该曲线上任一点 $P(x, y)$ 处的切线的斜率为 $3x^2$，求这条曲线的方程.

解 设所求曲线的方程为 $y=f(x)$. 依题意，根据导数的几何意义可知未知函数 $y=f(x)$ 应满足关系式

$$\frac{\mathrm{d}y}{\mathrm{d}x}=3x^2$$

和已知条件：当 $x=0$ 时，$y=0$.

从上面例子可以看出，以上问题的解决，可归结为含有未知函数导数的方程的求解.

定义 7.1 含有未知函数的导数（或微分）的方程称为微分方程. 未知函数为一元函数的微分方程称为常微分方程. 微分方程中出现的未知函数的导数或微分的最高阶数，称为该微分方程的阶.

未知函数为多元函数的微分方程称为偏微分方程. 本章只讨论常微分方程, 简称微分方程. 例如方程① $y'+xy=e^x$; ② $\dfrac{dy}{dx}=2x$; ③ $\dfrac{d^2y}{dx^2}+2\dfrac{dy}{dx}+y=f(x)$; ④ $\dfrac{d^2s}{dt^2}=-4$; ⑤ $\dfrac{d^ny}{dx^n}+1=0$ 都是微分方程. 其中①和②为一阶微分方程, ③和④为二阶微分方程, ⑤为 n 阶微分方程.

> **注意**: 在微分方程中, 自变量和未知函数可以不出现, 但未知函数的导数或微分必须出现.

定义 7.2 如果将已知函数 $y=\varphi(x)$ 代入微分方程后, 能使方程成为恒等式, 那么称此函数为微分方程的解.

定义 7.3 如果微分方程的解中含有任意常数, 且相互独立的任意常数的个数与微分方程的阶数相同, 这样的解就叫作微分方程的通解; 而不含任意常数的解, 叫作微分方程的特解.

例 1 验证: 函数 $x=C_1\cos at+C_2\sin at$ 是微分方程

$$\frac{d^2x}{dt^2}+a^2x=0 \qquad (7-1)$$

的通解.

证明 求出函数 $x=C_1\cos at+C_2\sin at$ 的导数:

$$\frac{dx}{dt}=-C_1 a\sin at+C_2 a\cos at$$

$$\frac{d^2x}{dt^2}=-C_1 a^2\cos at-C_2 a^2\sin at \qquad (7-2)$$

将式 (7-2) 代入方程 (7-1) 的左边, 左边等于右边. 因此, 函数 $x=C_1\cos at+C_2\sin at$ 是方程 (7-1) 的解, 又因为此函数中含有两个独立的任意常数, 而方程 (7-1) 为二阶微分方程, 因此, 函数 $x=C_1\cos at+C_2\sin at$ 是方程 (7-1) 的通解.

定义 7.4 确定任意常数的条件, 称为初始条件. 初始条件的个数通常等于微分方程的阶数. 求微分方程满足某初始条件的特解的问题, 称为初值问题.

例如: 一阶方程, 初始条件 $y|_{x=x_0}=y_0$; 二阶方程, 初始条件 $\begin{cases} y|_{x=x_0}=y_0 \\ y'|_{x=x_0}=y'_0 \end{cases}$. 其中 x_0, y_0, y'_0 都是给定的值.

7.1.2 简单微分方程的建立

> **注意**：利用微分方程寻求实际问题中未知函数的一般步骤是：
> (1) 分析问题，设所求未知函数，建立微分方程，并确定初始条件；
> (2) 求出微分方程的通解；
> (3) 由初始条件确定通解中任意常数，求出微分方程相应的特解.

下面通过两个简单的实例说明建立微分方程的过程.

例 2 一曲线通过点 (1,2)，且该曲线上任一点 $M(x,y)$ 处的切线的斜率为 $2x$，求该曲线的方程.

分析 利用导数的几何意义列方程.

解 设所求曲线的方程为 $y=f(x)$. 根据导数的几何意义有

$$\frac{dy}{dx}=2x \tag{7-3}$$

此外，未知函数 $y=f(x)$ 还应满足下列条件：当 $x=1$ 时，$y=2$.

简记为
$$y|_{x=1}=2$$

把式(7-3)两端积分，得
$$y=\int 2x\,dx$$

即通解为
$$y=x^2+C$$

其中 C 是任意常数.

把条件 $y|_{x=1}=2$ 代入通解，得 $C=1$. 故所求曲线方程为 $y=x^2+1$.

例 3 列车在平直线路上以 20 m/s（相当于 72 km/h）的速度行驶，制动时列车获得加速度 -0.4 m/s²，问开始制动后经多长时间列车才能停住，以及列车在这段时间里行驶了多少路程？

分析 利用二阶导数的物理意义列方程.

解 设列车在开始制动后 $t(\text{s})$ 时间内行驶了 $s(\text{m})$.

假设列车运动规律为 $s=s(t)$，根据题意有

$$\frac{d^2s}{dt^2}=-0.4 \tag{7-4}$$

此外，未知函数 $s=s(t)$ 还应满足下列条件：$s|_{t=0}=0$，$v|_{t=0}=20$.

把式 (7-4) 两端积分一次，得

$$v=\frac{ds}{dt}=-0.4t+C_1 \tag{7-5}$$

再积分一次，得
$$s = -0.2t^2 + C_1 t + C_2 \tag{7-6}$$

这里 C_1，C_2 都是任意常数.

把条件 $v|_{t=0} = 20$ 代入式（7-5）得 $\quad C_1 = 20$

把条件 $s|_{t=0} = 0$ 代入式（7-6）得 $\quad C_2 = 0$

把 C_1，C_2 的值代入式（7-5）及式（7-6）得
$$v = -0.4t + 20 \tag{7-7}$$
$$s = -0.2t^2 + 20t \tag{7-8}$$

在式（7-7）中令 $v=0$，得到列车从开始制动到完全停住所需的时间
$$t = \frac{20}{0.4} = 50 \text{ (s)}$$

再把 $t=50$ 代入式（7-8），得到列车在制动阶段行驶的路程
$$s = -0.2 \times 50^2 + 20 \times 50 = 500 \text{ (m)}$$

习题 7.1

1. 指出下列方程中的微分方程，并说明阶数.

   (1) $s'' + 3s' - 2t = 0$;

   (2) $(y')^2 + 3y = 0$;

   (3) $(\sin x)'' + 2(\sin x)' + 1 = 0$;

   (4) $x\mathrm{d}y - y\mathrm{d}x = 0$;

   (5) $\dfrac{\mathrm{d}^2 x}{\mathrm{d}t^2} = \cos t$;

   (6) $\dfrac{\mathrm{d}^3 y}{\mathrm{d}x^3} - 2x\left(\dfrac{\mathrm{d}^2 y}{\mathrm{d}x^2}\right)^3 + x^2 = 0$.

2. 指出下列各题中的函数是否是所给微分方程的解（其中 C_1，C_2 为任意常数）.

   (1) $x\dfrac{\mathrm{d}y}{\mathrm{d}x} = 2y$，$y = 4x^2$;

   (2) $\sin\varphi \cos\varphi \dfrac{\mathrm{d}y}{\mathrm{d}\varphi} + y = 0$，$y = \cot\varphi$;

   (3) $y'' + 4y = 0$，$y = C_1 \sin(2x + C_2)$;

   (4) $y'' - 2y' + y = 0$，$y = x^2 \mathrm{e}^x$.

3. 写出由下列条件确定的曲线 $y = f(x)$ 所满足的微分方程.

   (1) 曲线上点 $P(x, y)$ 处的切线与线段 OP 垂直；

   (2) 曲线上任一点 $P(x, y)$ 处的斜率都是 $\dfrac{1}{a}$.

4. 已知函数 $y = C_1 \cos x + C_2 \sin x$ 是微分方程 $y'' + y = 0$ 的通解，求满足初始条件 $y|_{x=0} = 2$ 及 $y'|_{x=0} = -1$ 的特解.

7.2 可分离变量的微分方程

7.2.1 最简单的一阶微分方程的解法

形如

$$\frac{dy}{dx} = f(x) \tag{7-9}$$

的方程是最简单的一阶微分方程,它的右端是以 x 为自变量的已知函数,其解法很简单. 将式 (7-9) 改写成微分式

$$dy = f(x)dx$$

两端积分得 $y = \int f(x)dx$(相当于求 $f(x)$ 的不定积分),故其通解为 $y = F(x) + C$(其中 $F(x)$ 是 $f(x)$ 的一个原函数, C 为任意常数).

7.2.2 可分离变量的微分方程的解法

如果一个一阶微分方程能化成

$$g(y)dy = f(x)dx \tag{7-10}$$

的形式,那么原方程就称为可分离变量的微分方程.

把一个可分离变量的微分方程化为形如式 (7-10)的方程,这一步骤称为分离变量.

求解可分离变量的微分方程的步骤是:第一步,分离变量,把所给方程化为形如式 (7-10)的方程;第二步,两边分别积分: $\int g(y)dy = \int f(x)dx$,便可得微分方程 (7-10) 的通解,这种求解方法叫作分离变量法.

> **注意**:最简单的一阶微分方程可以看作是可分离变量的微分方程的特例.

现将可分离变量的微分方程的解法总结如下:

第一步 分离变量,将方程写成 $g(y)dy = f(x)dx$ 的形式;

第二步 两端积分: $\int g(y)dy = \int f(x)dx$,求积分后得 $G(y) = F(x) + C$;

第三步 求出由 $G(y) = F(x) + C$ 所确定的隐函数 $y = \varphi(x)$ 或 $x = \psi(y)$.

> **注意**: $G(y) = F(x) + C$, $y = \varphi(x)$ 或 $x = \psi(y)$ 都是方程的通解,其中 $G(y) = F(x) + C$ 称为隐式(通)解.

例1 求微分方程 $\dfrac{\mathrm{d}y}{\mathrm{d}x}=2xy$ 的通解.

分析 这是可分离变量的微分方程,按照这类方程的计算步骤解即可.

解 分离变量,得
$$\dfrac{1}{y}\mathrm{d}y=2x\mathrm{d}x$$

两端积分
$$\int\dfrac{1}{y}\mathrm{d}y=\int 2x\mathrm{d}x$$

得
$$\ln|y|=x^2+C_1$$

即
$$|y|=\mathrm{e}^{x^2+C_1}=\mathrm{e}^{C_1}\mathrm{e}^{x^2}$$

所以
$$y=\pm\mathrm{e}^{C_1}\mathrm{e}^{x^2}$$

由于 $\pm\mathrm{e}^{C_1}$ 仍为任意常数,把它记为 C,便得方程的通解为 $y=C\mathrm{e}^{x^2}$.

若在解题过程中将 $\ln|y|$ 写成 $\ln y$,把 C_1 写成 $\ln C$,可直接由 $\ln y=x^2+\ln C$ 得 $y=C\mathrm{e}^{x^2}$. 因此若今后遇到类似情形,可以不写绝对值符号以简化计算过程.

请思考,在本题中,任意常数 C 可以为零吗?

例2 求微分方程 $y'\cos x=y$ 满足初始条件 $y|_{x=0}=\dfrac{1}{2}$ 的特解.

分析 这是可分离变量的微分方程,按照这类方程的计算步骤解即可.

解 分离变量,得
$$\dfrac{1}{y}\mathrm{d}y=\dfrac{\mathrm{d}x}{\cos x}$$

两端积分
$$\int\dfrac{1}{y}\mathrm{d}y=\int\dfrac{\mathrm{d}x}{\cos x}$$

得
$$\ln y=\ln(\sec x+\tan x)+\ln C$$

于是通解为
$$y=C(\sec x+\tan x)$$

由 $y|_{x=0}=\dfrac{1}{2}$ 可求出 $C=\dfrac{1}{2}$.

最后得所求的特解为 $y=\dfrac{1}{2}(\sec x+\tan x)$.

例3 求微分方程 $\dfrac{\mathrm{d}y}{\mathrm{d}x}=1+x+y^2+xy^2$ 的通解.

分析 先分解因式,再分离变量,最后按照可分离变量的微分方程的计算步骤解即可.

解 方程可化为
$$\frac{dy}{dx} = (1+x)(1+y^2)$$

分离变量得
$$\frac{1}{1+y^2}dy = (1+x)dx$$

两端积分
$$\int \frac{1}{1+y^2}dy = \int (1+x)dx$$

即
$$\arctan y = \frac{1}{2}x^2 + x + C$$

于是原方程的通解为
$$y = \tan\left(\frac{1}{2}x^2 + x + C\right)$$

> **注意**:可分离变量的微分方程的求解关键是分离变量.

习题 7.2

1. 求下列微分方程的通解.

   (1) $\dfrac{dy}{dx} = e^{x-y}$;

   (2) $y' = \dfrac{3+y}{3-x}$;

   (3) $xy\,dx + (x^2+1)dy = 0$;

   (4) $\dfrac{dy}{dx} = \dfrac{y}{\sqrt{1-x^2}}$;

   (5) $xy' - y\ln y = 0$.

2. 求下列微分方程满足所给初始条件的特解.

   (1) $x\,dy + 2y\,dx = 0$, $y\big|_{x=1} = 4$;

   (2) $\sin x\,dy - y\ln y\,dx = 0$, $y\big|_{x=\frac{\pi}{2}} = e$;

   (3) $2x\sin y\,dx + (x^2+1)\cos y\,dy = 0$, $y\big|_{x=1} = \dfrac{\pi}{6}$.

3. 已知曲线过点 $\left(1, \dfrac{1}{3}\right)$,且曲线上任一点的切线斜率等于自原点到切点的连线的斜率的两倍,求此曲线的方程.

7.3 一阶微分方程

本节学习一阶微分方程的概念及其解法,从而解决齐次微分方程、一阶线性齐次微分方程和一阶线性非齐次微分方程的求解问题.

7.3.1 齐次微分方程的定义

形如

$$\frac{dy}{dx}=f\left(\frac{y}{x}\right) \qquad (7-11)$$

的微分方程叫作齐次微分方程,它的解法是变量替换法.

令 $u=\frac{y}{x}$,则 $y=xu$,$y'=u+xu'$. 代入式 (7-11),得到关于未知函数 u,自变量 x 的微分方程

$$u+xu'=f(u),\text{即}\quad x\frac{du}{dx}+u=f(u)$$

它是可分离变量的微分方程. 分离变量,得

$$\frac{du}{f(u)-u}=\frac{dx}{x}$$

两端积分即可得解,再用 $\frac{y}{x}$ 代替 u,便得式 (7-11) 的通解.

例 1 求微分方程 $xy'-y-\sqrt{x^2-y^2}=0$ 满足初始条件 $y|_{x=1}=1$ 的特解.

分析 首先把方程化成齐次微分方程的形式.

解 原方程可化为

$$y'=\frac{y}{x}+\sqrt{1-\left(\frac{y}{x}\right)^2}$$

这是齐次微分方程.

令 $u=\frac{y}{x}$,则 $y=xu$,$y'=u+x\frac{du}{dx}$,将其代入原方程得

$$u+x\frac{du}{dx}=u+\sqrt{1-u^2}$$

即

$$x\frac{du}{dx}=\sqrt{1-u^2}$$

分离变量,得

$$\frac{du}{\sqrt{1-u^2}}=\frac{dx}{x}$$

两端积分,得

$$\arcsin u=\ln x+C$$

将 u 换成 $\frac{y}{x}$,得原方程的通解:

$$\arcsin \frac{y}{x}=\ln x+C$$

根据初始条件 $y|_{x=1}=1$ 得 $C=\frac{\pi}{2}$.

因此，所求特解为 $\arcsin\dfrac{y}{x}=\ln x+\dfrac{\pi}{2}$.

> 注意：该题中的通解是隐式通解.

7.3.2 一阶线性微分方程的定义

定义 7.5 形如

$$\frac{\mathrm{d}y}{\mathrm{d}x}+P(x)y=Q(x) \tag{7-12}$$

的方程称为一阶线性微分方程，其中 $P(x)$，$Q(x)$ 都是连续函数. 它的特点是方程中的未知函数 y 及其导数为一次的.

如果 $Q(x)\equiv 0$，则方程（7-12）为

$$\frac{\mathrm{d}y}{\mathrm{d}x}+P(x)y=0 \tag{7-13}$$

该方程称为一阶线性齐次微分方程.

如果 $Q(x)\neq 0$，则方程（7-12）称为一阶线性非齐次微分方程.

7.3.3 一阶线性微分方程的解法

1. 一阶线性齐次微分方程

显然一阶线性齐次微分方程（7-13）是可分离变量的微分方程，分离变量后得

$$\frac{\mathrm{d}y}{y}=-P(x)\mathrm{d}x$$

两端积分，得 $\ln y=-\displaystyle\int P(x)\mathrm{d}x+\ln C$，即

$$y=C\mathrm{e}^{-\int P(x)\mathrm{d}x} \tag{7-14}$$

这就是一阶线性齐次微分方程（7-13）的通解（其中的不定积分只是表示对应的被积函数的一个原函数）.

比如一阶线性齐次微分方程 $y'-\dfrac{1}{x}y=0$ 的通解为

$$y=C\mathrm{e}^{\int \frac{1}{x}\mathrm{d}x}=C\mathrm{e}^{\ln x}=Cx$$

2. 一阶线性非齐次微分方程

当 $Q(x)\neq 0$ 时，把一阶线性非齐次微分方程（7-12）改写为

$$\frac{\mathrm{d}y}{y}=\frac{Q(x)}{y}\mathrm{d}x-P(x)\mathrm{d}x \tag{7-15}$$

由于 y 是 x 的函数，可令 $\dfrac{Q(x)}{y}=g(x)$，且设 $\Phi(x)$ 是 $g(x)$ 的一个原函数．对式（7-15）两端积分，得

$$\ln y = \Phi(x)+C_1-\int P(x)\mathrm{d}x$$

即

$$y = \mathrm{e}^{\Phi(x)+C_1}\cdot \mathrm{e}^{-\int P(x)\mathrm{d}x}$$

若设 $\mathrm{e}^{\Phi(x)+C_1}=C(x)$，则

$$y = C(x)\mathrm{e}^{-\int P(x)\mathrm{d}x} \qquad (7-16)$$

即一阶线性非齐次微分方程（7-12）的通解是将相应的齐次方程的通解中任意常数 C 用待定函数 $C(x)$ 来代替，因此，只要求出函数 $C(x)$，就可得到方程（7-12）的通解．

为了确定 $C(x)$，把式（7-16）及其导数 $y' = C'(x)\mathrm{e}^{-\int P(x)\mathrm{d}x}-P(x)y$ 代入方程 (7-12)并化简，得

$$C'(x)\mathrm{e}^{-\int P(x)\mathrm{d}x}=Q(x)$$

即

$$C'(x)=Q(x)\cdot \mathrm{e}^{\int P(x)\mathrm{d}x}$$

两端积分，得

$$C(x)=\int Q(x)\mathrm{e}^{\int P(x)\mathrm{d}x}\mathrm{d}x+C$$

代回式(7-16)，便得方程(7-12)的通解

$$y = \mathrm{e}^{-\int P(x)\mathrm{d}x}\left[\int Q(x)\mathrm{e}^{\int P(x)\mathrm{d}x}\mathrm{d}x+C\right] \qquad (7-17)$$

其中各个不定积分都只是表示对应的被积函数的一个原函数．

像上述这种把一阶线性齐次微分方程通解中的任意常数 C 换成待定函数 $C(x)$，然后求出一阶线性非齐次微分方程通解的方法叫作常数变易法．

将式（7-17）改写成两项之和的形式

$$y = C\mathrm{e}^{-\int P(x)\mathrm{d}x}+\mathrm{e}^{-\int P(x)\mathrm{d}x}\int Q(x)\mathrm{e}^{\int P(x)\mathrm{d}x}\mathrm{d}x \qquad (7-18)$$

式（7-18）右端第一项是一阶线性非齐次微分方程（7-12）对应的一阶线性齐次微分方程（7-13）的通解．令 $C=0$，则式（7-18）右端是一阶线性非齐次微分方程（7-12）的一个特解．由此可知，一阶线性非齐次微分方程的通解等于它对应的齐次微分方程的通解与一阶线性非齐次微分方程的一个特解之和．

例 2 解微分方程 $y' - y\cos x = 2xe^{\sin x}$.

分析 这是一阶线性非齐次微分方程,用常数变易法求解.

解 所给方程的对应齐次微分方程为 $y' - y\cos x = 0$

分离变量,得
$$\frac{dy}{y} = \cos x dx$$

两端积分,得
$$\ln y = \sin x + \ln C$$

故所给方程的对应齐次微分方程的通解为 $y = Ce^{\sin x}$

设 $y = C(x)e^{\sin x}$ 为原方程的解,则
$$y' = C'(x)e^{\sin x} + C(x) \cdot \cos x \cdot e^{\sin x}$$

将 y, y' 代入原方程,整理得 $C'(x)e^{\sin x} = 2xe^{\sin x}$,即 $C'(x) = 2x$.

积分得
$$C(x) = x^2 + C$$

所以原方程的通解为 $y = (x^2 + C)e^{\sin x}$.

本例也可以直接代入公式 (7-17) 求通解. 注意到 $P(x) = -\cos x$,$Q(x) = 2xe^{\sin x}$,将其代入通解公式 (7-17) 得

$$y = e^{\int \cos x dx}\left(\int 2xe^{\sin x} \cdot e^{-\int \cos x dx} dx + C\right)$$
$$= e^{\sin x}\left(\int 2xe^{\sin x} \cdot e^{-\sin x} dx + C\right)$$
$$= e^{\sin x}(x^2 + C)$$

所以原方程的通解为 $y = (x^2 + C)e^{\sin x}$.

例 3 求微分方程 $y' + 3y = e^{-2x}$ 满足初始条件 $y|_{x=0} = 0$ 的特解.

分析 这是一阶线性非齐次微分方程,用常数变易法求解.

解 与原方程相对应的齐次微分方程为
$$y' + 3y = 0$$

利用分离变量法可得其通解为
$$y = Ce^{-3x}$$

令 $y = C(x)e^{-3x}$ 为原方程的解,则
$$y' = C'(x)e^{-3x} - 3C(x)e^{-3x}$$

将 y, y' 代入原方程,得
$$C'(x) = e^x$$

所以
$$C(x) = e^x + C$$

于是,原方程的通解为 $y = (e^x + C)e^{-3x}$.

将初始条件 $x = 0$ 时 $y = 0$ 代入通解,得 $C = -1$.

所以，所求的特解为 $y=e^{-2x}-e^{-3x}$.

求解一阶线性微分方程时，首先要把它化为标准形式，然后再根据它的类型采用适当的解法．现将讨论过的一阶线性微分方程的类型及其解法列在表 7-1 中．

表 7-1 一阶线性微分方程的类型及其解法

方程类型	标准形式	解法
最简单的微分方程	$y'=f(x)$	直接积分
可分离变量的微分方程	$f(x)dx=g(y)dy$	分离变量法
一阶线性齐次微分方程	$y'=f\left(\dfrac{y}{x}\right)$	变量替换法，令 $u=\dfrac{y}{x}$ 将原方程化为可分离变量的方程
一阶线性非齐次微分方程	$\dfrac{dy}{dx}+P(x)y=Q(x)$	常数变易法，公式法

习题 7.3

1. 求下列齐次微分方程的通解．

   (1) $y'=\dfrac{y}{x}+e^{\frac{2y}{x}}$；

   (2) $\dfrac{dy}{dx}=\dfrac{y}{x}+\tan\dfrac{y}{x}$．

2. 求下列微分方程的通解．

   (1) $y'+y=xe^x$；
   (2) $xdy+(2x^2y-e^{-x^2})dx=0$；

   (3) $y'=\dfrac{y+x\ln x}{x}$；
   (4) $\dfrac{dy}{dx}=\dfrac{1}{x+y}$．

3. 解下列线性微分方程．

   (1) $y'+2y=2x$；

   (2) $y'-y\cot x=2x\sin x$；

   (3) $y'+\dfrac{e^x}{1+e^x}y=1$；

   (4) $y'+2xy=2xe^{-x^2}$；

   (5) $xy'+y=\sin x$，$y|_{x=\pi}=1$；

   (6) $\theta\ln\theta d\rho+(\rho-\ln\theta)d\theta=0$，$\rho|_{\theta=e}=\dfrac{1}{2}$.

7.4 二阶线性微分方程

形如

$$y'' + p(x)y' + q(x)y = f(x) \tag{7-19}$$

的二阶微分方程,称为二阶线性微分方程. 其中,$p(x)$,$q(x)$,$f(x)$ 都是以 x 为自变量的已知函数.

当 $f(x) \equiv 0$ 时,方程

$$y'' + p(x)y' + q(x)y = 0 \tag{7-20}$$

称为二阶线性齐次微分方程.

当 $f(x) \not\equiv 0$ 时,方程

$$y'' + p(x)y' + q(x)y = f(x) \tag{7-21}$$

称为二阶线性非齐次微分方程.

7.4.1 通解形式

定理 7.1(二阶线性齐次微分方程解的迭加原理) 设 $y_1(x)$,$y_2(x)$ 是方程 (7-20) 的两个特解,则对任意常数 C_1,C_2(可以是复数),$y = C_1 y_1(x) + C_2 y_2(x)$ 仍是方程 (7-20) 的解,且当 $\dfrac{y_1(x)}{y_2(x)} \neq$ 常数时,$y = C_1 y_1(x) + C_2 y_2(x)$ 就是方程 (7-20) 的通解.

证明 因为 $y_1(x)$,$y_2(x)$ 都是方程 (7-20) 的解,所以

$$y_1'' + p(x)y_1' + q(x)y_1 = 0$$
$$y_2'' + p(x)y_2' + q(x)y_2 = 0$$

将 $y = C_1 y_1(x) + C_2 y_2(x)$ 代入式 (7-20) 的左端,有

$$(C_1 y_1'' + C_2 y_2'') + p(x)(C_1 y_1' + C_2 y_2') + q(x)(C_1 y_1 + C_2 y_2)$$
$$= C_1 [y_1'' + p(x)y_1' + q(x)y_1] + C_2 [y_2'' + p(x)y_2' + q(x)y_2] = 0$$

故 $y = C_1 y_1(x) + C_2 y_2(x)$ 就是方程 (7-20) 的解.

由于 $\dfrac{y_1(x)}{y_2(x)} \neq$ 常数(y_1,y_2 线性无关),所以任意常数 C_1,C_2 是两个独立的任意常数,即解 $y = C_1 y_1 + C_2 y_2$ 中所含独立的任意常数的个数与方程 (7-20) 的阶数相同,所以它是方程 (7-20) 的通解.

证毕.

由定理 7.1 知，若 y_1，y_2 是方程（7-20）的解，则 y_1+y_2（$C_1=1$，$C_2=1$），y_1-y_2（$C_1=1$，$C_2=-1$），Cy_1（$C_1=C$，$C_2=0$）都是方程（7-20）的解.

> 注意：定理 7.1 中的条件 $\dfrac{y_1(x)}{y_2(x)}\neq$ 常数是非常重要的. 若 $\dfrac{y_1(x)}{y_2(x)}=k$，那么 $y=C_1y_1(x)+C_2y_2(x)=(C_1+C_2k)y_1(x)$，若记 $C_1+C_2k=C$，就有 $y=Cy_1(x)$，显然它不是方程（7-20）的通解.

定理 7.2（二阶线性非齐次微分方程解的结构） 如果 y^* 是二阶线性非齐次微分方程（7-21）的一个特解，$\bar{y}$ 是其相应的齐次微分方程（7-20）的通解，则方程（7-21）的通解为 $y=y^*+\bar{y}$.

只要把 $y=y^*+\bar{y}$ 代入方程（7-21）中，并注意到 $\bar{y}$ 中含两个任意常数，就可以证明这个定理.

根据上述定理，求二阶线性非齐次微分方程的通解可归结为求其一个特解 y^* 及与其相应的齐次微分方程的两个线性无关的特解 y_1 和 y_2. 即使这样，求方程（7-21）的通解也仍是相当困难的. 然而，当 $p(x)$，$q(x)$ 为常数时，则可借助于初等代数方法来求解.

7.4.2 二阶线性常系数齐次微分方程的解法

当 $p(x)$，$q(x)$ 是常数时，形如

$$y''+py'+qy=0 \qquad (7-22)$$

的微分方程，称为二阶线性常系数齐次微分方程.

根据求导的经验知道，指数函数 $y=e^{rx}$ 的一、二阶导数 re^{rx}，r^2e^{rx} 仍是同类型的指数函数，如果选取适当的常数 r，则有可能使 $y=e^{rx}$ 满足微分方程（7-22）. 因此猜想微分方程（7-22）的解具有形式

$$y=e^{rx}$$

为了验证这个猜想，将 $y=e^{rx}$ 代入微分方程（7-22）得

$$e^{rx}(r^2+pr+q)=0$$

由于 $e^{rx}\neq 0$，则必有

$$r^2+pr+q=0 \qquad (7-23)$$

由此可见，只要 r 满足代数方程（7-23），函数 $y=e^{rx}$ 就是微分方程（7-22）的解.

代数方程（7-23）称为微分方程（7-22）的特征方程，其中 r^2，r 的系数及常数项恰好依次是微分方程（7-22）中 y''，y' 及 y 的系数.

特征方程的两个根 r_1，r_2 称为特征根，它们可能出现三种情况：

(1) 当 $p^2-4q>0$ 时，r_1，r_2 是不相等的两个实根；

(2) 当 $p^2-4q=0$ 时，r_1，r_2 是两个相等的实根；

(3) 当 $p^2-4q<0$ 时，r_1，r_2 是一对共轭虚根.

下面根据特征根的三种不同情况，分别讨论微分方程（7-22）的通解.

(1) 若 r_1 与 r_2 是不相等的两个实根，则微分方程（7-22）的两个特解是

$$y_1 = e^{r_1 x}, \quad y_2 = e^{r_2 x}$$

且 $\dfrac{y_1}{y_2} = e^{(r_1-r_2)x} \neq$ 常数，因此，微分方程（7-22）的通解为

$$y = C_1 e^{r_1 x} + C_2 e^{r_2 x}$$

(2) 若 r_1 与 r_2 是相等的两个实根，此时 $r_1 = r_2 = -\dfrac{p}{2}$，得到微分方程（7-22）的一个特解 $y_1 = e^{r_1 x}$.

为了求微分方程（7-22）的通解，还需求另一个与 y_1 线性无关的解 y_2. 设 $\dfrac{y_2}{y_1} = u(x)$，则 $y_2 = u(x) e^{r_1 x}$，为求 $u(x)$，将 y_2 代入微分方程（7-22）得

$$e^{r_1 x}[u''(x) + 2r_1 u'(x) + r_1^2 u(x) + p(u'(x) + r_1 u(x)) + qu(x)] = 0$$

由于 $e^{r_1 x} \neq 0$，所以

$$u''(x) + (2r_1 + p)u'(x) + (r_1^2 + pr_1 + q)u(x) = 0$$

由于 $2r_1 + p = 0$，$r_1^2 + pr_1 + q = 0$，于是

$$u''(x) = 0$$

积分两次得 $u(x) = k_1 x + k_2$，选取 $u(x) = x$，得微分方程（7-22）的另一特解

$$y_2 = x e^{r_1 x}$$

所以微分方程（7-22）的通解为

$$y = (C_1 + C_2 x) e^{r_1 x}$$

(3) 若 r_1 与 r_2 是一对共轭虚根：$r_1 = \alpha + \beta i$，$r_2 = \alpha - \beta i$ $(\beta \neq 0)$，这时微分方程（7-22）有两个复数解

$$y_1^* = e^{(\alpha+\beta i)x}, \quad y_2^* = e^{(\alpha-\beta i)x}$$

由欧拉公式 $e^{\alpha + \beta i} = e^{\alpha}(\cos\beta + i\sin\beta)$

得

$$y_1^* = e^{\alpha x}(\cos\beta x + i\sin\beta x)$$

$$y_2^* = e^{\alpha x}(\cos\beta x - i\sin\beta x)$$

下面来求实函数解. 因为 y_1^*，y_2^* 是微分方程（7-22）的解，由定理 7.1 知下述

两个实函数

$$y_1 = \frac{1}{2}(y_1^* + y_2^*) = e^{\alpha x}\cos\beta x$$

$$y_2 = \frac{1}{2i}(y_1^* - y_2^*) = e^{\alpha x}\sin\beta x$$

也是微分方程 (7-22) 的两个特解,且 $\frac{y_2}{y_1} = \tan\beta x \neq$ 常数,所以微分方程 (7-22) 的通解为

$$y = e^{\alpha x}(C_1\cos\beta x + C_2\sin\beta x)$$

综上所述,微分方程 (7-22) 的通解如表 7-2 所示.

表 7-2 二阶线性常系数齐次微分方程的通解

特征方程 $r^2 + pr + q = 0$ 特征根为 r_1, r_2	齐次微分方程 $y'' + py' + qy = 0$ (p, q 为常数) 的通解
两个不相等实根 $r_1 \neq r_2$	$y = C_1 e^{r_1 x} + C_2 e^{r_2 x}$
两个相等的实根 $r_1 = r_2$	$y = (C_1 + C_2 x) e^{r_1 x}$
一对共轭虚根 $r_{1,2} = \alpha \pm \beta i$	$y = e^{\alpha x}(C_1\cos\beta x + C_2\sin\beta x)$

例 1 求 $y'' - 4y' + 3y = 0$ 的通解.

分析 按以下步骤求通解:①写出特征方程;②求出特征根;③对照表 7-2 写出通解.

解 特征方程 $\qquad r^2 - 4r + 3 = 0$

特征根 $\qquad r_1 = 1, r_2 = 3$

故方程的通解为 $\qquad y = C_1 e^x + C_2 e^{3x}$

例 2 解微分方程 $y'' - 2\sqrt{2}y' + 2y = 0$.

分析 按以下步骤求通解:①写出特征方程;②求出特征根;③对照表 7-2 写出通解.

解 特征方程 $\qquad r^2 - 2\sqrt{2}r + 2 = 0$

特征根 $\qquad r_1 = r_2 = \sqrt{2}$

这是相等的两实根,因此方程的通解为

$$y = (C_1 + C_2 x) e^{\sqrt{2}x}$$

例 3 求微分方程 $y'' - 6y' + 13y = 0$ 在初始条件 $y(0) = 1$, $y'(0) = 3$ 下的特解.

分析 按步骤求出通解,然后根据初始条件求出常数,确定特解.

解 特征方程 $\qquad r^2 - 6r + 13 = 0$

解之得
$$r_{1,2}=3\pm 2i$$
故方程的通解为
$$y=e^{3x}(C_1\cos 2x+C_2\sin 2x)$$
由 $y(0)=1$，$y'(0)=3$ 可列出方程组
$$\begin{cases}1=C_1\\3=3C_1+2C_2\end{cases}$$
故 $C_1=1$，$C_2=0$.

所以所求特解为
$$y=e^{3x}\cos 2x$$

7.4.3 二阶线性常系数非齐次微分方程的解法

形如
$$y''+py'+qy=f(x) \tag{7-24}$$
的微分方程，叫作二阶线性常系数非齐次微分方程，这里 p，q 是常数，$f(x)\neq 0$.

由定理 7.2 知道，微分方程（7-24）的通解 y 是它的一个特解 y^* 与相应的齐次微分方程的通解之和. 7.4.2 节已详细讨论了二阶线性常系数齐次微分方程通解的求法，因此，这里只需讨论如何求微分方程（7-24）的一个特解 y^* 即可.

下面只介绍当 $f(x)$ 取两种常见形式时 y^* 的求解方法.

（1）如果 $f(x)=P_m(x)e^{\lambda x}$，其中 λ 是常数，$P_m(x)$ 是 x 的 m 次多项式. 此时可设微分方程（7-24）的特解形式为
$$y^*=x^k Q_m(x)e^{\lambda x}$$
其中 $Q_m(x)$ 是与 $P_m(x)$ 同次的多项式，各项系数待定，而
$$k=\begin{cases}0,\lambda\text{ 不是特征根}\\1,\lambda\text{ 是特征单根}\\2,\lambda\text{ 是特征重根}\end{cases}$$

故求 y^* 的步骤是首先依据条件设出 y^*，然后将 y^* 代入微分方程（7-24）确定 $Q_m(x)$ 中的 $m+1$ 个待定系数. 这种求 y^* 的方法叫作待定系数法.

（2）如果 $f(x)=e^{\lambda x}[P_l(x)\cos\omega x+P_n(x)\sin\omega x]$，其中 λ，ω 为常数，$P_l(x)$，$P_n(x)$ 分别为 x 的 l 次多项式、n 次多项式. 此时，可设微分方程（7-24）的特解形式为
$$y^*=x^k e^{\lambda x}[Q_m(x)\cos\omega x+R_m(x)\sin\omega x]$$

其中 $Q_m(x)$，$R_m(x)$ 是 x 的 m 次多项式，$m=\max\{l,n\}$，它们的各项系数待定，而

$$k=\begin{cases} 0, & \lambda\pm\omega i \text{ 不是特征根} \\ 1, & \lambda\pm\omega i \text{ 是特征根} \end{cases}$$

例 4 求方程 $y''-y'=-2x+1$ 的一个特解.

分析 这里 $f(x)=-2x+1$，是 $f(x)=P_m(x)e^{\lambda x}$ ($m=1$，$\lambda=0$) 型. 根据特征根确定特解中 k 的值即可.

解 特征方程为：$r^2-r=0$，特征根为 $r_1=0$，$r_2=1$. 由于 $\lambda=0$ 是特征单根，所以可设特解为

$$y^*=x(a_1x+a_0)$$

则 $y^{*\prime}=2a_1x+a_0$，$y^{*\prime\prime}=2a_1$.

代入原方程得

$$2a_1-(2a_1x+a_0)=-2x+1$$

比较等号两端 x 的同次幂系数，得

$$\begin{cases} -2a_1=-2 \\ 2a_1-a_0=1 \end{cases}$$

解得 $a_1=1$，$a_0=1$. 从而得原方程的一个特解

$$y^*=x(x+1)$$

例 5 求方程 $y''-2y'-3y=(x+1)e^x$ 的一个特解.

分析 这里 $f(x)=(x+1)e^x$，是 $f(x)=P_m(x)e^{\lambda x}$ ($m=1$，$\lambda=1$) 型. 根据特征根确定特解中 k 的值即可.

解 特征方程是 $r^2-2r-3=0$，特征根为 $r_1=-1$，$r_2=3$. 由于 $\lambda=1$ 不是特征根，所以可设特解为

$$y^*=(b_1x+b_0)e^x$$

求出 $y^{*\prime}$，$y^{*\prime\prime}$ 后，将 $y^{*\prime\prime}$，$y^{*\prime}$，y^* 代入原方程，经化简得

$$-4b_1x-4b_0=x+1$$

比较等号两端 x 的同次幂系数，得 $b_1=-\dfrac{1}{4}$，$b_0=-\dfrac{1}{4}$，因此原方程的特解为

$$y^*=-\frac{1}{4}(x+1)e^x$$

例 6 求 $y''-4y'+4y=e^{2x}$ 的通解.

分析 注意二阶线性常系数非齐次微分方程的通解结构.

解 首先求相应的齐次微分方程的通解 $\bar{y}$.

特征方程为 $r^2-4r+4=0$，解得 $r_1=r_2=2$.

故相应的齐次微分方程的通解为 $\bar{y}=(C_1+C_2 x)\mathrm{e}^{2x}$.

下面求非齐次微分方程的一个特解 y^*.

由于 $\lambda=2$ 恰为特征重根，故应设 $y^*=Ax^2\mathrm{e}^{2x}$.

求出 $y^{*\prime}$，$y^{*\prime\prime}$ 后，将 $y^{*\prime\prime}$，$y^{*\prime}$，y^* 代入原方程，整理得

$$2A\mathrm{e}^{2x}=\mathrm{e}^{2x}$$

于是 $A=\dfrac{1}{2}$，故 $y^*=\dfrac{1}{2}x^2\mathrm{e}^{2x}$.

因此原方程的通解为

$$y=(C_1+C_2 x)\mathrm{e}^{2x}+\dfrac{1}{2}x^2\mathrm{e}^{2x}$$

例7 求微分方程 $y''+y'-2y=\cos x-3\sin x$ 在初始条件 $y|_{x=0}=1$，$y'|_{x=0}=2$ 下的特解.

分析 先求通解，再根据初始条件求特解.

解 （1）求相应的齐次微分方程的通解.

解特征方程 $r^2+r-2=0$，得 $r_1=1$，$r_2=-2$，则相应的齐次微分方程的通解为

$$\bar{y}=C_1\mathrm{e}^x+C_2\mathrm{e}^{-2x}$$

（2）求非齐次微分方程的一个特解 y^*.

由于 $\lambda\pm\omega\mathrm{i}=0\pm\mathrm{i}$ 不是特征根，且 $P_l(x)=1$，$P_n(x)=-3$ 都是零次多项式，所以设

$$y^*=A\cos x+B\sin x$$

求出 $y^{*\prime}$，$y^{*\prime\prime}$ 后，将 $y^{*\prime\prime}$，$y^{*\prime}$，y^* 代入原方程，整理得

$$(B-3A)\cos x+(-3B-A)\sin x=\cos x-3\sin x$$

比较等号两端同名三角函数的系数，有

$$\begin{cases}B-3A=1\\-3B-A=-3\end{cases}$$

由此得 $A=0$，$B=1$. 所以有 $y^*=\sin x$.

（3）写出原方程的通解.

原方程的通解为

$$y=C_1\mathrm{e}^x+C_2\mathrm{e}^{-2x}+\sin x$$

（4）由初始条件确定 C_1，C_2 的值.

为此，求出 $y'=C_1\mathrm{e}^x-2C_2\mathrm{e}^{-2x}+\cos x$，将条件 $y|_{x=0}=1$，$y'|_{x=0}=2$ 代入通解 y 及

y' 的表达式，得

$$\begin{cases} C_1+C_2=1 \\ C_1-2C_2+1=2 \end{cases}$$

解得 $C_1=1$，$C_2=0$.

故所求特解为

$$y=e^x+\sin x$$

习题 7.4

1. 求下列微分方程的通解．

   (1) $y''+y'-2y=0$；　　　　　(2) $y''-4y'=0$；

   (3) $y''-4y'+4y=0$；　　　　(4) $4\dfrac{d^2x}{dt^2}-20\dfrac{dx}{dt}+25x=0$；

   (5) $y''-4y'+5y=0$；　　　　(6) $\dfrac{d^2\omega}{d\theta^2}-4\dfrac{d\omega}{d\theta}+6\omega=0$.

2. 设出下列非齐次微分方程的一个特解 y^*（不需要解出）．

   (1) $2y''+y'-y=2e^x$；　　　　(2) $2y''+5y'=5x^2-2x-1$；

   (3) $y''+3y'+2y=3xe^{-x}$；　　(4) $y''-2y'+5y=e^x\sin 3x$；

   (5) $y''+y=x\cos x$；　　　　　(6) $y''-3y'+2y=\sin x$.

3. 求下列各微分方程满足所给初始条件的特解．

   (1) $y''+y+\sin 2x=0$，$y|_{x=\pi}=1$，$y'|_{x=\pi}=1$；

   (2) $y''-3y'+2y=5$，$y|_{x=0}=1$，$y'|_{x=0}=2$；

   (3) $y''-y=4xe^x$，$y|_{x=0}=0$，$y'|_{x=0}=-1$.

7.5　可降阶的二阶微分方程

这一节将讨论几种特殊类型的二阶微分方程的解法，其基本思想是"降阶"，即通过变量代换将它们化为低阶的方程来求解．

7.5.1　$y''=f(x)$ 型微分方程

微分方程 $y''=f(x)$ 的右端是仅含自变量 x 的函数，其解法是逐次积分，每积分一次，方程降低一阶．经过两次积分，便得含有两个任意常数的通解．

这种方法也适用于高阶方程：$y^{(n)}=f(x)$.

例 1　求微分方程 $y''=x\cos x$ 的通解．

分析 连续积分两次即可.

解 积分一次得
$$y' = \int x\cos x \, dx = x\sin x + \cos x + C_1$$

再积分一次得所给方程的通解:
$$\begin{aligned} y &= \int (x\sin x + \cos x + C_1) \, dx \\ &= \int x\sin x \, dx + \int \cos x \, dx + \int C_1 \, dx \\ &= -x\cos x + 2\sin x + C_1 x + C_2 \end{aligned}$$

7.5.2 $y''=f(x, y')$ 型微分方程

此类型方程的特点是：方程中不显含未知函数 y. 其解法是：设 $y'=P(x)$，则 $y''=\dfrac{dP}{dx}=P'$，代入原方程得：$P'=f(x, P)$，这是关于自变量 x、未知函数 $P=P(x)$ 的一阶微分方程. 若可求出其通解 $P=\varphi(x, C_1)$，则对 $y'=\varphi(x, C_1)$ 再积分一次就能得到原方程的通解.

例 2 求微分方程 $y''-y'-x=0$ 的通解.

分析 这是不显含未知函数 y 的二阶微分方程，可令 $y'=P(x)$.

解 令 $y'=P(x)$，将原方程化为一阶微分方程
$$P' - P = x$$

这是一阶线性非齐次微分方程，解得
$$P = C_1 e^x - (x+1)$$

即
$$y' = C_1 e^x - (x+1)$$

再积分得
$$y = C_1 e^x - \left(\frac{x^2}{2} + x\right) + C_2$$

7.5.3 $y''=f(y, y')$ 型微分方程

这类方程的特点是：方程中不显含自变量 x. 其解法是：设 $y'=P(y)$，则有 $y''=\dfrac{dP(y)}{dx}=\dfrac{dP}{dy} \cdot \dfrac{dy}{dx}=P\dfrac{dP}{dy}$，于是原方程可化为一阶微分方程
$$P\frac{dP}{dy} = f(y, P)$$

求得通解 P 以后，根据 $P=\dfrac{dy}{dx}$ 再解一个一阶微分方程就可得到原方程的通解.

例3 解微分方程 $yy''=(y')^2$.

分析 这是不显含自变量 x 的二阶微分方程，可令 $y'=P(y)$.

解 令 $y'=P(y)$，则 $y''=P\dfrac{\mathrm{d}P}{\mathrm{d}y}$，原方程可化为

$$yP\dfrac{\mathrm{d}P}{\mathrm{d}y}=P^2$$

即

$$y\dfrac{\mathrm{d}P}{\mathrm{d}y}=P$$

可解得

$$P=C_1 y$$

即

$$\dfrac{\mathrm{d}y}{\mathrm{d}x}=C_1 y$$

解这个一阶微分方程（这是可分离变量的微分方程）得

$$y=C_2 e^{C_1 x}$$

值得注意的是，求解第二、三两种类型的微分方程时，所用代换 $y'=P(x)$ 和 $y'=P(y)$ 是不一样的. 前者只换未知函数，不换自变量，故有 $y''=(y'_x)'_x=P'_x$；而后者不仅换了未知函数，而且也换了自变量，因此，$y''=\dfrac{\mathrm{d}P}{\mathrm{d}x}=\dfrac{\mathrm{d}P}{\mathrm{d}y}\cdot\dfrac{\mathrm{d}y}{\mathrm{d}x}=\dfrac{\mathrm{d}P}{\mathrm{d}y}\cdot P$.

习题 7.5

1. 求下列微分方程的通解.
   (1) $y''=e^{2x}$;
   (2) $x^2 y''+xy'=1$;
   (3) $yy''-2(y')^2=0$.

2. 求下列微分方程的特解.
   (1) $(x^2+1)y''=xy'$, $y|_{x=0}=0$, $y'|_{x=0}=1$;
   (2) $y''=2yy'$, $y(0)=1$, $y'(0)=2$.

伯努利家族

伯努利家族（17—18世纪），又译作贝努利家族，瑞士数学家族，祖孙三代出过十余位数学家和物理学家. 他们原籍比利时安特卫普，1583年迁居德国法兰克福，最后定居瑞士巴塞尔. 其中有三人成就最大：雅各布·伯努利、约翰·伯努利、丹尼尔·伯努利.

雅各布·伯努利，1654年12月27生于巴塞尔，1705年8月16日卒于同地．他分别于1671年和1676年获得艺术硕士和神学硕士学位，受笛卡尔、沃利斯等人的著作的影响，他后来转向数学研究．1676年，他到荷兰、英国、德国、法国等地旅行，结识了莱布尼茨、惠更斯等著名科学家，从此与莱布尼茨一直保持经常的通信联系，互相探讨微积分的有关问题．1687年雅各布回国后，担任巴塞尔大学数学教授，教授实验物理和数学，直至去世．由于雅各布杰出的科学成就，1699年，他当选为巴黎科学院外籍院士；1701年，他被柏林科学协会（后为柏林科学院）接纳为会员．

雅各布在概率论、微分方程、无穷级数求和、变分方法、解析几何等方面均有很大建树．许多数学成果与他的名字相联系，如："伯努利双纽线"（1694年）、"伯努利微分方程"（1695年）、"伯努利数"（1713年）、"伯努利大数定理"（1713年）等．

雅各布对数学最重大的贡献是概率论．他从1685年起发表关于赌博游戏中输赢次数问题的论文，后来写成巨著《猜度术》，这本书在他死后8年，即1713年才得以出版．

最为人们津津乐道的轶事之一，是雅各布痴心于研究对数螺线．他发现，对数螺线经过各种变换后仍然是对数螺线：如它的渐屈线和渐伸线是对数螺线，自极点至切线的垂足的轨迹，以极点为发光点经对数螺线反射后得到的反射线，以及与所有这些反射线相切的曲线（回光线）都是对数螺线．他惊叹这种曲线的神奇，竟在遗嘱里要求后人将对数螺线刻在自己的墓碑上，并附以颂词"纵然变化，依然故我"，用以象征死后永生不朽．

约翰·伯努利，1667年8月6日生于巴塞尔，1748年1月1日卒于同地，是雅各布·伯努利之弟．他早年学医，同时随兄研习数学．约翰于1690年获医学硕士学位，1696年又获得博士学位．但他发现他骨子里的兴趣是数学，不久他爱上了微积分．

1695年，28岁的他取得了他的第一个学术职位——荷兰格罗宁根大学数学教授．10年后的1705年，约翰接替去世的雅各布，接任巴塞尔大学数学教授．同他的哥哥一样，他也当选为巴黎科学院外籍院士和柏林科学协会会员．1712年、1724年和1725年，他还分别当选为英国皇家学会、意大利波伦亚科学院和彼得堡科学院的外籍院士．

约翰是一位多产的数学家,他的大量论文涉及曲线的求长、曲面的求积、等周问题和微分方程. 指数运算也是他发明的. 他的杰出贡献还包括:解决悬链线问题(1691 年),提出洛必达法则(1694 年)、最速降线问题(1696 年)和测地线问题(1697 年),给出求积分的变量替换法(1699 年),研究弦振动问题(1727 年),出版《积分学数学讲义》(1742 年)等.

值得一提的是,1696 年约翰以公开信的方式,向全欧数学家提出了著名的"最速降线问题",从而引发了欧洲数学界的一场论战. 争论无疑促进了科学的发展,论战的结果产生了一个新的数学分支——变分法. 因此,约翰是公认的变分法奠基人.

约翰的另一大功绩是培养了一大批出色的数学家,其中包括 18 世纪最著名的数学家欧拉、瑞士数学家克莱姆、法国数学家洛必达,以及他自己的儿子丹尼尔和侄子尼古拉二世等.

丹尼尔·伯努利,1700 年 2 月 9 日生于荷兰格罗宁根,1782 年 3 月 17 日卒于巴塞尔,是约翰·伯努利之子. 他也像其父一样先习医,1716 年获哲学硕士学位,1721 年获巴塞尔大学医学博士学位,但他在其家族的熏陶感染下,不久便转向数学,在父兄指导下从事数学研究,并且成为这个家族中成就最大者.

1724 年,他在威尼斯旅途中发表《数学练习》,引起学术界关注,并被邀请到俄国圣彼得堡科学院工作. 同年,他还用变量分离法解决了微分方程中的"里卡蒂方程". 第二年,25 岁的丹尼尔受聘为圣彼得堡科学院数学教授,并被选为该院名誉院士. 1733 年,他返回巴塞尔,教授解剖学、植物学和自然哲学. 丹尼尔的贡献集中在微分方程、概率和数学物理,被誉之为数学物理方程的开拓者和奠基人. 他曾 10 次获得法国科学院颁发的奖金,能与之相媲美的只有大数学家欧拉. 丹尼尔于 1747 年当选柏林科学院院士,1748 年当选巴黎科学院院士,1750 年当选英国皇家学会会员.

作为伯努利家族博学广识的代表,他的成就涉及多个科学领域. 1728 年,他与欧拉一起研究弹性力学,1738 年出版了经典著作《流体动力学》,给出"伯努利定理"等流体动力学的基础理论,研究弹性弦的横向振动问题(1741—1743 年),提出声音在空气中的传播规律(1762 年). 他的论著还涉及天文学(1734 年)、地球引力(1728 年)、湖汐(1740 年)、磁学(1743 年、1746 年)、振动理论(1747 年)、船体航行的稳定(1753 年、1757 年)和生理学(1721 年、1728 年)等.

伯努利家族曾产生许多传奇和轶事. 一个关于丹尼尔的传说这是样的:有一次在旅

途中，年轻的丹尼尔同一个风趣的陌生人闲谈，他谦虚地自我介绍说："我是丹尼尔·伯努利."陌生人立即带着讥讽的神情回答道："那我就是艾萨克·牛顿."作为丹尼尔，这是他有生以来受到过的最诚恳的赞颂，这使他一直到晚年都甚感欣慰.

复习题

1. 求下列微分方程的解.

(1) $\sqrt{1-y^2}=3x^2yy'$；

(2) $\sec^2 x\tan y\mathrm{d}x+\sec^2 y\tan x\mathrm{d}y=0$；

(3) $\dfrac{\mathrm{d}y}{\mathrm{d}x}=\dfrac{y}{x+y^3}$；

(4) $y''-6y'+10y=0$；

(5) $y''+3y'+2y=0$；

(6) $y''+2y'+y=5\mathrm{e}^{-x}$.

2. 用学过的方法求下列微分方程的特解.

(1) $\dfrac{\mathrm{d}y}{\mathrm{d}x}=(1+x+x^2)y$，$y|_{x=0}=\mathrm{e}$；

(2) $y'+y\cos x=\sin x\cos x$，$y|_{x=0}=1$；

(3) $(x+1)y'+1=2\mathrm{e}^{-y}$，$y|_{x=1}=0$；

(4) $xy'+y-2\mathrm{e}^{2x}=0$，$y|_{x=2}=1$；

(5) $\dfrac{\mathrm{d}^2s}{\mathrm{d}t^2}+2\dfrac{\mathrm{d}s}{\mathrm{d}t}+s=0$，$s|_{t=0}=4$，$s'|_{t=0}=-2$；

(6) $y''-3y'-4y=0$，$y|_{x=0}=0$，$y'|_{x=0}=5$；

(7) $y''+y=2\cos 2x$，$y|_{x=0}=4$，$y'|_{x=0}=0$；

(8) $y''+3y'+2y=3\sin x$，$y|_{x=0}=0$，$y'|_{x=0}=-\dfrac{1}{2}$.

3. 方程 $y''+9y=0$ 的一条积分曲线通过点 $(\pi,-1)$，且在该点处该曲线和直线 $y+1=x-\pi$ 相切，求这条曲线的方程.

4. 若 $2\displaystyle\int_0^x y(t)\sqrt{1+y'^2(t)}\mathrm{d}t=2x+y^2(x)$，求 $y(x)$.

5. 质量为 m 的质点在恒力 F_0 作用下运动. 若在 $t=0$ 时，质点具有初速度 v_0，求质点速度增加到 v_0 的 n 倍时，需多长时间？

真题荟萃

一、选择题

1. （2007 年）微分方程 $y''+2y'+y=0$ 的通解为（　　）.

   (A) $C_1+C_2 e^{-x}$　　　　　　　　(B) $C_1\cos x+C_2\sin x$

   (C) $(C_1+C_2 x)e^{-x}$　　　　　　　(D) Ce^{-x}

2. （2013 年）微分方程 $(y'')^5+2(y')^3+xy^6=0$ 的阶数是（　　）.

   (A) 1　　　　(B) 2　　　　(C) 3　　　　(D) 4

3. （2016 年）若 c_1 和 c_2 为两个独立的任意常数，$y=c_1\cos x+c_2\sin x$ 为下列哪个方程的通解？（　　）

   (A) $y''+y=0$　　　　　　　　(B) $y''+y=x^2$

   (C) $y''-3y'+2y=0$　　　　　(D) $y''+y'-2y=2x$

4. （2017 年）微分方程 $xy'+y=\dfrac{1}{1+x^2}$ 满足 $y|_{x=\sqrt{3}}=\dfrac{\sqrt{3}}{9}\pi$ 的解在 $x=1$ 处的值为（　　）.

   (A) $\dfrac{\pi}{4}$　　　　(B) $\dfrac{\pi}{3}$　　　　(C) $\dfrac{\pi}{2}$　　　　(D) π

5. （2018 年）微分方程 $x\ln x\,\mathrm{d}y+(y-\ln x)\mathrm{d}x=0$ 满足 $y|_{x=e}=1$ 的特解为（　　）.

   (A) $\dfrac{1}{2}\left(\ln x+\dfrac{1}{\ln x}\right)$　　　　(B) $\dfrac{1}{2}\left(x+\dfrac{1}{\ln x}\right)$

   (C) $\dfrac{1}{2}\left(\ln x+\dfrac{1}{x}\right)$　　　　　(D) $\dfrac{1}{2}\left(x+\dfrac{1}{x}\right)$

二、填空题

1. （2005 年）微分方程 $y''-2y'-3y=x$ 的通解为_____.

2. （2006 年）方程 $\dfrac{\mathrm{d}y}{\mathrm{d}x}=\dfrac{y}{x+y^2}$ 的通解为_____.

3. （2007 年）微分方程 $(1+e^x)\mathrm{d}y=ye^x\mathrm{d}x$ 的通解为_____.

4. （2009 年）微分方程 $x\dfrac{\mathrm{d}y}{\mathrm{d}x}=2y$ 满足初值 $y|_{x=1}=2$ 的特解为_____.

5. （2011 年）微分方程 $y''+5y'+6y=0$ 的通解为_____.

三、计算题

1. （2010 年）求微分方程 $\dfrac{\mathrm{d}y}{\mathrm{d}x}-\dfrac{1}{x}y=x\sin x$ 的通解.

2. （2011 年）求微分方程 $y'-y\cot x=2x\sin x$ 的通解.

3. （2015 年）求微分方程 $y''+4y=0$ 的通解.

4. （2019 年）已知 $y=e^x(C_1\cos\sqrt{2}\,x+C_2\sin\sqrt{2}\,x)$（$C_1$，$C_2$ 为任意常数）是某二阶常系数线性微分方程的通解，求其对应的方程.

第 8 章　无穷级数

无穷级数是数与函数的一种重要表达形式，也是微积分理论研究与实际应用中极其有力的工具．无穷级数在表达函数、研究函数的性质、计算函数值及求解微分方程等方面都有着重要的应用．研究级数及其和，可以说是研究数列及其极限的另一种形式，但无论是研究极限的存在性还是计算这种极限，这种形式都显示出很大的优越性．

8.1　常数项级数

8.1.1　无穷级数的基本概念

定义 8.1　设有数列 $u_1, u_2, \cdots, u_n, \cdots$　则表达式
$$u_1 + u_2 + \cdots + u_n + \cdots$$
称为无穷级数，记作
$$\sum_{n=1}^{\infty} u_n = u_1 + u_2 + \cdots + u_n + \cdots \tag{8-1}$$
其中 $u_1, u_2, \cdots, u_n, \cdots$ 叫作该级数的项，u_n 称为一般项或通项．由于式 (8-1) 中的每一项都是常数，所以又叫常数项级数，简称级数．

对于式 (8-1)，无穷多个数的"和"的含义是什么？如果存在，怎样求其和？下面以极限理论为工具来讨论这些问题．

在式 (8-1) 中取有限项，令 $S_1 = u_1$，$S_2 = u_1 + u_2$，$\cdots$，$S_n = u_1 + u_2 + \cdots + u_n$ 得到一个数列，称 S_n 为无穷级数式 (8-1) 的前 n 项部分和（以下简称为部分和），这个数列记作 $\{S_n\}$．

定义 8.2　若级数 $\sum_{n=1}^{\infty} u_n$ 的部分和数列 $\{S_n\}$ 的极限存在，即
$$\lim_{n \to \infty} S_n = S$$
则称级数 $\sum_{n=1}^{\infty} u_n$ 收敛，S 称为级数和，记作

$$\sum_{n=1}^{\infty} u_n = u_1 + u_2 + \cdots + u_n + \cdots = S$$

若 $\lim\limits_{n\to\infty} S_n$ 不存在，则称级数 $\sum_{n=1}^{\infty} u_n$ 发散．发散级数没有和，但存在部分和 S_n．

在常数项级数中，应用较多的是等比数列构成的级数，这类级数简称为等比级数（或几何级数）．

例1 讨论级数 $\dfrac{1}{1\times 2} + \dfrac{1}{2\times 3} + \cdots + \dfrac{1}{n(n+1)} + \cdots$ 的收敛性．

分析 首先将一般项化为两项的差，从而部分和可以通过前后项抵消化简，再求极限．

解 由于 $u_n = \dfrac{1}{n(n+1)} = \dfrac{1}{n} - \dfrac{1}{n+1}$

故 $S_n = \dfrac{1}{1\times 2} + \dfrac{1}{2\times 3} + \cdots + \dfrac{1}{n(n+1)} = \left(1 - \dfrac{1}{2}\right) + \left(\dfrac{1}{2} - \dfrac{1}{3}\right) + \cdots + \left(\dfrac{1}{n} - \dfrac{1}{n+1}\right) = 1 - \dfrac{1}{n+1}$

所以 $\lim\limits_{n\to\infty} S_n = \lim\limits_{n\to\infty} \left(1 - \dfrac{1}{n+1}\right) = 1$，即题设级数收敛，其和为 1．

例2 讨论等比级数

$$\sum_{n=0}^{\infty} aq^n = a + aq + aq^2 + \cdots + aq^n + \cdots \ (a \neq 0)$$

的收敛性．

分析 在部分和求出后求极限时，要根据公比取值情况进行讨论．

解 当 $q \neq 1$ 时，有 $S_n = a + aq + aq^2 + \cdots + aq^{n-1} = \dfrac{a(1-q^n)}{1-q}$．

(1) 若 $|q| < 1$，有 $\lim\limits_{n\to\infty} q^n = 0$，则 $\lim\limits_{n\to\infty} S_n = \dfrac{a}{1-q}$；

(2) 若 $|q| > 1$，有 $\lim\limits_{n\to\infty} q^n = \infty$，则 $\lim\limits_{n\to\infty} S_n = \infty$；

(3) 若 $q = 1$，有 $S_n = na$，$\lim\limits_{n\to\infty} S_n = \infty$；

(4) 若 $q = -1$，则级数变为

$$S_n = \underbrace{a - a + a - a + \cdots + (-1)^{n-1} a}_{n\text{项}} = \dfrac{1}{2} a [1 - (-1)^n]$$

易见 $\lim\limits_{n\to\infty} S_n$ 不存在．综上所述，当 $|q| < 1$ 时，等比级数收敛．

8.1.2 无穷级数的基本性质

根据无穷级数收敛性的概念和极限运算法则，可以得出如下的基本性质．

性质 8.1 增加、去掉或改变级数的任意有限项,级数的敛散性不变,但一般会改变收敛级数的和.

性质 8.2 级数 $\sum_{n=1}^{\infty} u_n$ 与级数 $\sum_{n=1}^{\infty} k u_n (k \neq 0)$ 有相同的敛散性. 显然,当 $\sum_{n=1}^{\infty} u_n$ 收敛于 S 时,有 $\sum_{n=1}^{\infty} k u_n$ 收敛于 kS.

性质 8.3 设收敛级数 $\sum_{n=1}^{\infty} u_n = S_1$, $\sum_{n=1}^{\infty} v_n = S_2$,则它们对应项相加或相减所得的级数 $\sum_{n=1}^{\infty} (u_n \pm v_n)$ 收敛于和 $S = S_1 \pm S_2$.

性质 8.4 收敛级数可以任意加括号,其结果仍然收敛且其和不变.

推论 1 如果加括号后所形成的级数发散,则原级数也发散.

上述性质的证明从略.

去掉级数 $\sum_{n=1}^{\infty} u_n$ 的前 n 项,所得的级数 $\sum_{k=n+1}^{\infty} u_k$ 称为级数 $\sum_{n=1}^{\infty} u_n$ 的余项,记作 R_n,即

$$R_n = u_{n+1} + u_{n+2} + u_{n+3} + \cdots$$

由性质 8.1 可知,若级数 $\sum_{n=1}^{\infty} u_n$ 收敛于 S,则余项 R_n 也收敛,由于 $R_n = S - S_n$,于是有

$$\lim_{n \to \infty} R_n = \lim_{n \to \infty} (S - S_n) = S - \lim_{n \to \infty} S_n = S - S = 0$$

显然,$|R_n|$ 就是用 S_n 替代级数和 S 时所产生的误差,这是利用级数作近似计算的理论依据.

例 3 判定级数 $\sum_{n=1}^{\infty} \dfrac{1+(-1)^n}{2^n}$ 的敛散性.

分析 将级数的一般项分为两项的和.

解 因为 $\sum_{n=1}^{\infty} \dfrac{1}{2^n}$ 和 $\sum_{n=1}^{\infty} \left(-\dfrac{1}{2}\right)^n$ 都是公比绝对值小于 1 的等比级数,所以都收敛,由性质 8.3,级数 $\sum_{n=1}^{\infty} \dfrac{1+(-1)^n}{2^n}$ 收敛,且

$$\sum_{n=1}^{\infty} \frac{1+(-1)^n}{2^n} = \sum_{n=1}^{\infty} \frac{1}{2^n} + \sum_{n=1}^{\infty} \left(-\frac{1}{2}\right)^n = \frac{\frac{1}{2}}{1-\frac{1}{2}} + \frac{-\frac{1}{2}}{1+\frac{1}{2}} = \frac{2}{3}$$

8.1.3 级数收敛的必要条件

定理 8.1 若级数 $\sum_{n=1}^{\infty} u_n$ 收敛,则 $\lim_{n \to \infty} u_n = 0$.

证明 因为 $\sum\limits_{n=1}^{\infty} u_n$ 收敛,存在和 $S = \lim\limits_{n\to\infty} S_n$,故

$$\lim_{n\to\infty} u_n = \lim_{n\to\infty}(S_n - S_{n-1}) = \lim_{n\to\infty} S_n - \lim_{n\to\infty} S_{n-1} = S - S = 0$$

需要特别指出的是,$\lim\limits_{n\to\infty} u_n = 0$ 仅是级数收敛的必要条件,绝不能由 $\lim\limits_{n\to\infty} u_n = 0$ 就得出级数 $\sum\limits_{n=1}^{\infty} u_n$ 收敛的结论. 但利用此结论可以判定:当 $\lim\limits_{n\to\infty} u_n \neq 0$ 时,级数 $\sum\limits_{n=1}^{\infty} u_n$ 一定发散.

例 4 判定级数 $\sum\limits_{n=1}^{\infty} \dfrac{1}{\sqrt[n]{3}}$ 的敛散性.

分析 根据级数收敛的必要条件判断.

解 因为 $\lim\limits_{n\to\infty} u_n = \lim\limits_{n\to\infty} \dfrac{1}{\sqrt[n]{3}} = \lim\limits_{n\to\infty} \dfrac{1}{3^{\frac{1}{n}}} = 1 \neq 0$,所以由级数收敛的必要条件知,级数 $\sum\limits_{n=1}^{\infty} \dfrac{1}{\sqrt[n]{3}}$ 发散.

例 5 证明调和级数 $1 + \dfrac{1}{2} + \dfrac{1}{3} + \cdots + \dfrac{1}{n} + \cdots$ 是发散的.

分析 对级数的项进行适当拼凑,使拼凑后各项都不趋于零.

证明 对题设级数按下列方式加括号

$$\left(1 + \frac{1}{2}\right) + \left(\frac{1}{3} + \frac{1}{4}\right) + \left(\frac{1}{5} + \frac{1}{6} + \frac{1}{7} + \frac{1}{8}\right) + \left(\frac{1}{9} + \frac{1}{10} + \cdots + \frac{1}{16}\right) + \cdots + \left(\frac{1}{2^m + 1} + \frac{1}{2^m + 2} + \cdots + \frac{1}{2^{m+1}}\right) + \cdots$$

设所得新级数为 $\sum\limits_{m=1}^{\infty} v_m$,则易见其每一项均大于 $\dfrac{1}{2}$,从而当 $m \to \infty$ 时,v_m 不趋于零.

由级数收敛的必要条件知 $\sum\limits_{m=1}^{\infty} v_m$ 发散,再由性质 8.4 的推论 1 即知,调和级数发散. 证毕.

调和级数显然满足级数收敛的必要条件,但是它却是发散的. 我们以后常常会碰到它,因此应记住该结论.

习题 8.1

1. 写出下列级数的前四项.

   (1) $\sum\limits_{n=1}^{\infty} \dfrac{n-1}{1+n^2}$;   (2) $\sum\limits_{n=1}^{\infty} (-1)^n \dfrac{1}{2n+1}$.

2. 写出下列级数的通项.

   (1) $1 + \dfrac{1}{3} + \dfrac{1}{6} + \dfrac{1}{9} + \cdots$;

(2) $\dfrac{2}{3} - \dfrac{2^2}{3^2} + \dfrac{2^3}{3^3} - \dfrac{2^4}{3^4} + \cdots$;

(3) $-3 + \dfrac{4}{4} - \dfrac{5}{9} + \dfrac{6}{16} - \dfrac{7}{25} + \dfrac{8}{36} + \cdots$;

(4) $\dfrac{1}{1\times 2} + \dfrac{1}{2\times 3} + \dfrac{1}{3\times 4} + \dfrac{1}{4\times 5} + \cdots$.

3. 根据级数收敛性定义，判定下列级数的敛散性.

(1) $\sum\limits_{n=1}^{\infty} \dfrac{1}{\sqrt{n+1}-\sqrt{n}}$;

(2) $\sum\limits_{n=1}^{\infty} \dfrac{1}{n(n+2)}$;

(3) $\sum\limits_{n=1}^{\infty} \left(\dfrac{1}{\sqrt{n}} - \dfrac{1}{\sqrt{n+1}} \right)$;

(4) $\sum\limits_{n=1}^{\infty} a^n$ (a 为大于 0 的常数).

4. 判定下列级数的敛散性.

(1) $\sum\limits_{n=1}^{\infty} \dfrac{1}{2n-1}$;

(2) $\sum\limits_{n=1}^{\infty} \dfrac{1}{\sqrt[n]{2}}$;

(3) $\sum\limits_{n=1}^{\infty} \dfrac{3+(-1)^n}{2^n}$;

(4) $\sum\limits_{n=1}^{\infty} \dfrac{2n-1}{2n+1}$;

(5) $\sum\limits_{n=1}^{\infty} (-1)^n$;

(6) $\sum\limits_{n=1}^{\infty} \left(\dfrac{n+1}{n} \right)^n$;

(7) $-\dfrac{3}{4} + \dfrac{3^2}{4^2} - \dfrac{3^3}{4^3} + \cdots + \left(-\dfrac{3}{4}\right)^n + \cdots$.

8.2　正项级数及其审敛法

在级数的理论研究和实际应用中，正项级数是数项级数中比较简单但又非常重要的一种类型. 本节将对正项级数的审敛法展开讨论.

若级数 $\sum\limits_{n=1}^{\infty} u_n$ 的各项非负，即 $u_n \geqslant 0 (n=1,2,3,\cdots)$，则称该级数为正项级数. 由于
$$u_n = S_n - S_{n-1}$$
因此有
$$S_n = S_{n-1} + u_n \geqslant S_{n-1}$$
所以，正项级数的部分和数列 $\{S_n\}$ 是单调不减的，即
$$S_1 \leqslant S_2 \leqslant S_3 \leqslant \cdots \leqslant S_n \leqslant \cdots$$

8.2.1　比较审敛法

定理 8.2　设正项级数 $\sum\limits_{n=1}^{\infty} u_n$ 与 $\sum\limits_{n=1}^{\infty} v_n$ 满足 $u_n \leqslant v_n (n=1,2,3,\cdots)$

(1) 若 $\sum\limits_{n=1}^{\infty} v_n$ 收敛,则 $\sum\limits_{n=1}^{\infty} u_n$ 也收敛;

(2) 若 $\sum\limits_{n=1}^{\infty} u_n$ 发散,则 $\sum\limits_{n=1}^{\infty} v_n$ 也发散.

例 1 讨论 p -级数 $\sum\limits_{n=1}^{\infty} \dfrac{1}{n^p}$ 的敛散性.

分析 根据 p 的取值情况进行讨论.

解 (1) 当 $p \leqslant 1$ 时,$u_n = \dfrac{1}{n^p} \geqslant \dfrac{1}{n}(n=1,2,3,\cdots)$,而 $\sum\limits_{n=1}^{\infty} \dfrac{1}{n}$ 发散,由定理 8.2 可知 $\sum\limits_{n=1}^{\infty} \dfrac{1}{n^p}$ 发散.

(2) 当 $p > 1$ 时,

$$\sum_{n=1}^{\infty} \frac{1}{n^p} = 1 + \left(\frac{1}{2^p} + \frac{1}{3^p}\right) + \left(\frac{1}{4^p} + \frac{1}{5^p} + \frac{1}{6^p} + \frac{1}{7^p}\right) + \left(\frac{1}{8^p} + \cdots + \frac{1}{15^p}\right) + \cdots$$

$$< 1 + \left(\frac{1}{2^p} + \frac{1}{2^p}\right) + \left(\frac{1}{4^p} + \frac{1}{4^p} + \frac{1}{4^p} + \frac{1}{4^p}\right) + \left(\frac{1}{8^p} + \cdots + \frac{1}{8^p}\right) + \cdots$$

$$= 1 + \frac{1}{2^{p-1}} + \frac{1}{4^{p-1}} + \frac{1}{8^{p-1}} + \cdots$$

$$= 1 + \frac{1}{2^{p-1}} + \left(\frac{1}{2^{p-1}}\right)^2 + \left(\frac{1}{2^{p-1}}\right)^3 + \cdots$$

以上级数是等比级数,公比 $q = \dfrac{1}{2^{p-1}} < 1$($p>1$),所以该级数收敛,设其和为 M. 又设 $\sum\limits_{n=1}^{\infty} \dfrac{1}{n^p}$ 的前 n 项部分和为 S_n,故有 $S_n < \sum\limits_{n=1}^{\infty} \dfrac{1}{n^p} < M$,而 $\{S_n\}$ 是单调不减数列,根据单调有界数列存在极限定理可知,$\lim\limits_{n \to \infty} S_n$ 存在,从而 $\sum\limits_{n=1}^{\infty} \dfrac{1}{n^p}$ 收敛.

综上所述:p -级数 $\sum\limits_{n=1}^{\infty} \dfrac{1}{n^p}$ 的敛散性如下:当 $p \leqslant 1$ 时发散,当 $p > 1$ 时收敛.

在使用比较审敛法判定敛散性时,需有一个敛散性已知的级数作为比较的标准. 常用的这种标准级数有: 等比级数、调和级数和 p -级数.

定理 8.3 设 $\sum\limits_{n=1}^{\infty} u_n$ 与 $\sum\limits_{n=1}^{\infty} v_n$ 都是正项级数,

(1) 若 $\lim\limits_{n \to \infty} \dfrac{u_n}{v_n} = l(0 \leqslant l < +\infty)$,且 $\sum\limits_{n=1}^{\infty} v_n$ 收敛,则 $\sum\limits_{n=1}^{\infty} u_n$ 也收敛;

(2) 若 $\lim\limits_{n \to \infty} \dfrac{u_n}{v_n} = l > 0$ 或 $\lim\limits_{n \to \infty} \dfrac{u_n}{v_n} = +\infty$,且 $\sum\limits_{n=1}^{\infty} v_n$ 发散,则 $\sum\limits_{n=1}^{\infty} u_n$ 也发散.

这个定理是比较审敛法的极限形式.

例 2 判定下列级数的敛散性.

(1) $\sum_{n=1}^{\infty} \frac{1}{2n^2+3}$;   (2) $\sum_{n=1}^{\infty} \frac{1}{\sqrt{n(n+1)}}$.

分析 一般来说，用比较审敛法的极限形式来判定级数的敛散性更简便. 在找用来比较的级数 $\sum_{n=1}^{\infty} v_n$ 时，可将 v_n 中除了 n 之外的所有常数都去掉.

解 (1) 找 v_n 思路：$\frac{1}{2n^2+3} \to \frac{1}{2n^2} \to \frac{1}{n^2}$.

$$\lim_{n\to\infty} \frac{u_n}{v_n} = \lim_{n\to\infty} \frac{\frac{1}{2n^2+3}}{\frac{1}{n^2}} = \lim_{n\to\infty} \frac{n^2}{2n^2+3} = \frac{1}{2}$$

因 $\sum_{n=1}^{\infty} \frac{1}{n^2}$（$p=2$ 的 p-级数）收敛，故级数 $\sum_{n=1}^{\infty} \frac{1}{2n^2+3}$ 收敛.

(2) 找 v_n 思路：$\frac{1}{\sqrt{n(n+1)}} \to \frac{1}{\sqrt{n^2}} = \frac{1}{n}$.

$$\lim_{n\to\infty} \frac{u_n}{v_n} = \lim_{n\to\infty} \frac{\frac{1}{\sqrt{n(n+1)}}}{\frac{1}{n}} = \lim_{n\to\infty} \frac{n}{\sqrt{n(n+1)}} = 1$$

而级数 $\sum_{n=1}^{\infty} \frac{1}{n}$ 是发散级数，由定理 8.3 可知，$\sum_{n=1}^{\infty} \frac{1}{\sqrt{n(n+1)}}$ 也是发散级数.

8.2.2 比值审敛法

定理 8.4 [达朗贝尔 (d'Alembert) 判别法] 设正项级数 $\sum_{n=1}^{\infty} u_n$，如果极限

$$\lim_{n\to\infty} \frac{u_{n+1}}{u_n} = \rho$$

存在，则

(1) 当 $\rho<1$ 时，级数收敛；

(2) 当 $\rho>1$ 时，级数发散；

(3) 当 $\rho=1$ 时，级数可能收敛，也可能发散.

例 3 判定下列级数的敛散性.

(1) $1 + \frac{1}{1} + \frac{1}{1\times 2} + \frac{1}{1\times 2\times 3} + \frac{1}{1\times 2\times 3\times 4} + \cdots$;

(2) $\sum\limits_{n=1}^{\infty} \dfrac{n!\,3^n}{n^n}$;   (3) $\sum\limits_{n=1}^{\infty} \dfrac{1}{(2n-1)\cdot 2n}$.

分析 一般地，当级数一般项中出现阶乘或含有 n 的高次幂时，考虑用比值审敛法.

解 (1) $u_n = \dfrac{1}{1\times 2\times 3\times \cdots \times (n-1)} = \dfrac{1}{(n-1)!}$

$$\lim_{n\to\infty} \dfrac{u_{n+1}}{u_n} = \lim_{n\to\infty} \dfrac{\dfrac{1}{n!}}{\dfrac{1}{(n-1)!}} = \lim_{n\to\infty}\dfrac{1}{n} = 0 < 1$$

所以，该级数收敛.

(2) $\lim\limits_{n\to\infty} \dfrac{u_{n+1}}{u_n} = \lim\limits_{n\to\infty} \dfrac{\dfrac{(n+1)!\,3^{n+1}}{(n+1)^{n+1}}}{\dfrac{n!\,3^n}{n^n}} = \lim\limits_{n\to\infty} \dfrac{3}{\left(1+\dfrac{1}{n}\right)^n} = \dfrac{3}{e} > 1$

所以，该级数发散.

(3) $\lim\limits_{n\to\infty} \dfrac{u_{n+1}}{u_n} = \lim\limits_{n\to\infty} \dfrac{2n(2n-1)}{(2n+2)(2n+1)} = 1$

此时比值审敛法失效，改用比较审敛法的极限形式来判定.

因为 $\lim\limits_{n\to\infty} \dfrac{u_n}{v_n} = \lim\limits_{n\to\infty} \dfrac{\dfrac{1}{2n(2n-1)}}{\dfrac{1}{n^2}} = \lim\limits_{n\to\infty} \dfrac{n^2}{2n(2n-1)} = \dfrac{1}{4}$，而 $\sum\limits_{n=1}^{\infty} \dfrac{1}{n^2}$ 收敛，故级数 $\sum\limits_{n=1}^{\infty} \dfrac{1}{(2n-1)\cdot 2n}$ 也收敛.

比值审敛法的特点是利用级数本身的第 $n+1$ 项和第 n 项之比的极限判定其敛散性，使用起来极为方便. 值得注意的是，当比值审敛法失效时（$\rho=1$），要改用其他方法.

习题 8.2

1. 用比较审敛法判定下列级数的敛散性.

(1) $\sum\limits_{n=1}^{\infty} \dfrac{1}{(n+1)(n+2)}$;   (2) $\sum\limits_{n=1}^{\infty} \dfrac{1}{3n^2-2}$;

(3) $\sum\limits_{n=1}^{\infty} \dfrac{1}{3n-2}$;   (4) $\sum\limits_{n=1}^{\infty} \sin\dfrac{\pi}{2^n}$;

(5) $\sum\limits_{n=1}^{\infty} \dfrac{2n-1}{n^2+2}$;   (6) $\sum\limits_{n=1}^{\infty} \dfrac{1}{\ln(1+n)}$.

2. 用比值审敛法判定下列级数的敛散性.

(1) $\sum_{n=1}^{\infty} \dfrac{2^n}{n!}$;

(2) $\sum_{n=1}^{\infty} \dfrac{3^n}{n^2}$;

(3) $\sum_{n=1}^{\infty} \dfrac{n\cos^2 \dfrac{n\pi}{2}}{2^n}$;

(4) $\sum_{n=1}^{\infty} \dfrac{n^n}{2^n \cdot n!}$;

(5) $\sum_{n=1}^{\infty} n\sin \dfrac{\pi}{2^n}$.

3. 判定下列级数的敛散性.

(1) $\sum_{n=1}^{\infty} \dfrac{n+2}{2^n}$;

(2) $\sum_{n=1}^{\infty} \dfrac{n(n-1)}{2n^2-1}$;

(3) $\sum_{n=1}^{\infty} \dfrac{5^n}{n!}$;

(4) $\sum_{n=1}^{\infty} \dfrac{1}{1+a^n} (a>0)$;

(5) $\sum_{n=1}^{\infty} \dfrac{1}{\sqrt[n]{n}}$;

(6) $\sum_{n=1}^{\infty} \sin \dfrac{1}{n}$.

8.3 任意项级数

既含正项又含负项的级数叫**任意项级数**，它的特点是在级数 $\sum\limits_{n=1}^{\infty} u_n$ 中总含有无穷多个正项和负项. 对只有有限项是正的或有限项是负的任意项级数，总可以转化成对正项级数的研究. 在任意项级数中，比较重要的是交错级数.

8.3.1 交错级数

如果在任意项级数中，正、负号交错出现，这样的任意项级数称为**交错级数**. 它的一般形式为

$$\sum_{n=1}^{\infty} (-1)^{n+1} u_n = u_1 - u_2 + u_3 - u_4 + \cdots + (-1)^{n+1} u_n + \cdots$$

或

$$\sum_{n=1}^{\infty} (-1)^n u_n = -u_1 + u_2 - u_3 + u_4 - \cdots + (-1)^n u_n + \cdots$$

其中 $u_n \geq 0$ $(n=1, 2, 3, \cdots)$.

如 $\sum\limits_{n=1}^{\infty} \dfrac{(-1)^n}{n} = -1 + \dfrac{1}{2} - \dfrac{1}{3} + \dfrac{1}{4} - \cdots$ 是交错级数，但 $1 - \dfrac{1}{2} - \dfrac{1}{3} + \dfrac{1}{4} - \dfrac{1}{5} - \dfrac{1}{6} + \cdots$ 不是交错级数. 下面介绍交错级数的审敛方法.

定理 8.5（莱布尼茨定理） 设交错级数 $\sum\limits_{n=1}^{\infty} (-1)^{n-1} u_n (u_n \geq 0)$ 满足

(1) $u_n \geq u_{n+1}$ $(n=1, 2, 3, \cdots)$;

(2) $\lim\limits_{n\to\infty}u_n=0$.

则级数 $\sum\limits_{n=1}^{\infty}(-1)^{n-1}u_n$ 收敛,级数和 $S\leqslant u_1$,余项绝对值 $|R_n|\leqslant u_{n+1}$.

例1 讨论级数 $\sum\limits_{n=1}^{\infty}\dfrac{(-1)^n n}{n+1}$ 的敛散性.

分析 应首先判断是否满足收敛的必要条件即一般项是否趋于零.

解 $\sum\limits_{n=1}^{\infty}\dfrac{(-1)^n n}{n+1}$ 虽然是交错级数,但 $\lim\limits_{n\to\infty}u_n=\lim\limits_{n\to\infty}\dfrac{n}{n+1}=1\neq 0$,所以 $\sum\limits_{n=1}^{\infty}(-1)^{n-1}\dfrac{1}{n}$ 是发散的.

例2 判定级数 $\sum\limits_{n=1}^{\infty}\dfrac{(-1)^{n-1}}{n}$ 的敛散性.

分析 先判断是否满足收敛的必要条件,再看是否满足莱布尼茨定理中的两个条件.

解 易见题设级数的一般项 $\dfrac{1}{n}$ 满足:

(1) $\dfrac{1}{n}\geqslant\dfrac{1}{n+1}$ ($n=1, 2, 3, \cdots$); (2) $\lim\limits_{n\to\infty}\dfrac{1}{n}=0$.

所以级数 $\sum\limits_{n=1}^{\infty}\dfrac{(-1)^{n-1}}{n}$ 收敛,级数和 $S\leqslant 1$,用 S_n 近似 S 产生的误差 $|R_n|\leqslant\dfrac{1}{n+1}$.

8.3.2 绝对收敛与条件收敛

定义8.3 若 $\sum\limits_{n=1}^{\infty}|u_n|$ 收敛,则称 $\sum\limits_{n=1}^{\infty}u_n$ 绝对收敛.

如 $\sum\limits_{n=1}^{\infty}(-1)^n\dfrac{1}{n^2}$ 就是绝对收敛.

定理8.6 若 $\sum\limits_{n=1}^{\infty}|u_n|$ 收敛,则 $\sum\limits_{n=1}^{\infty}u_n$ 也收敛.

定义8.4 若 $\sum\limits_{n=1}^{\infty}u_n$ 收敛,而 $\sum\limits_{n=1}^{\infty}|u_n|$ 发散,则称级数 $\sum\limits_{n=1}^{\infty}u_n$ 条件收敛.

例3 判定级数 $\sum\limits_{n=1}^{\infty}\dfrac{(-1)^{n-1}}{n^p}$ ($p>0$) 的敛散性.

分析 应根据 p 的取值情况进行讨论.

解 由 $\sum\limits_{n=1}^{\infty}\left|\dfrac{(-1)^{n-1}}{n^p}\right|=\sum\limits_{n=1}^{\infty}\dfrac{1}{n^p}$,易见:

(1) 当 $p>1$ 时,题设级数绝对收敛;

(2) 当 $0 < p \leqslant 1$ 时,由莱布尼茨定理知 $\sum_{n=1}^{\infty} \frac{(-1)^{n-1}}{n^p}$ 收敛,但 $\sum_{n=1}^{\infty} \frac{1}{n^p}$ 发散,故题设级数条件收敛.

例 4 判定级数 $\sum_{n=1}^{\infty} \frac{\sin n}{n^2}$ 的敛散性.

分析 正弦函数有界,所以对应的绝对值级数收敛.

解 因为 $\left|\frac{\sin n}{n^2}\right| \leqslant \frac{1}{n^2}$,而 $\sum_{n=1}^{\infty} \frac{1}{n^2}$ 收敛,所以 $\sum_{n=1}^{\infty} \left|\frac{\sin n}{n^2}\right|$ 收敛,故原级数绝对收敛.

习题 8.3

1. 判定下列级数的敛散性. 如果收敛,判断是绝对收敛还是条件收敛.

(1) $\sum_{n=1}^{\infty} (-1)^{n-1} \frac{1}{\sqrt{n}}$;

(2) $\sum_{n=1}^{\infty} \frac{(-1)^n n}{2^n}$;

(3) $\sum_{n=1}^{\infty} (-1)^n \frac{n}{(n+1)^2}$;

(4) $\sum_{n=1}^{\infty} (-1)^n \frac{\sin \frac{1}{n}}{n^3}$;

(5) $\sum_{n=1}^{\infty} (-1)^{n-1} \frac{\ln n}{n}$;

(6) $\sum_{n=1}^{\infty} (-1)^{n-1} \frac{n}{3n-2}$.

8.4 幂级数

对于前面讨论的常数项级数,每一项都是常数. 从本节起,将讨论各项都是函数的级数.

一般地,若 $u_1(x)$,$u_2(x)$,$\cdots$,$u_n(x)$,$\cdots$ 都在区间 I 内有定义,则称级数

$$\sum_{n=1}^{\infty} u_n(x) = u_1(x) + u_2(x) + \cdots + u_n(x) + \cdots \tag{8-2}$$

为 x 的函数项级数.

在函数项级数 (8-2) 中取 $x = x_0 \in I$,得常数项级数

$$\sum_{n=1}^{\infty} u_n(x_0) = u_1(x_0) + u_2(x_0) + \cdots + u_n(x_0) + \cdots \tag{8-3}$$

若级数 (8-3) 收敛,则称 x_0 为函数项级数 (8-2) 的一个收敛点;反之,称 x_0 为函数项级数 (8-2) 的一个发散点. 收敛点全体构成的集合,称为函数项级数的收敛域.

对函数项级数 (8-2) 收敛域中的一个值 x_0,必有一个和 $S(x_0)$ 与之对应,即

$$S(x_0) = u_1(x_0) + u_2(x_0) + \cdots + u_n(x_0) + \cdots$$

当 x 在收敛域内取任意值时,由对应关系,必有一个确定的和值 $S(x)$ 与 x 对应,

就得到一个定义在收敛域上的和函数 $S(x)$，使得
$$S(x)=u_1(x)+u_2(x)+\cdots+u_n(x)+\cdots$$
仿照常数项级数讨论，称 $S_n(x) = \sum_{k=1}^{n} u_k(x) = u_1(x)+u_2(x)+\cdots+u_n(x)$ 为函数项级数 (8-2) 的前 n 项部分和函数. 即
$$S_n(x)=u_1(x)+u_2(x)+\cdots+u_n(x)$$
那么在收敛域内有 $\lim_{n\to\infty} S_n(x) = S(x)$.

若以 $R_n(x)$ 记余项，即 $R_n(x) = S(x) - S_n(x)$，则在收敛域内同样有
$$\lim_{n\to\infty} R_n(x) = 0$$

8.4.1 幂级数的收敛性

定义 8.5 称函数项级数
$$\sum_{n=0}^{\infty} a_n x^n = a_0 + a_1 x + a_2 x^2 + \cdots + a_n x^n + \cdots \tag{8-4}$$
为 x 的幂级数，其中 $a_0, a_1, a_2, \cdots, a_n, \cdots$ 是任意常数，叫作幂级数的系数.

思考： 函数项级数（8-4）是否一定存在收敛点？

幂级数的一般形式是
$$\sum_{n=0}^{\infty} a_n (x-x_0)^n = a_0 + a_1(x-x_0) + a_2(x-x_0)^2 + \cdots + a_n(x-x_0)^n + \cdots$$
它可通过变换 $y = x - x_0$ 化为式（8-4），令 $x_0 = 0$ 也可得到式（8-4）. 所以接下来主要讨论形如式（8-4）的幂级数.

定理 8.7 对于幂级数 $\sum_{n=0}^{\infty} a_n x^n$，如果
$$\rho = \lim_{n\to\infty} \left| \frac{a_{n+1}}{a_n} \right|$$
则当 $|x| < \dfrac{1}{\rho}$ 时（如果 $\rho = 0$，则换 $\dfrac{1}{\rho}$ 为 ∞），该级数收敛；当 $|x| > \dfrac{1}{\rho}$ 时，该级数发散.

证明 幂级数 $\sum_{n=0}^{\infty} a_n x^n$ 各项取绝对值所得的正项级数为
$$\sum_{n=0}^{\infty} |a_n x^n| = |a_0| + |a_1 x| + |a_2 x^2| + \cdots + |a_n x^n| + \cdots \tag{8-5}$$
由比值审敛法得
$$\lim_{n\to\infty} \left| \frac{a_{n+1} x^{n+1}}{a_n x^n} \right| = \lim_{n\to\infty} \left| \frac{a_{n+1}}{a_n} \right| |x| = \rho |x|$$

(1) 当 $\rho|x|<1$，即 $|x|<\dfrac{1}{\rho}$ 时，级数 (8-5) 收敛. 所以，级数 $\sum\limits_{n=0}^{\infty}a_n x^n$ 绝对收敛，因此它必然收敛.

(2) 当 $\rho|x|>1$，即 $|x|>\dfrac{1}{\rho}$ 时，即 $\lim\limits_{n\to\infty}\left|\dfrac{a_{n+1}x^{n+1}}{a_n x^n}\right|>1$. 这时 $\sum\limits_{n=0}^{\infty}a_n x^n$ 的各项的绝对值越来越大，有 $\lim\limits_{n\to\infty}a_n x^n\neq 0$. 所以，级数 $\sum\limits_{n=0}^{\infty}a_n x^n$ 发散.

由定理 8.7 可知，当 $\rho\neq 0$ 时，幂级数 (8-4) 在以原点为中心、$\dfrac{1}{\rho}$ 为半径的对称区间内是收敛的. 设 $R=\dfrac{1}{\rho}$，则幂级数 (8-4) 在 $(-R, R)$ 内收敛，称 R 为幂级数 (8-4) 的收敛半径. 开区间 $(-R, R)$ 叫作收敛区间. 在区间端点 $x=\pm R$ 处的敛散性需另行讨论，最后可得到幂级数的收敛域，它必然是 $(-R, R)$，$[-R, R)$，$(-R, R]$，$[-R, R]$ 这四个区间中的某一个.

例 1 求下列幂级数的收敛域.

(1) $\sum\limits_{n=1}^{\infty}(-1)^n\dfrac{x^n}{n}$； (2) $\sum\limits_{n=1}^{\infty}(-nx)^n$；

(3) $\sum\limits_{n=1}^{\infty}\dfrac{x^n}{n!}$.

分析 用定理 8.7 判定.

解 (1) $\rho=\lim\limits_{n\to\infty}\left|\dfrac{a_{n+1}}{a_n}\right|=\lim\limits_{n\to\infty}\dfrac{1/(n+1)}{1/n}=\lim\limits_{n\to\infty}\dfrac{n}{n+1}=1$，所以收敛半径 $R=1$.

当 $x=1$ 时，原级数等于 $\sum\limits_{n=1}^{\infty}\dfrac{(-1)^n}{n}$，该级数收敛；当 $x=-1$ 时，原级数等于 $\sum\limits_{n=1}^{\infty}\dfrac{1}{n}$，该级数发散. 从而所求收敛域为 $(-1, 1]$.

(2) $\rho=\lim\limits_{n\to\infty}\left|\dfrac{a_{n+1}}{a_n}\right|=\lim\limits_{n\to\infty}\dfrac{(n+1)^{n+1}}{n^n}=\lim\limits_{n\to\infty}\left(\dfrac{n+1}{n}\right)^n(n+1)=\lim\limits_{n\to\infty}\left(1+\dfrac{1}{n}\right)^n(n+1)=+\infty$，故收敛半径 $R=0$，即题设级数只在 $x=0$ 处收敛.

(3) 因为 $\rho=\lim\limits_{n\to\infty}\left|\dfrac{a_{n+1}}{a_n}\right|=\lim\limits_{n\to\infty}\dfrac{\dfrac{1}{(n+1)!}}{\dfrac{1}{n!}}=\lim\limits_{n\to\infty}\dfrac{1}{n+1}=0$，所以收敛半径 $R=+\infty$，所求收敛域为 $(-\infty, +\infty)$.

例 2 求下列幂级数的收敛区间.

(1) $\sum\limits_{n=1}^{\infty}n(x-1)^n$； (2) $\sum\limits_{n=1}^{\infty}\dfrac{(-1)^n}{3^n}x^{2n-1}$.

分析 第 (1) 题可作变量代换，第 (2) 题缺少偶数次幂的项，不能直接用定理，可根据比值审敛法求解.

解 (1) 令 $t=x-1$，则原级数等于 $\sum\limits_{n=1}^{\infty}nt^n$.

因为 $\rho=\lim\limits_{n\to\infty}\left|\dfrac{a_{n+1}}{a_n}\right|=\lim\limits_{n\to\infty}\dfrac{n+1}{n}=1$，所以收敛半径 $R=1$. 收敛区间为 $|t|<1$，即 $(0,2)$.

(2) $\lim\limits_{n\to\infty}\left|\dfrac{a_{n+1}x^{n+1}}{a_n x^n}\right|=\lim\limits_{n\to\infty}\dfrac{3^n}{3^{n+1}}|x^2|=\dfrac{1}{3}|x|^2$，当 $\dfrac{1}{3}|x|^2<1$ 即 $|x|<\sqrt{3}$ 时级数收敛；当 $\dfrac{1}{3}|x|^2>1$ 即 $|x|>\sqrt{3}$ 时级数发散. 所以收敛区间为 $(-\sqrt{3},\sqrt{3})$.

8.4.2 幂级数的性质

下面列出幂级数的两个性质，略去证明.

性质 8.5 设幂级数 $\sum\limits_{n=0}^{\infty}a_n x^n=S_1(x)$，$\sum\limits_{n=0}^{\infty}b_n x^n=S_2(x)$，收敛半径分别为 R_1 与 R_2，则

$$\sum_{n=0}^{\infty}a_n x^n \pm \sum_{n=0}^{\infty}b_n x^n = \sum_{n=0}^{\infty}(a_n\pm b_n)x^n=S_1(x)\pm S_2(x)$$

其收敛半径 $R=\min\{R_1,R_2\}$.

性质 8.6 设幂级数 $\sum\limits_{n=0}^{\infty}a_n x^n$ 的和函数为 $S(x)$，收敛半径为 R，则在收敛区间 $(-R,R)(R>0)$ 内有：

(1) 和函数 $S(x)$ 连续；

(2) 和函数 $S(x)$ 可导且可以逐项求导，即

$$S'(x)=\left(\sum_{n=0}^{\infty}a_n x^n\right)'=\sum_{n=0}^{\infty}(a_n x^n)'=\sum_{n=1}^{\infty}na_n x^{n-1}$$

收敛半径也是 R；

(3) 和函数 $S(x)$ 可积，且可以逐项积分，即

$$\int_0^x S(x)\mathrm{d}x=\int_0^x\left(\sum_{n=0}^{\infty}a_n x^n\right)\mathrm{d}x=\sum_{n=0}^{\infty}\int_0^x a_n x^n\mathrm{d}x=\sum_{n=0}^{\infty}\dfrac{a_n}{n+1}x^{n+1}$$

收敛半径也是 R.

值得注意的是，逐项求导或逐项积分以后，虽然收敛半径不变，但在收敛区间的端点处的敛散性可能发生变化，这时需要重新审敛端点.

例 3 求幂级数 $\sum\limits_{n=1}^{\infty}\dfrac{x^n}{n}$ 的收敛区间及和函数.

分析 先求收敛区间，求和函数时，经常用到幂级数的逐项求导、逐项积分的性质.

解 所给幂级数 $\sum_{n=1}^{\infty} \dfrac{x^n}{n}$ 的收敛半径 $R=1$,收敛区间为 $(-1,1)$.

$$S'(x) = \left(\sum_{n=1}^{\infty} \dfrac{x^n}{n}\right)' = \sum_{n=1}^{\infty} \left(\dfrac{x^n}{n}\right)' = \sum_{n=1}^{\infty} x^{n-1} = \dfrac{1}{1-x}$$

$$S(x) = \int_0^x S'(x)\,\mathrm{d}x = \int_0^x \dfrac{1}{1-x}\,\mathrm{d}x = -\ln(1-x)\Big|_0^x = -\ln(1-x)$$

当 $x=1$ 时,原级数等于 $\sum_{n=1}^{\infty} \dfrac{1}{n}$,是发散的;当 $x=-1$ 时,原级数等于 $\sum_{n=1}^{\infty} \dfrac{(-1)^n}{n}$,是收敛的. 因此,幂级数的收敛域为 $[-1,1)$,在收敛域内和函数 $S(x) = -\ln(1-x)$.

例 4 求幂级数 $\sum_{n=0}^{\infty} (n+1)x^n$ 的和函数.

分析 先确定收敛区间,求和函数时,经常用到幂级数的逐项求导、逐项积分的性质.

解 所给幂级数收敛半径 $R=1$,收敛区间为 $(-1,1)$.

设 $S(x) = \sum_{n=0}^{\infty} (n+1)x^n$,那么

$$\int_0^x S(x)\,\mathrm{d}x = \int_0^x \left(\sum_{n=0}^{\infty} (n+1)x^n\right)\mathrm{d}x = \sum_{n=0}^{\infty} \int_0^x (n+1)x^n\,\mathrm{d}x = \sum_{n=0}^{\infty} x^{n+1}$$

$$= x + x^2 + x^3 + \cdots + x^{n+1} + \cdots$$

$$= -1 + \dfrac{1}{1-x}$$

所以 $S(x) = \left(\int_0^x S(x)\,\mathrm{d}x\right)'_x = \left(-1 + \dfrac{1}{1-x}\right)'_x = \dfrac{1}{(1-x)^2}$

求幂级数的和函数的一般步骤为:

(1) 对所给幂级数进行逐项求导或逐项积分;

(2) 求出(1)中所得幂级数的和函数;

(3) 对(2)中所得的幂级数的和函数进行积分或求导运算即可得到所求幂级数的和函数.

习题 8.4

1. 求下列幂级数的收敛区间.

(1) $\sum_{n=1}^{\infty} nx^n$;

(2) $\sum_{n=0}^{\infty} \dfrac{x^n}{n!}(0! = 1)$;

(3) $\sum_{n=1}^{\infty} \dfrac{(-1)^n x^n}{n^2}$;

(4) $\sum_{n=1}^{\infty} \dfrac{(x-5)^n}{n}$;

(5) $\sum_{n=1}^{\infty}\frac{(-1)^n}{2n+1}x^{2n+1}$; (6) $\sum_{n=1}^{\infty}\frac{x^n}{n\cdot 3^n}$;

(7) $\sum_{n=1}^{\infty}\frac{2n-1}{2^n}x^{2n}$; (8) $\sum_{n=1}^{\infty}\frac{2^n}{n}(x-1)^n$.

2. 利用逐项求导法和逐项积分法求下列幂级数的和函数.

(1) $\sum_{n=1}^{\infty}\frac{(-1)^n}{n}x^n, |x|<1$; (2) $\sum_{n=1}^{\infty}nx^{n-1}, |x|<1$.

8.5 函数的幂级数展开

8.4 节讨论了幂级数在收敛区间的和函数问题，下面将研究其逆问题，即研究如何把任意一个已知函数 $f(x)$ 表示成一个幂级数，讨论展开的幂级数是否以 $f(x)$ 为和函数.

8.5.1 麦克劳林级数

函数 $f(x)$ 的麦克劳林多项式为

$$f(x)=f(0)+f'(0)x+\frac{f''(0)}{2!}x^2+\cdots+\frac{f^{(n)}(0)}{n!}x^n$$

当 $n\to\infty$ 时，函数 $f(x)$ 的麦克劳林多项式变成如下形式的幂级数：

$$f(x)=f(0)+f'(0)x+\frac{f''(0)}{2!}x^2+\cdots+\frac{f^{(n)}(0)}{n!}x^n+\cdots \quad (8-6)$$

以上级数称为 $f(x)$ 的麦克劳林级数. 那么，它是否以函数 $f(x)$ 为和函数呢？令式（8-6）前 $n+1$ 项的和为 $S_{n+1}(x)$，即

$$S_{n+1}(x)=f(x)=f(0)+f'(0)x+\frac{f''(0)}{2!}x^2+\cdots+\frac{f^{(n)}(0)}{n!}x^n$$

那么，级数（8-6）收敛于 $f(x)$ 的条件为

$$\lim_{n\to\infty}S_{n+1}(x)=f(x)$$

事实上 $f(x)=S_{n+1}(x)+R_n(x)$. 当 $\lim_{n\to\infty}R_n(x)=0$ 时，有 $\lim_{n\to\infty}S_{n+1}(x)=f(x)$；反之，若 $\lim_{n\to\infty}S_{n+1}(x)=f(x)$，必有 $\lim_{n\to\infty}R_n(x)=0$.

因此，麦克劳林级数式（8-6）以 $f(x)$ 为和函数的充要条件是麦克劳林公式中的余项 $R_n(x)\to 0$（当 $n\to\infty$ 时）.

函数 $f(x)$ 的幂级数展开式为

$$f(x)=f(0)+f'(0)x+\frac{f''(0)}{2!}x^2+\cdots+\frac{f^{(n)}(0)}{n!}x^n+\cdots \quad (8-7)$$

如果 $f(x)$ 在 x_0 的邻域内有任意阶导数，则幂级数

$$f(x)=f(x_0)+f'(x_0)(x-x_0)+\frac{f''(x_0)}{2!}(x-x_0)^2+\cdots+\frac{f^{(n)}(x_0)}{n!}(x-x_0)^n+\cdots$$

(8-8)

称为泰勒级数．令 $x_0=0$，即得麦克劳林级数．

8.5.2 将函数展开成幂级数的两种方法

1. 直接展开法

利用麦克劳林公式将函数展开成幂级数的方法称为直接展开法，本方法的特点是直接计算 $a_n=\dfrac{f^{(n)}(0)}{n!}(n=0,1,2,3,\cdots)$．

例1 试将函数 $f(x)=e^x$ 展开成 x 的幂级数．

分析 先求函数及函数的各阶导数在 $x=0$ 处的值，再讨论 $\lim\limits_{n\to\infty}R_n(x)$，最后可得展开式．

解 $f(x)=e^x$，$f^{(n)}(x)=e^x(n=1,2,3,\cdots)$

$f(0)=1$，$f^{(n)}(0)=1(n=1,2,3,\cdots)$

得到幂级数

$$1+x+\frac{x^2}{2!}+\frac{x^3}{3!}+\cdots+\frac{x^n}{n!}+\cdots$$

显然，该幂级数的收敛区间为 $(-\infty,+\infty)$．

由于 $|R_n(x)|=\left|\dfrac{e^\xi}{(n+1)!}x^{n+1}\right|<e^{|x|}\cdot\dfrac{|x|^{n+1}}{(n+1)!}$（$\xi$ 介于 0 和 x 之间），$e^{|x|}$ 是常值，级数 $\sum\limits_{n=1}^{\infty}\dfrac{|x|^{n+1}}{(n+1)!}$ 是绝对收敛，所以有 $\lim\limits_{n\to\infty}\dfrac{|x|^{n+1}}{(n+!)!}=0$，从而，$\lim\limits_{n\to\infty}e^{|x|}\dfrac{|x|^{n+1}}{(n+!)!}=0$．

所以

$$\lim_{n\to\infty}R_n(x)=0$$

故有

$$e^x=1+x+\frac{x^2}{2!}+\frac{x^3}{3!}+\cdots+\frac{x^n}{n!}+\cdots(-\infty<x<+\infty)$$

例2 将 $f(x)=\sin x$ 展开成 x 的幂级数．

分析 先求函数及函数的各阶导数在 $x=0$ 处的值，再讨论 $\lim\limits_{n\to\infty}R_n(x)$，最后可得展开式．

解 $f(x) = \sin x$, $f^{(n)}(x) = \sin\left(x + n \cdot \dfrac{\pi}{2}\right)$ $(n=1,2,3,\cdots)$

$$f(0) = 0, f^{(n)}(0) = \sin\dfrac{n\pi}{2}(n=1,2,3,\cdots)$$

当 $n=2k$ 时，$f^{(2k)}(0) = \sin k\pi = 0$.

当 $n=2k+1$ 时，

$$f^{(2k+1)}(0) = \sin\dfrac{2k+1}{2}\pi = \sin\left(k\pi + \dfrac{\pi}{2}\right) = \cos k\pi = \begin{cases} 1, & k \text{ 为偶数} \\ -1, & k \text{ 为奇数} \end{cases}$$

得幂级数

$$x - \dfrac{x^3}{3!} + \dfrac{x^5}{5!} + \cdots + (-1)^k \dfrac{x^{2k+1}}{(2k+1)!} + \cdots$$

收敛区间为 $(-\infty, +\infty)$，类似于例 1，可以证明

$$|R_n(x)| \to 0 (\text{当 } n \to \infty \text{ 时})$$

故有

$$\sin x = x - \dfrac{x^3}{3!} + \dfrac{x^5}{5!} + \cdots + (-1)^k \dfrac{x^{2k+1}}{(2k+1)!} + \cdots (-\infty < x < +\infty)$$

利用逐项求导法可得

$$\cos x = 1 - \dfrac{x^2}{2!} + \dfrac{x^4}{4!} + \cdots + (-1)^k \dfrac{x^{2k}}{(2k)!} + \cdots (-\infty < x < \infty)$$

直接展开法的缺点是讨论 $\lim\limits_{n\to\infty} R_n(x)$ 是否为零是一件很烦琐的事，而下面的方法就避开了这一问题.

2. 间接展开法

间接展开法是利用已知的函数的幂级数展开式，运用幂级数的运算（逐项相加、逐项求导和逐项积分等）和变量替换等方法求得函数的幂级数展开式.

例 3 将函数 $f(x) = \arctan x$ 展开成 x 的幂级数.

分析 直接写出反正切函数的导数的展开式，再逐项积分.

解 $\arctan x = \displaystyle\int_0^x \dfrac{1}{1+x^2} \mathrm{d}x$

而 $\dfrac{1}{1+x} = 1 - x + x^2 - \cdots + (-1)^n x^n + \cdots \quad (-1 < x < 1)$

得 $\dfrac{1}{1+x^2} = 1 - x^2 + x^4 - \cdots + (-1)^n x^{2n} + \cdots \quad (-1 < x < 1)$

所以，上式两边积分得

$$\arctan x = x - \frac{x^3}{3} + \frac{x^5}{5} + \cdots + (-1)^n \frac{x^{2n+1}}{2n+1} + \cdots \quad (-1 < x < 1)$$

上式在端点处的敛散性讨论从略.

例 4 将函数 $f(x) = \dfrac{1}{2-x}$ 展开成 x 的幂级数.

分析 将分子、分母同除以 2，使分母中的 2 化为 1.

解 因为 $\dfrac{1}{1-x} = 1 + x + x^2 + \cdots + x^n + \cdots \quad (-1 < x < 1)$

所以 $\dfrac{1}{2-x} = \dfrac{1}{2} \cdot \dfrac{1}{1-\frac{x}{2}} = \dfrac{1}{2}\left[1 + \dfrac{x}{2} + \left(\dfrac{x}{2}\right)^2 + \cdots + \left(\dfrac{x}{2}\right)^n + \cdots\right] \quad (-2 < x < 2)$

利用间接展开法求函数的幂级数展开式时，要用到几个常用函数的幂级数展开式，现把它们列在下面，便于读者查用.

(1) $e^x = 1 + x + \dfrac{x^2}{2!} + \dfrac{x^3}{3!} + \cdots + \dfrac{x^n}{n!} + \cdots \quad (-\infty < x < +\infty)$

(2) $\ln(1+x) = x - \dfrac{1}{2}x^2 + \dfrac{1}{3}x^3 - \cdots + (-1)^n \dfrac{x^{n+1}}{n+1} + \cdots \quad (-1 < x \leqslant 1)$

(3) $\sin x = x - \dfrac{x^3}{3!} + \dfrac{x^5}{5!} + \cdots + (-1)^n \dfrac{x^{2n+1}}{(2n+1)!} + \cdots \quad (-\infty < x < +\infty)$

(4) $\cos x = 1 - \dfrac{x^2}{2!} + \dfrac{x^4}{4!} + \cdots + (-1)^n \dfrac{x^{2n}}{(2n)!} + \cdots \quad (-\infty < x < \infty)$

(5) $\arctan x = x - \dfrac{x^3}{3} + \dfrac{x^5}{5} + \cdots + (-1)^n \dfrac{x^{2n+1}}{2n+1} + \cdots \quad (-1 \leqslant x \leqslant 1)$

(6) $(1+x)^m = 1 + mx + \dfrac{m(m-1)}{2!}x^2 + \cdots + \dfrac{m(m-1)\cdots(m-n+1)}{n!}x^n + \cdots \quad (-1 < x < 1)$

注意：最后一个二项展开式在端点的敛散性与 m 有关，要根据 m 的值另行讨论.

习题 8.5

1. 用间接展开法将 $f(x) = a^x$ ($a > 0$ 且 $a \neq 1$) 展开成 x 的幂级数.

2. 用间接展开法把下列函数展开成 x 的幂级数.

(1) e^{-x^2}； (2) $\dfrac{1}{2+x}$；

(3) $\ln(2+x)$； (4) $\sin^2 x$；

(5) 2^x.

柯　西
——业绩永存的数学大师

柯西（1789—1857），法国数学家、物理学家. 19世纪初期，微积分已发展成一个庞大的分支，内容丰富，应用非常广泛，与此同时，它的薄弱之处也越来越暴露出来：微积分的理论基础并不严格. 为解决新问题并理清微积分概念，数学家开展了数学分析严谨化工作，在分析基础的奠基工作中，做出卓越贡献的要首推伟大的数学家柯西.

柯西1789年8月21日出生于巴黎，父亲是一位精通古典文学的律师. 柯西在幼年时，他的父亲常带他到法国参议院内的办公室，并且在那里指导他进行学习，因此他有机会遇到参议员拉普拉斯和拉格朗日两位大数学家，他们对他的数学才能十分赏识. 拉格朗日认为他将来必定会成为大数学家，但建议他的父亲在他学好文科前不要学数学，建议"赶快给柯西一种坚实的文学教育"，以便他的爱好不致把他引入歧途. 父亲因此加强了对柯西的文学教养，使他在诗歌方面也表现出很高的才华. 1807—1810年，柯西在工学院学习，曾当过交通道路工程师. 由于身体欠佳，他接受了拉格朗日和拉普拉斯的劝告，放弃工程师而致力于纯数学的研究.

柯西在数学上的最大贡献是在微积分中引进了极限概念，并以极限为基础建立了逻辑清晰的分析体系. 这是微积分发展史上的精华，也是柯西对人类科学发展所做的巨大贡献. 1821年，柯西提出极限定义的ε方法，把极限过程用不等式来刻画，后经魏尔斯特拉斯改进，成为现在所说的柯西极限定义或叫ε-δ定义. 当今所有微积分的教科书都还（至少是在本质上）沿用着柯西等人关于极限、连续、导数、收敛等概念的定义. 他对微积分的解释被后人普遍采用. 柯西对定积分做了最系统的开创性工作，他把定积分定义为和的"极限". 在定积分运算之前，强调必须确立积分的存在性. 他利用中值定理首先严格证明了微积分基本定理. 通过柯西及后来魏尔斯特拉斯的艰苦工作，数学分析的基本概念得到严格论述，从而结束微积分长久以来思想上的混乱局面，把微积分及其推广从对几何概念、运动和直观了解的完全依赖中解放出来，并使微积分发展成现代数学最基础、最庞大的数学学科.

数学分析严谨化的工作一开始就产生了很大的影响. 在一次学术会议上,柯西提出了级数收敛性理论. 会后,拉普拉斯急忙赶回家中,根据柯西的严谨判别法,逐一检查其巨著《天体力学》中所用到的级数是否都收敛.

柯西在其他方面的研究成果也很丰富,复变函数的微积分理论就是由他创立的,他在代数、理论物理、光学、弹性理论方面,也有突出贡献. 柯西的数学成就不仅辉煌,而且数量惊人.《柯西全集》有 27 卷,柯西论著达 800 多篇. 在数学史上,柯西是仅次于欧拉的多产数学家. 他的名字与许多定理、准则一起被铭记在当今许多教材中.

柯西论著中有些是经典之作,不过并不是所有的创作的质量都很高,因此他还曾被人批评高产而轻率. 传说柯西年轻的时候向巴黎科学院学报投论文,其投稿之快、投稿之多,使得印刷厂为了印制这些论文抢购了巴黎市所有纸店的存货,使得市面上纸张短缺,纸价大增,印刷厂成本上升,于是巴黎科学院通过决议,以后发表论文每篇篇幅不得超过 4 页. 柯西不少长篇论文不得在本国发表,只能改投别国刊物.

作为一位学者,他思路敏捷,功绩卓著. 从柯西卷帙浩大的论著和成果,人们不难想象他一生是怎样孜孜不倦地勤奋工作. 但柯西却是个具有复杂性格的人. 他是忠诚的保王党人,热心的天主教徒,落落寡合的学者. 尤其作为久负盛名的科学泰斗,他常常忽视青年学者的创造. 例如,由于柯西"失落"了才华出众的年轻数学家阿贝尔与伽罗华的开创性的论文手稿,造成群论晚问世约半个世纪.

1857 年 5 月 23 日,柯西在巴黎病逝. 他临终有一句名言"人总是要死的,但是,他们的业绩永存."这句话长久地叩击着一代又一代学子的心扉.

复习题

1. 选择题

(1) 若级数 $\sum_{n=1}^{\infty} u_n$ 收敛于 S,则级数 $\sum_{n=1}^{\infty}(u_n + u_{n+1})$( ).

A. 收敛于 $2S$ B. 收敛于 $2S+u_1$ C. 收敛于 $2S-u_1$ D. 发散

(2) 若常数项级数 $\sum_{n=1}^{\infty} a_n$ 收敛,则( ).

A. $S_n = a_1 + a_2 + \cdots + a_n, \lim\limits_{n\to\infty} S_n = 0$ B. $\lim\limits_{n\to\infty} \sum_{n=1}^{\infty} a_n = 0$

C. $S_n = a_1 + a_2 + \cdots + a_n, \lim\limits_{n\to\infty} S_n$ 存在   D. $\lim\limits_{n\to\infty} a_n$ 不存在

(3) 若 $\sum_{n=1}^{\infty} a_n = S$,则按某一规律对级数添括号后所得级数( ).

A. 仍收敛于 S B. 仍收敛，但不一定收敛于 S
C. 不一定收敛 D. 一定发散

(4) 下列级数中为条件收敛的是（　　）.

A. $\sum_{n=1}^{\infty}(-1)^n\dfrac{n^2}{n+1}$ B. $\sum_{n=1}^{\infty}(-1)^n\dfrac{1}{\sqrt{n}}$

C. $\sum_{n=1}^{\infty}(-1)^n\dfrac{1}{n^2}$ D. $\sum_{n=1}^{\infty}(-1)^n\sqrt{n}$

(5) 若级数 $\sum_{n=1}^{\infty}a_n^2$ 和 $\sum_{n=1}^{\infty}b_n^2$ 都收敛，则级数 $\sum_{n=1}^{\infty}a_n b_n$（　　）.

A. 一定条件收敛 B. 一定绝对收敛
C. 一定发散 D. 可能收敛也可能发散

2. 填空题

(1) 给定级数 $\sum_{n=1}^{\infty}u_n$，如果 $\lim\limits_{n\to\infty}S_n=\lim\limits_{n\to\infty}(u_1+u_2+\cdots+u_n)=S(\neq\infty)$，则称这个级数是_____，而极限值 S 叫作_____；又若 $\lim\limits_{n\to\infty}S_n$ 不存在，则称这个级数是_____.

(2) 级数 $\sum_{n=1}^{\infty}\dfrac{1}{n(n+1)}$ 的部分和 $S_n=$ _____，此级数的和为_____.

(3) $\sum_{n=1}^{\infty}\dfrac{x^n}{2^n}$ 的收敛区间为_____.

(4) $\sum_{n=1}^{\infty}n!x^n$ 的收敛半径为_____.

3. 若级数 $\sum_{n=1}^{\infty}a_n^2$ 和 $\sum_{n=1}^{\infty}b_n^2$ 都收敛，试证级数 $\sum_{n=1}^{\infty}|a_n b_n|$ 和 $\sum_{n=1}^{\infty}(a_n+b_n)^2$ 都收敛.

4. 判定下列级数的敛散性.

(1) $\sum_{n=1}^{\infty}\dfrac{n!}{n^n}$; (2) $\sum_{n=1}^{\infty}\dfrac{2n-1}{3^n}$;

(3) $\sum_{n=1}^{\infty}\dfrac{n}{2n^2+1}$; (4) $\sum_{n=1}^{\infty}\dfrac{1}{\sqrt[n]{3}}$;

(5) $\sum_{n=1}^{\infty}\dfrac{5^n}{3^n}$; (6) $\sum_{n=1}^{\infty}\dfrac{n}{(n+1)!}$;

(7) $\sum_{n=1}^{\infty}\dfrac{1}{(2n-1)(2n+1)}$; (8) $\sum_{n=1}^{\infty}n\tan\dfrac{\pi}{2^n}$.

5. 判定下列级数的敛散性. 如果收敛，判断是绝对收敛还是条件收敛.

(1) $\sum_{n=1}^{\infty}(-1)^n\dfrac{1}{\sqrt[3]{n}}$; (2) $\sum_{n=1}^{\infty}(-1)^{n-1}\dfrac{1}{n^2}$;

(3) $\sum_{n=1}^{\infty}(-1)^n\dfrac{n}{2n^2+3}$; (4) $\sum_{n=1}^{\infty}(-1)^n\dfrac{n+1}{2n-3}$.

6. 求级数 $\sum_{n=0}^{\infty}(n+1)\dfrac{x^n}{2^n}$ 的收敛区间.

7. 求级数 $\sum_{n=0}^{\infty}(-1)^n \dfrac{1}{2n+1}x^{2n+1}$ 的收敛区间及和函数.

真题荟萃

一、选择题

1. （2015年）下列级数中为条件收敛的级数是（　　）.

(A) $\sum_{n=1}^{\infty}(-1)^n \dfrac{n}{n+1}$ 　　　　　(B) $\sum_{n=1}^{\infty}(-1)^n \sqrt{n}$

(C) $\sum_{n=1}^{\infty}(-1)^n \dfrac{1}{n^2}$ 　　　　　(D) $\sum_{n=1}^{\infty}(-1)^n \dfrac{1}{\sqrt{n}}$

2. （2014年）下列结论正确的是（　　）.

(A) 若级数 $\sum_{n=1}^{\infty} a_n^2, \sum_{n=1}^{\infty} b_n^2$ 均收敛，则级数 $\sum_{n=1}^{\infty}(a_n+b_n)^2$ 收敛

(B) 若级数 $\sum_{n=1}^{\infty}|a_n b_n|$ 收敛，则级数 $\sum_{n=1}^{\infty} a_n^2, \sum_{n=1}^{\infty} b_n^2$ 均收敛

(C) 若级数 $\sum_{n=1}^{\infty} a_n$ 发散，则 $a_n \geqslant \dfrac{1}{n}$

(D) 若级数 $\sum_{n=1}^{\infty} a_n$ 收敛，$a_n \geqslant b_n$，则级数 $\sum_{n=1}^{\infty} b_n$ 收敛

3. （2012年）若级数 $\sum_{n=1}^{\infty} a_n$ 收敛，下列结论正确的是（　　）.

(A) $\sum_{n=1}^{\infty}|a_n|$ 收敛 　　　　　(B) $\sum_{n=1}^{\infty}(-1)^n a_n$ 收敛

(C) $\sum_{n=1}^{\infty} a_n a_{n+1}$ 收敛 　　　　　(D) $\sum_{n=1}^{\infty} \dfrac{a_n+a_{n+1}}{2}$ 收敛

4. （2011年）如果级数 $\sum_{n=1}^{\infty} u_n (u_n \neq 0)$ 收敛，则必有（　　）.

(A) 级数 $\sum_{n=1}^{\infty} \dfrac{1}{u_n}$ 发散 　　　　　(B) 级数 $\sum_{n=1}^{\infty}|u_n|$ 收敛

(C) 级数 $\sum_{n=1}^{\infty}(-1)^n u_n$ 收敛 　　　　　(D) 级数 $\sum_{n=1}^{\infty}\left(u_n+\dfrac{1}{n}\right)$ 收敛

5. （2010年）$\lim\limits_{n \to \infty} u_n = 0$ 是级数 $\sum_{n=1}^{\infty} u_n$ 收敛的（　　）.

(A) 必要条件 　　　　　(B) 充分条件

(C) 充分必要条件 　　　　　(D) 不确定

6. （2009年）幂函数 $\sum_{n=1}^{\infty} \dfrac{3+(-1)^n}{3^n} x^n$ 的收敛半径是（　　）.

(A) 6　　　　(B) $\dfrac{3}{2}$　　　　(C) 3　　　　(D) $\dfrac{1}{3}$

二、填空题

1．（2016 年）当 $n\to\infty$ 时，$\lim\limits_{n\to\infty} n\sin\dfrac{1}{n}=1$ 根据敛散性判定方法，可以判定级数 $\sum\limits_{n=1}^{\infty}\sin\dfrac{1}{n}$ _____．

2．（2013 年）如果幂级数 $\sum\limits_{n=0}^{\infty}a_n x^n$ 的收敛半径为 2，则幂级数 $\sum\limits_{n=0}^{\infty}na_n(x-1)^{n-1}$ 的收敛区间为_____．

3．（2011 年）级数 $\sum\limits_{n=1}^{\infty}\dfrac{x^n}{3n+1}$ 的收敛区间是_____．

4．（2010 年）幂级数 $\sum\limits_{n=1}^{\infty}\dfrac{x^n}{n!}$ 的收敛区间为_____．

三、计算题

1．（2016 年）求幂级数 $\sum\limits_{n=1}^{\infty}\dfrac{x^n}{n!}$ 的收敛区间．

2．（2009 年）求幂级数 $x-\dfrac{x^2}{2}+\dfrac{x^3}{3}-\cdots+(-1)^{n-1}\dfrac{x^n}{n}+\cdots$ 的收敛半径和收敛域．

四、综合题

（2015 年）证明级数 $\sum\limits_{n=1}^{\infty}\dfrac{n^4}{n!}x^n$ 对于任意的 $x\in(-\infty,\infty)$ 都是收敛的．

第 9 章 向量代数与空间解析几何

空间解析几何的产生是数学史上一个划时代的成就,法国数学家笛卡尔和费马均于 17 世纪上半叶对此做出了开创性的工作. 代数学的优越性在于推理方法的程序化,鉴于这种优越性,人们产生了用代数方法研究几何问题的思想,这就是解析几何的基本思想. 本章先介绍向量代数的有关知识,以此为基础再介绍空间解析几何的有关知识.

9.1 空间直角坐标系

9.1.1 空间直角坐标系简介

要用代数的方法研究空间图形,首先要建立空间的点与有序数组之间的联系,这个需要通过建立空间直角坐标系来实现,那么什么是空间直角坐标系呢?

类似于平面直角坐标系,在空间中作三条两两互相垂直且有公共原点的数轴,一般取相同的长度单位. 这三条数轴分别叫 x 轴(横轴)、y 轴(纵轴)、z 轴(竖轴),它们统称为坐标轴. 通常把 x 轴、y 轴放置于水平面上,而 z 轴则是铅垂线,规定它们的正向满足右手法则,即以右手握住 z 轴,握拳时四个手指弯曲的方向由 x 轴到 y 轴,大拇指的指向就是 z 轴的正向,如图 9-1 所示,这样的三条坐标轴就构成了一个空间直角坐标系. 公共原点就叫坐标系的原点(或原点),记为 O.

三条坐标轴中的任意两条都可确定一个平面,这样定出的三个平面统称为坐标面,依次叫作 xOy 面、yOz 面、zOx 面. 三个坐标面把空间分成八个部分,每一部分叫作一个卦限. 含有 x 轴、y 轴、z 轴正半轴的那个卦限叫作第一卦限,在 xOy 面上方的其他三个卦限,按逆时针方向分别叫作第二、第三、第四卦限;在 xOy 面下方与第一、第二、第三、第四卦限相对应的卦限分别叫作第五、第六、第七、第八卦限. 这八个卦限分别用 Ⅰ、Ⅱ、Ⅲ、Ⅳ、Ⅴ、Ⅵ、Ⅶ、Ⅷ表示,如图 9-2 所示.

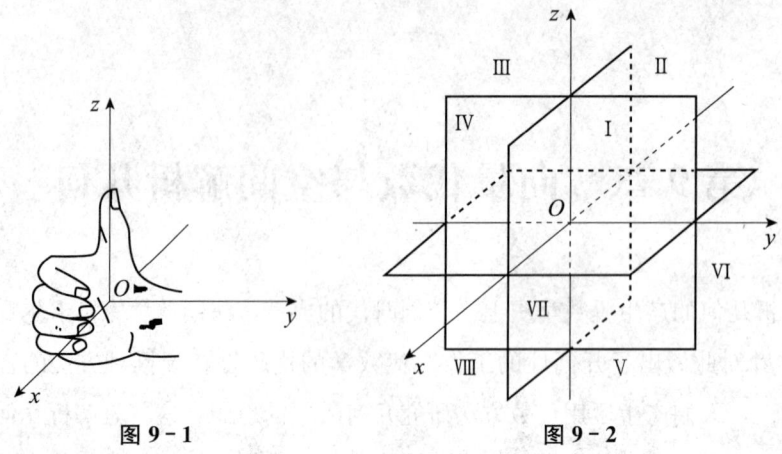

图 9-1　　　　　　　图 9-2

设 M 为空间一已知点，过点 M 分别作 x 轴、y 轴、z 轴的垂线，垂足依次为 P，Q，R，如图 9-3 所示，这三点在 x 轴、y 轴、z 轴上的坐标依次为 x，y，z. 于是空间的一点 M 就唯一地确定了一个有序数组 x，y，z；反过来，一个有序数组 x，y，z 也可以唯一确定空间的一点 M. 这样，空间的点 M 和有序数组 x，y，z 之间就建立了一一对应关系. 这组数叫点 M 的坐标，依次称为点 M 的横坐标、纵坐标和竖坐标. 坐标为 x，y，z 的点 M 记为 $M(x, y, z)$.

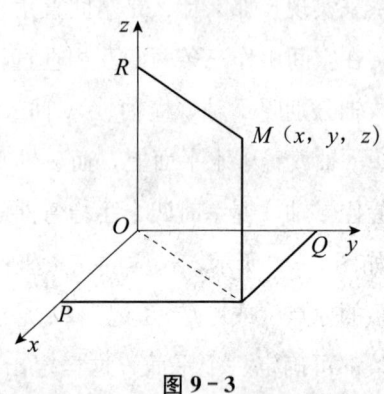

图 9-3

9.1.2　空间两点间的距离

如图 9-4 所示，设 $M_1(x_1, y_1, z_1)$，$M_2(x_2, y_2, z_2)$ 为空间两点，则这两点间的距离为：

$$d = |M_1M_2| = \sqrt{(x_2-x_1)^2 + (y_2-y_1)^2 + (z_2-z_1)^2} \qquad (9-1)$$

这就是空间两点间的距离公式.

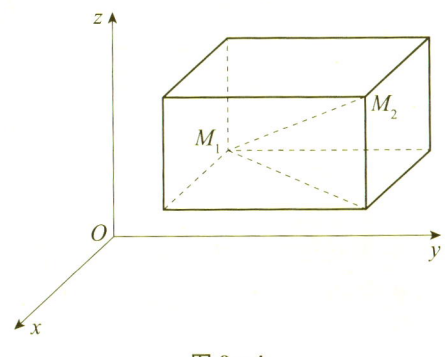

图 9-4

特别地,点 $M(x, y, z)$ 与坐标原点 $O(0, 0, 0)$ 的距离为

$$d = |OM| = \sqrt{x^2 + y^2 + z^2} \tag{9-2}$$

例 1 求证:以 $M_1(4, 3, 1)$,$M_2(7, 1, 2)$,$M_3(5, 2, 3)$ 三点为顶点的三角形是一个等腰三角形.

分析 求出每两点之间的距离后进行比较即可.

证明 因为 $|M_1M_2|^2 = (7-4)^2 + (1-3)^2 + (2-1)^2 = 14$

$|M_2M_3|^2 = (5-7)^2 + (2-1)^2 + (3-2)^2 = 6$

$|M_1M_3|^2 = (5-4)^2 + (2-3)^2 + (3-1)^2 = 6$

所以 $|M_2M_3| = |M_1M_3|$,即 $\triangle M_1M_2M_3$ 为等腰三角形.

例 2 在 y 轴上求一点 M,使它到 $A(-1, 0, 2)$ 和 $B(1, -1, 3)$ 的距离相等.

分析 设出该点的坐标,根据空间两点间的距离公式列方程求解.

解 设所求的点为 $M(0, y, 0)$,依题意有 $|MA|^2 = |MB|^2$,即

$$(0+1)^2 + (y-0)^2 + (0-2)^2 = (0-1)^2 + (y+1)^2 + (0-3)^2$$

解之得 $y = -3$,所以,所求的点为 $M(0, -3, 0)$.

习题 9.1

1. 判断下列各点所在的卦限.

(1) $A(-1, -2, -3)$; (2) $B(1, -2, -2)$; (3) $C(2, 1, -4)$; (4) $D(-2, 2, 3)$.

2. 在坐标面上和坐标轴上的点的坐标各有什么特点?指出下列各点的位置.

(1) $A(3, -2, 0)$; (2) $B(0, 4, -1)$; (3) $C(-2, 0, 0)$; (4) $D(0, 0, 3)$.

3. 在 z 轴上求与点 $A(-4, 1, 7)$ 和点 $B(3, 5, -2)$ 等距离的点.

4. 求点 $M(1, -2, -3)$ 到各坐标面及各坐标轴的距离.

9.2 空间向量

9.2.1 向量及其几何表示

常遇到的量有两类，一类是只有大小没有方向的量，如长度、面积、体积、温度等，这类量称为标量；另一类是不但有大小而且有方向的量，如力、速度、位移等，这类量称为向量.

常用有向线段来表示向量，有向线段的长度表示向量的大小，有向线段的方向表示向量的方向. 如以 M 为起点、N 为终点的向量，可记为 $\overrightarrow{MN}$，如图 9-5 所示. 为了方便，也常用 a，b，c 等表示向量.

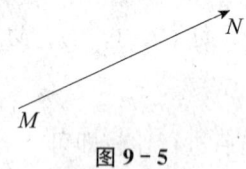

图 9-5

向量的大小称为向量的模，向量 a 的模记为 $|a|$. 模等于 1 的向量称为单位向量. 模等于 0 的向量称为零向量，记为 $\mathbf{0}$，零向量没有确定的方向. 与向量 a 的模相等而方向相反的向量称为 a 的负向量，记作 $-a$. 如果向量 a 与 b 大小相等且方向相同，就称 a 与 b 相等，记为 $a=b$. 这里不管这两个向量的起点是否相同.

如果向量 a，b 为两个非零向量，将它们的起点平移在一起，两者正向之间的夹角即为 a，b 的夹角，记为 $(\widehat{a,b})$，显然有 $(\widehat{a,b}) \in [0, \pi]$.

9.2.2 向量的线性运算

向量的线性运算包括加法、减法和数乘运算.

1. 向量的加法

力或速度的合成是依平行四边形法则施行的，向量的加法是这类合成的一种抽象. 如图 9-6 所示，以两个向量 a，b 为邻边所作的平行四边形的对角线所表示的向量即为向量 a 与 b 的和，记为 $a+b$，它可由平行四边形法则得到.

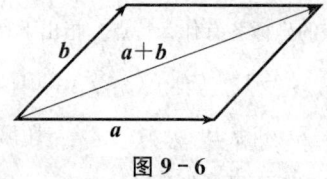

图 9-6

因为向量是自由向量，若将 $\boldsymbol{a}$，$\boldsymbol{b}$ 平移成首尾相接状态，则相连的有向折线段的起点到终点的向量也是 $\boldsymbol{a}+\boldsymbol{b}$，此时三个向量构成一个三角形，这种求向量的和的方法称为三角形法则，如图 9-7 所示.

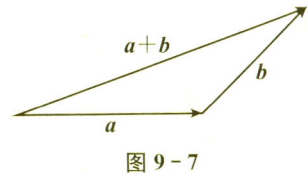

图 9-7

三角形法则可以推广到有限个向量之和，只要将前一个向量的终点作为后一个向量的起点，一直进行到最后一个向量即可. 从第一个向量的起点到最后一个向量的终点所连接的向量即为这多个向量之和.

容易验证，向量加法满足以下运算律：

交换律：$\boldsymbol{a}+\boldsymbol{b}=\boldsymbol{b}+\boldsymbol{a}$；

结合律：$(\boldsymbol{a}+\boldsymbol{b})+\boldsymbol{c}=\boldsymbol{a}+(\boldsymbol{b}+\boldsymbol{c})$.

2. 向量的减法

$\boldsymbol{a}-\boldsymbol{b}$ 定义为 $\boldsymbol{a}$ 与 $\boldsymbol{b}$ 的差，它可由三角形法则得到，如图 9-8 所示.

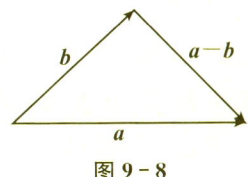

图 9-8

3. 数乘向量

规定实数 λ 与向量的乘积 $\lambda \boldsymbol{a}$ 为这样的一个向量：

(1) 它的模 $|\lambda \boldsymbol{a}| = |\lambda| |\boldsymbol{a}|$；

(2) 它的方向的确定方法为：当 $\lambda>0$ 时 $\lambda \boldsymbol{a}$ 与 $\boldsymbol{a}$ 的方向一致；当 $\lambda<0$ 时 $\lambda \boldsymbol{a}$ 与 $\boldsymbol{a}$ 的方向相反；当 $\lambda=0$ 时，$\lambda \boldsymbol{a}$ 是零向量，要注意的是 $\lambda \boldsymbol{a}$ 仍是一个向量.

数乘向量满足结合律与分配律，即

$$\mu(\lambda \boldsymbol{a}) = \lambda(\mu \boldsymbol{a}) = (\lambda \mu) \boldsymbol{a}$$

$$(\lambda+\mu)\boldsymbol{a} = \lambda \boldsymbol{a} + \mu \boldsymbol{a}$$

$$\lambda(\boldsymbol{a}+\boldsymbol{b}) = \lambda \boldsymbol{a} + \lambda \boldsymbol{b}$$

其中 λ，μ 都是实数.

此外，还可得到两个非零向量 $\boldsymbol{a}$ 与 $\boldsymbol{b}$ 平行（也称共线）的充要条件是 $\boldsymbol{a}=\lambda \boldsymbol{b}$，其中

λ 是非零常数.

例1 化简 $a-b+5\left(-\dfrac{1}{2}b+\dfrac{b-3a}{5}\right)$.

分析 运用向量的加法运算律与数乘向量满足的运算律进行化简.

解 $a-b+5\left(-\dfrac{1}{2}b+\dfrac{b-3a}{5}\right)=(1-3)a+\left(-1-\dfrac{5}{2}+\dfrac{1}{5}\cdot 5\right)b=-2a-\dfrac{5}{2}b$

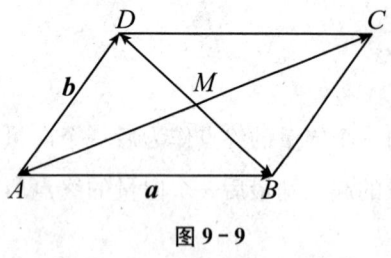

图 9-9

例2 如图 9-9 所示,在平行四边形 $ABCD$ 中,设 $\overrightarrow{AB}=a,\overrightarrow{AD}=b$.试用 a 和 b 表示向量 $\overrightarrow{MA}$、$\overrightarrow{MB}$、$\overrightarrow{MC}$、$\overrightarrow{MD}$,其中 M 是平行四边形对角线的交点.

分析 根据向量的和与差的定义表示.

解 由于平行四边形的对角线互相平分,所以
$$a+b=\overrightarrow{AC}=2\overrightarrow{AM}=-2\overrightarrow{MA}$$
于是 $\overrightarrow{MA}=-\dfrac{1}{2}(a+b)$,$\overrightarrow{MC}=-\overrightarrow{MA}=\dfrac{1}{2}(a+b)$.

因为 $-a+b=\overrightarrow{BD}=2\overrightarrow{MD}$,所以 $\overrightarrow{MD}=\dfrac{1}{2}(b-a)$,$\overrightarrow{MB}=-\overrightarrow{MD}=\dfrac{1}{2}(a-b)$.

9.2.3 向量的坐标表示

在直角坐标系中,起点为原点 O、终点为点 M 的向量 $\overrightarrow{OM}$ 称为点 M 的向径,记为 r 或 $\overrightarrow{OM}$,如图 9-10 所示.在坐标轴上分别与 x 轴,y 轴,z 轴正方向相同的单位向量,称为坐标系的基本单位向量,分别用 i,j,k 表示.若点 M 的坐标为 (x,y,z),则有 $\overrightarrow{OA}=xi$,$\overrightarrow{OB}=yj$,$\overrightarrow{OC}=zk$,由向量的加法得

$$\overrightarrow{OM}=\overrightarrow{OM'}+\overrightarrow{M'M}=\overrightarrow{OA}+\overrightarrow{OB}+\overrightarrow{OC}=xi+yj+zk \tag{9-3}$$

数组 x,y,z 称为向径 $\overrightarrow{OM}$ 的坐标,记为 (x,y,z),即
$$\overrightarrow{OM}=(x,y,z)$$
式(9-3)称为向径 $\overrightarrow{OM}$ 的坐标表示式.

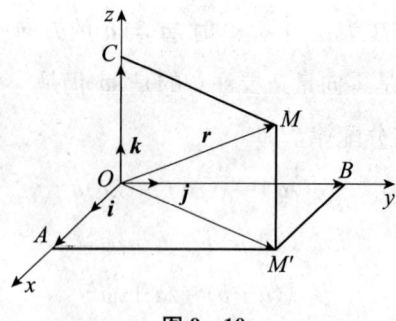

图 9-10

1. 向量的坐标表示式

设两点 $M_1(x_1, y_1, z_1)$，$M_2(x_2, y_2, z_2)$，由图 9-11 可知，以 M_1 为起点、M_2 为终点的向量为

$$\overrightarrow{M_1M_2} = \overrightarrow{OM_2} - \overrightarrow{OM_1}$$

因为 $\overrightarrow{OM_1} = x_1\boldsymbol{i} + y_1\boldsymbol{j} + z_1\boldsymbol{k}$ $\overrightarrow{OM_2} = x_2\boldsymbol{i} + y_2\boldsymbol{j} + z_2\boldsymbol{k}$

所以 $\overrightarrow{M_1M_2} = (x_2-x_1)\boldsymbol{i} + (y_2-y_1)\boldsymbol{j} + (z_2-z_1)\boldsymbol{k}$

数组 x_2-x_1，y_2-y_1，z_2-z_1 叫向量 $\overrightarrow{M_1M_2}$ 的坐标，记为 $(x_2-x_1, y_2-y_1, z_2-z_1)$，即

$$\overrightarrow{M_1M_2} = (x_2-x_1, y_2-y_1, z_2-z_1) \tag{9-4}$$

式 (9-4) 称为向量 $\overrightarrow{M_1M_2}$ 的坐标表示式。

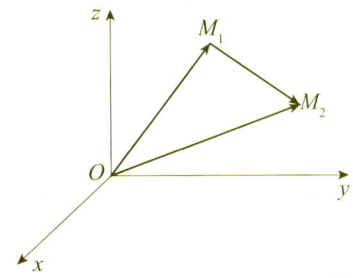

图 9-11

例 3 在 x 轴上取定一点 O 作为坐标原点。设 A，B 是 x 轴上坐标依次为 x_1，x_2 的两个点，$\boldsymbol{i}$ 是与 x 轴同方向的单位向量，证明 $\overrightarrow{AB} = (x_2-x_1)\boldsymbol{i}$。

分析 根据数乘向量的分配律证明。

证明 因为 $|\overrightarrow{OA}| = x_1$，所以 $\overrightarrow{OA} = x_1\boldsymbol{i}$，同理 $\overrightarrow{OB} = x_2\boldsymbol{i}$。

于是 $\overrightarrow{AB} = \overrightarrow{OB} - \overrightarrow{OA} = x_2\boldsymbol{i} - x_1\boldsymbol{i} = (x_2-x_1)\boldsymbol{i}$。

2. 利用坐标作向量的线性运算

设 $\boldsymbol{a} = (a_x, a_y, a_z)$，$\boldsymbol{b} = (b_x, b_y, b_z)$，则

$$\boldsymbol{a} \pm \boldsymbol{b} = (a_x \pm b_x, a_y \pm b_y, a_z \pm b_z)$$

$$\lambda \boldsymbol{a} = (\lambda a_x, \lambda a_y, \lambda a_z)$$

于是，两个向量平行相当于这两个向量的坐标对应成比例，即

$$\frac{a_x}{b_x} = \frac{a_y}{b_y} = \frac{a_z}{b_z}$$

3. 向量模的坐标表示

对于向量 $\boldsymbol{a} = a_x\boldsymbol{i} + a_y\boldsymbol{j} + a_z\boldsymbol{k} = (a_x, a_y, a_z)$，可看成是以点 $M(a_x, a_y, a_z)$ 为终点

的向径$\overrightarrow{OM}$. 容易推出：

$$|a|=|\overrightarrow{OM}|=\sqrt{a_x^2+a_y^2+a_z^2}$$

例 4 已知两点 $A(4, 0, 5)$ 和 $B(7, 1, 3)$，求与向量 $\overrightarrow{AB}$ 平行的向量的单位向量 c.

分析 向量除以模是它所对应的单位向量，与向量平行的单位向量还要加正负号.

解 所求向量有两个，一个与 $\overrightarrow{AB}$ 同向，一个与 $\overrightarrow{AB}$ 反向.

因为 $\overrightarrow{AB}=(7-4, 1-0, 3-5)=(3, 1, -2)$，所以 $|\overrightarrow{AB}|=\sqrt{3^2+1^2+(-2)^2}=\sqrt{14}$.

故所求向量为 $c=\pm\dfrac{\overrightarrow{AB}}{|\overrightarrow{AB}|}=\pm\dfrac{1}{\sqrt{14}}(3, 1, -2)$.

4. 向量的方向角与方向余弦

(1) 方向角：非零向量 r 与三条坐标轴的夹角 α，β，γ 称为向量 r 的方向角，α，β，$\gamma\in[0, \pi]$.

(2) 方向余弦：非零向量 r 的三个夹角 α，β，γ 的余弦 $\cos\alpha$，$\cos\beta$，$\cos\gamma$ 称为 r 的方向余弦.

$$\cos\alpha=\dfrac{x}{|r|}=\dfrac{x}{\sqrt{x^2+y^2+z^2}}$$

$$\cos\beta=\dfrac{y}{|r|}=\dfrac{y}{\sqrt{x^2+y^2+z^2}}$$

$$\cos\gamma=\dfrac{z}{|r|}=\dfrac{z}{\sqrt{x^2+y^2+z^2}}$$

> 注意：(1) $\cos^2\alpha+\cos^2\beta+\cos^2\gamma=1$，$\sin^2\alpha+\sin^2\beta+\sin^2\gamma=2$；
>
> (2) $e_r=\dfrac{r}{|r|}=\left(\dfrac{x}{|r|}, \dfrac{y}{|r|}, \dfrac{z}{|r|}\right)=\dfrac{1}{|r|}(x, y, z)$.

9.2.4 向量的数量积及坐标表示

先引入两向量间的夹角的概念.

设有两个非零向量 a，b，任取空间一点 O，作 $\overrightarrow{OA}=a$，$\overrightarrow{OB}=b$，规定不超过 π 的 $\angle AOB$（设 $\varphi=\angle AOB$，$0\leqslant\varphi\leqslant\pi$）为向量 a 与 b 的夹角，记作 $(\widehat{a, b})$ 或 $(\widehat{b, a})$，即 $(\widehat{a, b})=\varphi$. 如果向量 a 与 b 中有一个是零向量，规定它们的夹角可以在 0 与 π 之间任意取值.

定义 9.1 向量 a 和 b 的模与它们之间夹角的余弦的乘积称为向量 a 与 b 的数量积（也称点积或内积），记作 $a \cdot b$，即 $a \cdot b = |a||b|\cos(\widehat{a,b})$. 规定 $0 \leqslant (\widehat{a,b}) \leqslant \pi$.

所以有 $\cos(\widehat{a,b}) = \dfrac{a \cdot b}{|a||b|}$.

当向量为基本单位向量时，有 $i \cdot i = j \cdot j = k \cdot k = 1$, $i \cdot j = j \cdot k = k \cdot i = 0$.

特别地，$a \cdot a = |a|^2$，也即 $|a| = \sqrt{a \cdot a}$，这就又提供了一种求 $|a|$ 的方法.

数量积满足下列运算律：

$$a \cdot b = b \cdot a$$
$$(a+b) \cdot c = a \cdot c + b \cdot c$$
$$(\lambda a) \cdot b = a \cdot (\lambda b)$$

设 $a = (a_x, a_y, a_z)$, $b = (b_x, b_y, b_z)$，即 $a = a_x i + a_y j + a_z k$, $b = b_x i + b_y j + b_z k$，按数量积的运算律可得

$$\begin{aligned}
a \cdot b &= (a_x i + a_y j + a_z k) \cdot (b_x i + b_y j + b_z k) \\
&= a_x b_x i \cdot i + a_y b_x j \cdot i + a_z b_x k \cdot i + a_x b_y i \cdot j + a_y b_y j \cdot j + \\
&\quad a_z b_y j \cdot k + a_x b_z k \cdot i + a_y b_z k \cdot j + a_z b_z k \cdot k \\
&= a_x b_x + a_y b_y + a_z b_z
\end{aligned}$$

数量积的坐标表示式为 $a \cdot b = a_x b_x + a_y b_y + a_z b_z$.

于是 $\cos(\widehat{a,b}) = \dfrac{a_x b_x + a_y b_y + a_z b_z}{\sqrt{a_x^2 + a_y^2 + a_z^2}\sqrt{b_x^2 + b_y^2 + b_z^2}}$

$$a \perp b \Leftrightarrow a \cdot b = 0 \Leftrightarrow a_x b_x + a_y b_y + a_z b_z = 0$$

> 注意：两向量的数量积是一个数量. 当两个向量夹角为直角时，数量积为零，这时称作两向量垂直. 经常用数量积是否为 0 来判断两向量是否垂直.

9.2.5 向量的向量积及坐标表示

定义 9.2 向量 a 和 b 的向量积是一个向量，它的模等于两向量模的乘积乘以它们之间夹角的正弦，它的方向垂直于 a 与 b 所决定的平面，它的指向按右手法则从 a 转向 b 来确定.

向量 a 与 b 的向量积（也称外积或叉积）记作 $a \times b$.

向量积满足下列运算律：

$$a \times b = -b \times a$$
$$(a+b) \times c = a \times c + b \times c$$

$$(\lambda \boldsymbol{a}) \times \boldsymbol{b} = \boldsymbol{a} \times (\lambda \boldsymbol{b}) = \lambda (\boldsymbol{a} \times \boldsymbol{b})$$

设 $\boldsymbol{a} = (a_x, a_y, a_z)$，$\boldsymbol{b} = (b_x, b_y, b_z)$，即 $\boldsymbol{a} = a_x \boldsymbol{i} + a_y \boldsymbol{j} + a_z \boldsymbol{k}$，$\boldsymbol{b} = b_x \boldsymbol{i} + b_y \boldsymbol{j} + b_z \boldsymbol{k}$，按向量积的运算律可得

$$\begin{aligned}
\boldsymbol{a} \times \boldsymbol{b} &= (a_x \boldsymbol{i} + a_y \boldsymbol{j} + a_z \boldsymbol{k}) \times (b_x \boldsymbol{i} + b_y \boldsymbol{j} + b_z \boldsymbol{k}) \\
&= a_x b_x \boldsymbol{i} \times \boldsymbol{i} + a_y b_x \boldsymbol{j} \times \boldsymbol{i} + a_z b_x \boldsymbol{k} \times \boldsymbol{i} + \\
&\quad a_x b_y \boldsymbol{i} \times \boldsymbol{j} + a_y b_y \boldsymbol{j} \times \boldsymbol{j} + a_z b_y \boldsymbol{k} \times \boldsymbol{j} + \\
&\quad a_x b_z \boldsymbol{i} \times \boldsymbol{k} + a_y b_z \boldsymbol{j} \times \boldsymbol{k} + a_z b_z \boldsymbol{k} \times \boldsymbol{k} \\
&= (a_y b_z - a_z b_y) \boldsymbol{i} + (a_z b_x - a_x b_z) \boldsymbol{j} + (a_x b_y - a_y b_x) \boldsymbol{k}
\end{aligned}$$

为了方便记忆可利用三阶行列式，可写成

$$\boldsymbol{a} \times \boldsymbol{b} = \begin{vmatrix} \boldsymbol{i} & \boldsymbol{j} & \boldsymbol{k} \\ a_x & a_y & a_z \\ b_x & b_y & b_z \end{vmatrix} = \left\{ \begin{vmatrix} a_y & a_z \\ b_y & b_z \end{vmatrix}, \begin{vmatrix} a_z & a_x \\ b_z & b_x \end{vmatrix}, \begin{vmatrix} a_x & a_y \\ b_x & b_y \end{vmatrix} \right\}$$

$$= (a_y b_z - a_z b_y) \boldsymbol{i} + (a_z b_x - a_x b_z) \boldsymbol{j} + (a_x b_y - a_y b_x) \boldsymbol{k}$$

> **注意**：两向量的向量积是一个向量. 向量积的模等于以这两个向量为边所成的平行四边形的面积. 另外，向量积与原来的两向量都垂直.

例 5 已知三点 $A(1, -1, 2)$，$B(3, 3, 1)$ 和 $C(3, 1, 3)$，求与向量 $\overrightarrow{AB}$、$\overrightarrow{BC}$ 同时垂直的单位向量 $\boldsymbol{c}$.

分析 求与向量 $\overrightarrow{AB}$、$\overrightarrow{BC}$ 同时垂直的向量可用这两个向量的向量积求解.

解 $\overrightarrow{AB} = (3-1, 3+1, 1-2) = (2, 4, -1)$，$\overrightarrow{BC} = (3-3, 1-3, 3-1) = (0, -2, 2)$，则有

$$\overrightarrow{AB} \times \overrightarrow{BC} = \begin{vmatrix} \boldsymbol{i} & \boldsymbol{j} & \boldsymbol{k} \\ 2 & 4 & -1 \\ 0 & -2 & 2 \end{vmatrix} = 6\boldsymbol{i} - 4\boldsymbol{j} - 4\boldsymbol{k}$$

$$\boldsymbol{c} = \pm \frac{1}{\sqrt{6^2 + (-4)^2 + 4^2}} (6, -4, -4) = \pm \frac{1}{\sqrt{17}} (3, -2, -2)$$

习题 9.2

1. 已知向量 $\overrightarrow{MN} = -\boldsymbol{i} + 3\boldsymbol{j} + \boldsymbol{k}$，且起点 $M(1, 2, 3)$，求终点 N 的坐标.

2. 已知向量 $\boldsymbol{a} = (2, -1, m)$，且 $|\boldsymbol{a}| = 3$，求 $\boldsymbol{a}$.

3. 设 $\boldsymbol{a} = 3\boldsymbol{i} - \boldsymbol{j} - 2\boldsymbol{k}$，$\boldsymbol{b} = \boldsymbol{i} + 2\boldsymbol{j} - \boldsymbol{k}$，求 (1) $\boldsymbol{a} \cdot \boldsymbol{b}$；(2) $\boldsymbol{a} \times \boldsymbol{b}$；(3) $\boldsymbol{a}$ 与 $\boldsymbol{b}$ 的夹角余弦.

4. 已知向量 $\boldsymbol{a} = (2, 1, m)$，$\boldsymbol{b} = (2, -3, -1)$，$\boldsymbol{a}$ 与 $\boldsymbol{b}$ 垂直，求 m.

5. 已知向量 $a=(2,-2,1)$，求与 a 同方向的单位向量.

6. 已知 $\overrightarrow{OA}=i+3k$，$\overrightarrow{OB}=j+3k$，求 $\triangle OAB$ 的面积.

9.3 空间平面及其方程

9.3.1 空间平面的点法式方程

由立体几何知，过一定点且与一定直线垂直的平面有且只有一个. 而定直线可用与之平行的向量来代替，因此，过一定点且与一定向量垂直的平面是确定的. 与一平面垂直的非零向量叫作该平面的法向量.

已知平面 π 过点 $M_0(x_0, y_0, z_0)$，它的一个法向量为 $\boldsymbol{n}=(A, B, C)$，求平面 π 的方程，如图 9-12 所示.

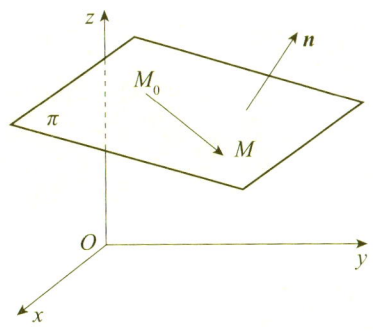

图 9-12

设点 $M(x, y, z)$ 是平面 π 上任意一点，则 $\overrightarrow{M_0M}$ 在平面 π 上，所以
$$\boldsymbol{n} \perp \overrightarrow{M_0M}, \quad \boldsymbol{n} \cdot \overrightarrow{M_0M}=0$$

而 $\overrightarrow{M_0M}=(x-x_0, y-y_0, z-z_0)$

因此 $\qquad A(x-x_0)+B(y-y_0)+C(z-z_0)=0 \qquad (9-5)$

平面 π 上任意一点的坐标满足方程 (9-5)，反之，不在平面 π 上的点的坐标不满足方程 (9-5). 因此方程 (9-5) 就是平面 π 的方程，称为平面的点法式方程.

例 1 求过点 $(2, -3, 0)$ 且以 $\boldsymbol{n}=(1, -2, 3)$ 为法向量的空间平面的方程.

分析 由点法式方程求解.

解 根据空间平面的点法式方程得所求空间平面的方程为
$$(x-2)-2(y+3)+3z=0$$
即 $\qquad x-2y+3z-8=0$

9.3.2 空间平面的一般方程

由空间平面的点法式方程可知，任意一个平面的方程是 x, y, z 的三元一次方程；反过来，任何一个三元一次方程

$$Ax+By+Cz+D=0 \quad (A, B, C, D \text{ 为常数且 } A, B, C \text{ 不全为零}) \quad (9-6)$$

是否都是某一空间平面的方程呢？

设 x_0, y_0, z_0 是方程 (9-6) 的一组解，则有

$$Ax_0+By_0+Cz_0+D=0$$

方程 (9-6) 可写成

$$Ax+By+Cz+D-(Ax_0+By_0+Cz_0+D)=0$$

即

$$A(x-x_0)+B(y-y_0)+C(z-z_0)=0$$

它表示过点 (x_0, y_0, z_0) 且以 $\{A, B, C\}$ 为法向量的空间平面.

所以，在空间直角坐标系中，空间平面的方程是三元一次方程，任何一个三元一次方程表示空间的一个平面. 方程 (9-6) 称为空间平面的一般方程，它表示的空间平面具有法向量 $\boldsymbol{n}=\{A, B, C\}$.

例 2 求过三点 $M_1(2, -1, 4)$, $M_2(-1, 3, -2)$ 和 $M_3(0, 2, 3)$ 的空间平面的方程.

分析 可以用 $\overrightarrow{M_1M_2} \times \overrightarrow{M_1M_3}$ 作为平面的法向量 $\boldsymbol{n}$，再由点法式方程求得.

解 因为 $\overrightarrow{M_1M_2}=(-3, 4, -6)$, $\overrightarrow{M_1M_3}=(-2, 3, -1)$，所以

$$\boldsymbol{n}=\overrightarrow{M_1M_2} \times \overrightarrow{M_1M_3}=\begin{vmatrix} \boldsymbol{i} & \boldsymbol{j} & \boldsymbol{k} \\ -3 & 4 & -6 \\ -2 & 3 & -1 \end{vmatrix}=14\boldsymbol{i}+9\boldsymbol{j}-\boldsymbol{k}$$

根据空间平面的点法式方程得所求空间平面的方程为

$$14(x-2)+9(y+1)-(z-4)=0$$

即

$$14x+9y-z-15=0$$

如果方程 $Ax+By+Cz+D=0$ 的四个常数 A, B, C, D 中有一部分为零（A, B, C 不全为零），那么方程表示的是位置特殊的空间平面：

(1) 当 $D=0$ 时，方程 $Ax+By+Cz=0$ 表示过原点 O 的空间平面；

(2) 当 $C=0$ 时，方程 $Ax+By+D=0$ 表示过 xOy 面上的直线 $Ax+By+D=0$ 且平行于 z 轴的空间平面；

(3) 当 $C=D=0$ 时，方程 $Ax+By=0$ 表示过 z 轴的空间平面；

(4) 当 $B=C=0$ 时，方程 $Ax+D=0$，即 $x=-\dfrac{D}{A}$，表示过 x 轴上的点 $\left(-\dfrac{D}{A},\ 0,\ 0\right)$ 且垂直于 x 轴的空间平面；

(5) 当 $B=C=D=0$ 时，方程 $Ax=0$ 即 $x=0$，表示 yOz 面.

例 3 求通过 z 轴和点 $(-3,\ 1,\ 2)$ 的空间平面方程.

分析 因为空间平面通过 z 轴，所以可设空间平面方程为 $Ax+By=0$，由过已知点可确定方程.

解 设空间平面方程为 $Ax+By=0$，因空间平面过点 $(-3,\ 1,\ 2)$，所以有
$$-3A+B=0$$
即
$$B=3A$$
将其代入所设方程并使方程两边同时除以 A ($A\neq 0$)，便得所求的空间平面方程为
$$x+3y=0$$

例 4 写出下列空间平面方程.

(1) xOy 面；(2) 过 z 轴的空间平面；(3) 平行于 xOz 面的空间平面.

分析 三元一次方程 $Ax+By+Cz+D=0$ 表示空间平面，若方程缺少某一变量，说明该变量的系数为零，则此空间平面必平行于该坐标轴.

解 (1) 因为 xOy 面同时平行于 x 轴与 y 轴，所以 $A=0$，$B=0$. 又因为空间平面过坐标原点，所以 $D=0$. 所以 $z=0$ 即为 xOy 面的方程.

(2) 因为过 z 轴的平面必平行于 z 轴，所以 $C=0$. 又因为空间平面过坐标原点，所以 $D=0$. 于是得过 z 轴的空间平面方程为 $Ax+By=0$.

(3) 平行于 xOz 面的平面必平行于 x 轴与 z 轴，所以 $A=C=0$，故所求空间平面方程为 $By+D=0$.

9.3.3 空间两平面的夹角

如图 9-13 所示，把两平面的法向量的夹角$\left(\text{通常不超过}\ \dfrac{\pi}{2}\right)$叫作两平面的夹角.

设两平面 π_1，π_2 的方程分别为
$$A_1x+B_1y+C_1z+D_1=0,\ A_2x+B_2y+C_2z+D_2=0$$
则法向量分别为
$$\boldsymbol{n}_1=(A_1,\ B_1,\ C_1),\ \boldsymbol{n}_2=(A_2,\ B_2,\ C_2)$$

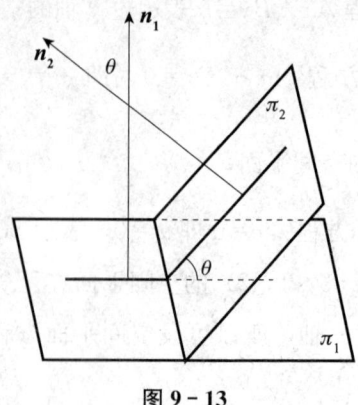

图 9-13

于是平面 π_1 与平面 π_2 的夹角的余弦为

$$\cos\theta = \frac{|\boldsymbol{n}_1 \cdot \boldsymbol{n}_2|}{|\boldsymbol{n}_1||\boldsymbol{n}_2|} = \frac{|A_1A_2+B_1B_2+C_1C_2|}{\sqrt{A_1^2+B_1^2+C_1^2}\sqrt{A_2^2+B_2^2+C_2^2}}$$

平面 π_1 与平面 π_2 平行的充要条件是

$$\frac{A_1}{A_2} = \frac{B_1}{B_2} = \frac{C_1}{C_2}$$

平面 π_1 与平面 π_2 垂直的充要条件是

$$A_1A_2 + B_1B_2 + C_1C_2 = 0$$

例 5 研究以下各组里两平面的位置关系.

(1) π_1：$-x+2y-z+1=0$，π_2：$y+3z-1=0$；

(2) π_1：$2x-y+z-1=0$，π_2：$-4x+2y-2z-1=0$.

分析 根据平面法向量的关系分析平面的位置关系.

解 (1) $\boldsymbol{n}_1=(-1,2,-1)$，$\boldsymbol{n}_2=(0,1,3)$ 且 $\cos\theta = \frac{|-1\times 0+2\times 1-1\times 3|}{\sqrt{(-1)^2+2^2+(-1)^2} \cdot \sqrt{1^2+3^2}} = \frac{1}{\sqrt{60}}$，故两平面相交，夹角为 $\theta = \arccos\frac{1}{\sqrt{60}}$.

(2) $\boldsymbol{n}_1=(2,-1,1)$，$\boldsymbol{n}_2=(-4,2,-2)$ 且 $\frac{2}{-4} = \frac{-1}{2} = \frac{1}{-2}$，又点 $M(1,1,0)$ 在平面 π_1 上，但不在平面 π_2 上，故两平面平行但不重合.

习题 9.3

1. 求满足下列条件的空间平面方程.

(1) 经过点 $A(1,0,-2)$ 且与平面 $3x-2y+z-2=0$ 平行；

(2) 经过三点 $A(1,0,0)$，$B(0,-2,0)$，$C(0,0,3)$；

(3) 经过点 $A(2, -5, 3)$ 且与 xOz 面平行;

(4) 已知 $A(1, 2, 3)$, $B(-1, 4, -3)$, 垂直平分线段 AB.

2. 求过 x 轴和点 $(4, -3, 1)$ 的空间平面方程.

3. 求过三点 $A(-9, 0, 0)$, $B(0, -6, 0)$, $C(0, 0, 18)$ 的空间平面方程.

4. 求两平面 $x+y+z+1=0$ 与 $x+2y-z+4=0$ 的夹角的余弦.

5. 画出下列方程所表示的平面.

(1) $y=-1$;　　　　(2) $x-y=1$;　　　　(4) $x+y+z-1$.

6. 求过三点 $(1, 2, 1)$, $(4, -1, -1)$, $(2, 0, 2)$ 的空间平面方程.

7. 求过点 $A(2, 3, 0)$ 且垂直于平面 $x-y-z+1=0$ 及 $2x+y+z+1=0$ 的空间平面方程.

9.4　空间直线及其方程

9.4.1　空间直线的点向式方程与参数方程

由立体几何知,过一定点且与一定直线平行的直线有且只有一条.而定直线可用与之平行的向量来代替,因此,过一定点且与一定向量平行的直线是确定的.与一直线平行的非零向量叫作该直线的方向向量.

如图 9-14 所示,已知直线 L 过点 $M_0(x_0, y_0, z_0)$,它的一个方向向量为 $\boldsymbol{s}=(m, n, p)$,求直线 L 的方程.

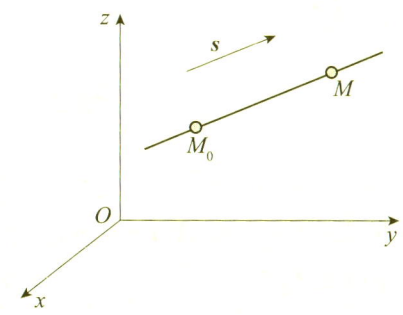

图 9-14

设点 $M(x, y, z)$ 为直线 L 上任意一点,则 $\overrightarrow{M_0M}$ 在直线 L 上,所以
$$\overrightarrow{M_0M} /\!/ \boldsymbol{s}$$

而　　　　　　　$\overrightarrow{M_0M}=(x-x_0, y-y_0, z-z_0)$

因此　　　　　　$\dfrac{x-x_0}{m}=\dfrac{y-y_0}{n}=\dfrac{z-z_0}{p}$ 　　　　(9-7)

直线 L 上任意一点的坐标满足方程 (9-7);反之,不在直线 L 上的点的坐标不满

足方程（9-7）. 因此方程（9-7）就是直线 L 的方程，称为直线的点向式方程.

在直线的点向式方程中，引入参数 t，即令

$$\frac{x-x_0}{m}=\frac{y-y_0}{n}=\frac{z-z_0}{p}=t$$

得

$$\begin{cases} x=x_0+mt \\ y=y_0+nt \\ z=z_0+pt \end{cases} \quad (t \text{ 为参数}) \tag{9-8}$$

方程（9-8）称为直线的参数方程.

例1 一直线过点 $A(2, -3, 4)$ 且与 y 轴垂直相交，求其方程.

分析 写出直线与 y 轴的交点后可得直线的一个方向向量.

解 因为直线和 y 轴垂直相交，所以它与 y 轴的交点为 $B(0, -3, 0)$，它的一个方向向量为 $s=\overrightarrow{AB}=(2, 0, 4)$，故所求直线方程为

$$\frac{x-2}{2}=\frac{y+3}{0}=\frac{z-4}{4}$$

例2 求过点 $M(1, -1, 0)$ 且与直线 $L: \frac{x-1}{2}=\frac{y+3}{1}=\frac{z-1}{0}$ 平行的直线的方程.

分析 根据所给直线可得到所求直线的一个方向向量.

解 已知直线 L 的方向向量为 $(2, 1, 0)$，它即为所求直线的方向向量，因此，所求直线的方程可表示为

$$\frac{x-1}{2}=\frac{y+1}{1}=\frac{z}{0}$$

9.4.2 空间直线的一般方程

空间直线可看成两个平面的交线. 设两平面 π_1，π_2 的方程分别为

$$A_1x+B_1y+C_1z+D_1=0, \quad A_2x+B_2y+C_2z+D_2=0$$

则两个平面 π_1，π_2 的交线 L 的方程是

$$\begin{cases} A_1x+B_1y+C_1z+D_1=0 \\ A_2x+B_2y+C_2z+D_2=0 \end{cases} \tag{9-9}$$

方程（9-9）称为直线的一般方程.

例3 求过点 $M(1, 1, 1)$ 且与直线 $L: \begin{cases} x-2y+z=0 \\ 2x+2y+3z-6=0 \end{cases}$ 平行的直线的方程.

分析 根据所给直线的一般方程求出它的方向向量，即为所求直线的方向向量.

解 两平面 $x-2y+z=0$，$2x+2y+3z-6=0$ 的法向量分别是 $\boldsymbol{n}_1=(1, -2, 1)$，

$n_2 = (2, 2, 3)$. 由于直线 L 是两平面的交线，则 L 与 $n_1 \times n_2$ 平行，那么 $n_1 \times n_2 = (-8, -1, 6)$ 就是所求直线的方向向量，因此，所求直线的方程为

$$\frac{x-1}{-8} = \frac{y-1}{-1} = \frac{z-1}{6}$$

怎样将空间直线的一般方程化为点向式方程呢？请读者自行思考.

9.4.3 空间两直线的夹角

两条直线的方向向量的夹角（通常指锐角）就是两直线的夹角.

设两直线 L_1、L_2 的方程分别为

$$\frac{x-x_1}{m_1} = \frac{y-y_1}{n_1} = \frac{z-z_1}{p_1}, \quad \frac{x-x_2}{m_2} = \frac{y-y_2}{n_2} = \frac{z-z_2}{p_2}$$

则方向向量分别为

$$s_1 = (m_1, n_1, p_1), \quad s_2 = (m_2, n_2, p_2)$$

于是 L_1 与 L_2 的夹角的余弦为

$$\cos\theta = \frac{|s_1 \cdot s_2|}{|s_1||s_2|} = \frac{|m_1 m_2 + n_1 n_2 + p_1 p_2|}{\sqrt{m_1^2 + n_1^2 + p_1^2}\sqrt{m_2^2 + n_2^2 + p_2^2}}$$

L_1 与 L_2 平行的充要条件是

$$\frac{m_1}{m_2} = \frac{n_1}{n_2} = \frac{p_1}{p_2}$$

L_1 与 L_2 垂直的充要条件是

$$m_1 m_2 + n_1 n_2 + p_1 p_2 = 0$$

例 4 已知直线 $L_1: \frac{x+2}{1} = \frac{y-1}{-4} = \frac{z+1}{1}$，$L_2: \frac{x-2}{2} = \frac{y+1}{-2} = \frac{z-1}{-1}$，求 L_1 与 L_2 的夹角.

分析 根据所给直线的方向向量求它们的夹角.

解 两直线的方向向量分别是 $s_1 = (1, -4, 1)$，$s_2 = (2, -2, -1)$. 因此，两直线的夹角满足

$$\cos\theta = \frac{|1 \times 2 + (-4) \times (-2) + 1 \times (-1)|}{\sqrt{1^2 + (-4)^2 + 1^2} \cdot \sqrt{2^2 + (-2)^2 + (-1)^2}} = \frac{\sqrt{2}}{2}$$

故两直线夹角为 $\theta = \frac{\pi}{4}$

习题 9.4

1. 求满足下列条件的直线方程.

(1) 过点 $A(3, 4, -2)$ 且与 z 轴平行;

(2) 过点 $A(1, 0, -2)$ 且与平面 $3x-2y+z-2=0$ 垂直;

(3) 过点 $A(1, 2, 3)$ 与 $B(1, 0, 4)$;

(4) 过点 $A(1, 0, 0)$ 且与过点 $B(0, 2, 0)$,点 $C(0, 0, 3)$ 的直线平行;

(5) 过点 $A(1, 2, 3)$ 且与 xOy 面垂直.

2. 求过点 $(1, 1, 1)$ 且同时平行于平面 $x+y-2z+1=0$ 及 $x+2y-z+1=0$ 的直线方程.

3. 求两直线 $\dfrac{x-1}{2}=\dfrac{y-2}{0}=\dfrac{z+1}{2}$ 与 $\begin{cases} x=2t-4 \\ y=-2t+1 \\ z=2 \end{cases}$ 的夹角.

4. 求过原点且垂直于平面 $3x-y+2z-6=0$ 的直线方程.

5. 写出 z 轴的一般式方程和点向式方程.

6. 求经过点 $M(1, 2, -3)$ 和点 $N(2, 1, -1)$ 的直线方程.

9.5 空间曲面与空间曲线方程

9.5.1 曲面方程的概念

正如平面曲线与二元方程一样,空间曲面与三元方程也有类似的关系,如图 9-15 所示. 给出如下定义.

定义 9.3 如果曲面 S 和三元方程 $F(x, y, z)=0$ 满足:

(1) 曲面 S 上的任意一点的坐标都满足方程 $F(x, y, z)=0$;

(2) 不在曲面 S 上的点的坐标都不满足方程 $F(x, y, z)=0$.

那么称方程 $F(x, y, z)=0$ 为曲面 S 的方程,曲面 S 称为方程 $F(x, y, z)=0$ 的图形.

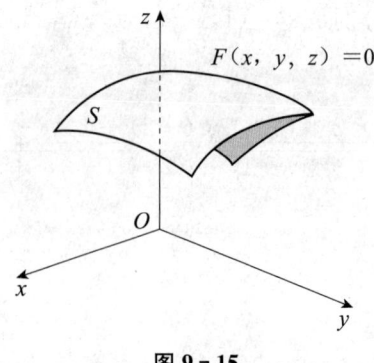

图 9-15

9.5.2 球面方程

求以 $M_0(x_0, y_0, z_0)$ 为球心、R 为半径的球面方程.

设 $M(x, y, z)$ 是球面上任意一点，则有
$$|M_0M| = R$$
由两点间的距离公式得
$$(x-x_0)^2 + (y-y_0)^2 + (z-z_0)^2 = R^2 \qquad (9-10)$$
这就是以点 (x_0, y_0, z_0) 为球心、R 为半径的球面方程.

当 $x_0 = y_0 = z_0 = 0$ 时，得球心在原点的球面方程：
$$x^2 + y^2 + z^2 = R^2$$

例 1 判断下面的方程是不是球面方程，若是，求出球心坐标和半径.

(1) $x^2 + y^2 + z^2 - 2x - 4y + 2z + 7 = 0$；

(2) $x^2 + y^2 + z^2 - 2x + 4y + 4 = 0$.

分析 将球面方程配方后再判断.

解 (1) 由原方程配方得 $(x-1)^2 + (y-2)^2 + (z+1)^2 = -1$
这表明原方程无解，方程不表示任何曲面，当然也就不是球面方程.

(2) 由原方程配方得 $(x-1)^2 + (y+2)^2 + z^2 = 1$
它是以 $(1, -2, 0)$ 为球心，1 为半径的球面方程.

9.5.3 柱面方程

一直线 L 平行于定直线且沿定曲线 C 移动，所形成的曲面叫作柱面. 定曲线 C 叫作柱面的准线，动直线 L 叫作柱面的母线.

这里只讨论准线在坐标面内且母线平行于坐标轴的柱面.

如图 9-16 所示，求以 xOy 面上的曲线 $C: F(x, y) = 0$ 为准线，母线平行于 z 轴的柱面的方程.

设 $M(x, y, z)$ 是柱面上的任意一点，过点 M 的母线与 xOy 面的交点 N 一定在准线 C 上（见图 9-16），从而点 N 的坐标为 $(x, y, 0)$，它满足方程 $F(x, y) = 0$，即不论点 M 的竖坐标如何，它的横坐标 x 和纵坐标 y 满足方程 $F(x, y) = 0$. 因此，所求的柱面方程为
$$F(x, y) = 0$$

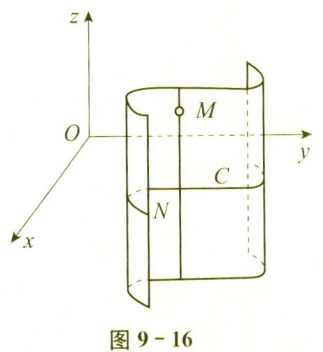

图 9-16

> 注意：在平面直角坐标系中，方程 $F(x, y) = 0$ 表示一条平面曲线；在空间直角坐标系中，方程 $F(x, y) = 0$ 表示一个以 xOy 面上的曲线 $F(x, y) = 0$ 为准线，母线平行于 z 轴的柱面.

类似地，方程 $G(y, z) = 0$ 表示以 yOz 面上的曲线 $G(y, z) = 0$ 为准线，母线平行于 x 轴的柱面；方程 $H(x, z) = 0$ 表示以 zOx 面上的曲线 $H(x, z) = 0$ 为准线，母线平行于 y 轴的柱面.

例 2 试说明下列方程表示什么曲面.

(1) $x^2 + y^2 = R^2$； (2) $x^2 = 2pz$ $(p > 0)$.

分析 方程中缺少 x 或 y 或 z 说明方程表示柱面，并且缺少哪个表明柱面母线就平行于哪个轴.

解 (1) 方程 $x^2 + y^2 = R^2$ 表示以 xOy 面上的圆 $x^2 + y^2 = R^2$ 为准线，母线平行于 z 轴的圆柱面，如图 9-17 所示.

(2) 方程 $x^2 = 2pz$ $(p > 0)$ 表示以 zOx 面上的抛物线 $x^2 = 2pz$ 为准线，母线平行于 y 轴的抛物柱面，如图 9-18 所示.

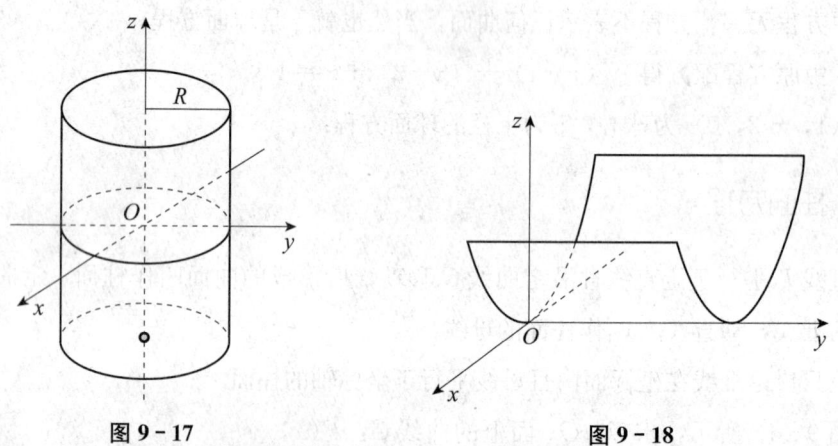

图 9-17   图 9-18

9.5.4 旋转曲面的方程

一平面曲线 C，绕其同一平面上的一条定直线 L 旋转一周所形成的曲面叫作旋转曲面. 定直线 L 叫作旋转曲面的轴，动曲线 C 叫作旋转曲面的母线.

求 yOz 面上的一条曲线 $C: F(y, z) = 0$ 绕 z 轴旋转一周所形成的旋转曲面的方程.

设 $M(x, y, z)$ 是旋转曲面上任意一点，它可看成是曲线 C 上的点 $M_1(0, y_1, z_1)$ 绕 z 轴旋转而成，由图 9-19 可得

$$\sqrt{x^2+y^2}=|y_1|,\text{ 即 }y_1=\pm\sqrt{x^2+y^2}$$

因为点 $M_1(0,y_1,z_1)$ 在曲线 C 上，故有 $F(y_1,z_1)=0$.
又 $z=z_1$，因此所求曲面的方程为

$$F(\pm\sqrt{x^2+y^2},z)=0$$

可见，只要将母线方程中的 y 换成 $\pm\sqrt{x^2+y^2}$，z 不变就可得到旋转曲面的方程.

同理，曲线 C 绕 y 轴旋转一周所形成的旋转曲面的方程为

$$F(y,\pm\sqrt{x^2+z^2})=0$$

其他坐标面上的曲线绕坐标轴旋转，所得旋转曲面的方程可类似得出.

例 3 求由 yOz 面上的直线 $z=ky$ ($k\neq 0$) 绕 z 轴旋转一周所形成的旋转曲面的方程.

分析 把 y 换成 $\pm\sqrt{x^2+y^2}$ 即得所求旋转曲面的方程.

解 在 $z=ky$ 中，把 y 换成 $\pm\sqrt{x^2+y^2}$ 得所求旋转曲面的方程为

$$z=\pm k\sqrt{x^2+y^2},\text{ 即 }z^2=k^2(x^2+y^2)$$

此曲面是以原点为顶点，z 轴为轴的圆锥面，如图 9-20 所示.

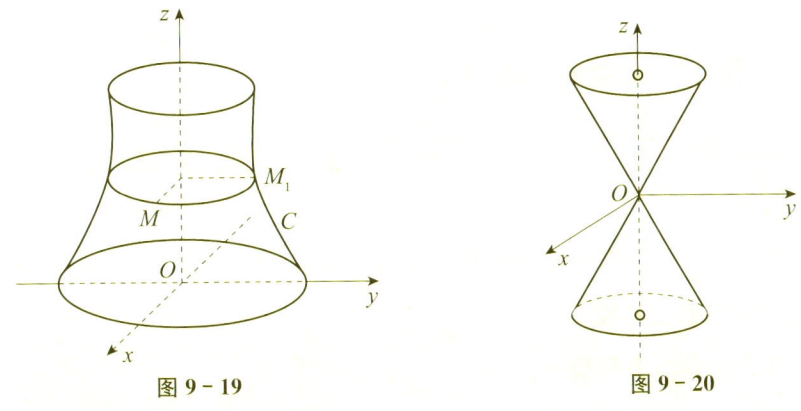

图 9-19　　　　　　　　图 9-20

例 4 将下列各曲线绕对应的轴旋转一周，求生成的旋转曲面的方程.

(1) 双曲线 $\dfrac{x^2}{a^2}-\dfrac{z^2}{c^2}=1$，分别绕 x 轴和 z 轴；

(2) yOz 面上曲线 $z=\sin y$，绕 y 轴.

分析 要掌握将平面曲线绕坐标轴旋转一周而成的旋转曲面的方程的求法.

解 (1) 绕 x 轴旋转：$\dfrac{x^2}{a^2}-\dfrac{y^2+z^2}{c^2}=1$，绕 z 轴旋转：$\dfrac{x^2+y^2}{a^2}-\dfrac{z^2}{c^2}=1$；

(2) 绕 y 轴旋转：$\pm\sqrt{x^2+z^2}=\sin y$.

例 5 指出下列方程在平面解析几何中和空间解析几何中分别表示什么图形.

(1) $x=2$；(2) $x^2+y^2=4$；(3) $y=x+1$.

分析 分清平面解析几何与空间解析几何的联系与区别.

解

方程	平面解析几何	空间解析几何
$x=2$	平行于 y 轴的直线	平行于 yOz 面的平面
$x^2+y^2=4$	圆心在 $(0, 0)$，半径为 2 的圆	以 z 轴为中心轴的圆柱面
$y=x+1$	斜率为 1 的直线	平行于 z 轴的平面

9.5.5 空间曲线

1. 空间曲线的一般方程

空间直线可以看成是两个平面的交线，类似地，空间曲线可以看成是两个曲面的交线. 设两曲面 S_1，S_2 的方程分别为

$$F(x, y, z)=0, \quad G(x, y, z)=0$$

则两个曲面 S_1，S_2 的交线 Γ 的方程是

$$\begin{cases} F(x, y, z)=0 \\ G(x, y, z)=0 \end{cases} \tag{9-11}$$

方程（9-11）称为空间曲线的一般方程.

例如，$\begin{cases} \dfrac{x^2}{a^2}+\dfrac{y^2}{b^2}+\dfrac{z^2}{c^2}=1 \\ z=0 \end{cases}$ 和 $\begin{cases} \dfrac{x^2}{a^2}+\dfrac{y^2}{b^2}=1 \\ z=0 \end{cases}$ 都表示 xOy 面上中心在原点，以 a，b

为半轴的椭圆. 前者是椭球面与 xOy 面的交线，后者是椭圆柱面与 xOy 面的交线.

2. 空间曲线的参数方程

空间直线 L 的参数方程为

$$\begin{cases} x=x_0+mt \\ y=y_0+nt \quad (t\in \mathbf{R}) \\ z=z_0+pt \end{cases}$$

这里的 x，y，z 都是参数 t 的一次函数. 如果 x，y，z 是参数 t 的一般函数，得方程

$$\begin{cases} x=\varphi(t) \\ y=\psi(t) \quad (t\in I) \\ z=\omega(t) \end{cases} \tag{9-12}$$

它表示一条空间曲线，称为空间曲线的参数方程.

例如，$\begin{cases} x=a\cos\theta \\ y=a\sin\theta \\ z=b\theta \end{cases}$（$\theta$ 为参数）表示一条螺旋线．

习题9.5

1. 一动点与两定点 (2, 1, 0) 和 (1, -3, 6) 等距离，求这动点的轨迹方程．
2. 建立以点 $M(1, 3, -2)$ 为球心且通过坐标原点的球面方程．
3. 将 xOy 面上的双曲线 $4x^2+9y^2=36$ 分别绕 x 轴及 y 轴旋转一周，求所得旋转曲面的方程．
4. 求出下列方程所表示的球面的球心和半径．
   (1) $x^2+y^2+z^2-2y=0$；
   (2) $x^2+y^2+z^2-x+2y+2z=0$．
5. 将 yOz 面上的曲线 $z=2y^2$ 分别绕 y 轴和 z 轴旋转一周，求所得旋转曲面的方程．
6. 说明下列方程表示什么曲面，并画出草图．
   (1) $x^2+y^2=1$；
   (2) $y=2x^2$；
   (3) $x=2y^2+2z^2$；
   (4) $x^2+4y^2=36$；
   (5) $y^2=x^2+z^2$；
   (6) $y=x+1$．

笛卡尔
——近代科学的始祖

笛卡尔（1596—1650），法国著名的哲学家、数学家、物理学家，1596 年 3 月 31 日生于法国图赖讷（现笛卡尔，因笛卡尔得名），1650 年 2 月 11 日逝世于瑞典斯德哥尔摩．他创立了著名的平面直角坐标系，对现代数学的发展做出了重要的贡献．他因将几何坐标体系公式化而被认为是解析几何之父．他与英国哲学家弗兰西斯·培根一同开启了近代西方哲学的"认识论"转向．笛卡尔是二元论的代表，留下名言"我思故我在"（或译为"思考唯一确定的存在"），提出了"普遍怀疑"的主张，是欧洲近代哲学的奠基人之一，黑格尔称他为"近代哲学之父"．他的哲学思想深深影响了之后的几代欧洲人，开拓了所谓"欧陆理性主义"哲学．笛卡尔自成体系，融唯物主义与唯心主义于一体，在哲学史上产生了深远的影响．同时，他又是一位勇于探索的科学家，他所建立的解析几何在数学史上具有划时代的意义．笛卡尔堪称 17 世纪欧洲哲学界和科学界最有影响的巨匠之一，被誉为"近代科学

的始祖".

笛卡尔出身于一个富有的律师之家. 在笛卡尔1岁多时,其母亲患肺结核去世,而他也受到传染,造成从小体弱多病. 笛卡尔8岁时进入欧洲最有名的贵族学校耶稣会的皇家大亨利学院学习. 校长怜其孱弱,允许他晚起,自由支配早读时间,从而养成了其喜欢安静、善于思考的习惯. 他在该校学习8年,1612年12月毕业后,进入普瓦捷大学学习法学,4年后获博士学位. 为了了解社会,探索自然,1618年他开始在荷兰、德国体验军旅生活并利用这段空闲时间学习数学. 笛卡尔对结合数学与物理学的兴趣,是在荷兰当兵期间产生的.

1618年11月10日,他偶然在路旁公告栏上看到用当地佛莱芒语提出的数学问题征答,许多人在此招贴前议论纷纷. 这引起了他的兴趣,他让身旁的中年人将他不懂的佛莱芒语翻译成法语. 第二天,聪明的他兴冲冲地把解答交给了那位中年人. 中年人看了笛卡尔的解答十分惊讶,巧妙的解题方法及准确无误的计算充分显露了笛卡尔的数学才华. 原来这位中年人就是当时有名的数学家贝克曼教授. 贝克曼在数学和物理学方面有很高的造诣,很快他就成为了笛卡尔的导师.

1621年,笛卡尔离开军营遍游欧洲. 1625年,他回到巴黎,从事科学工作. 1628年,他变卖家产,到安静的荷兰定居,潜心著述达20余年. 在此期间,笛卡尔对哲学、数学、天文学、物理学、化学和生理学等领域进行了深入的研究,致力于哲学研究并发表了多部重要的文集,他通过数学家梅森神父与欧洲主要学者保持密切联系. 他的主要著作几乎都是在荷兰完成的.

1628年,笛卡尔写出《指导哲理之原则》. 1634年,他完成了以尼古拉·哥白尼学说为基础的《论世界》,书中总结了他在哲学、数学和许多自然科学问题上的一些看法. 1637年,他用法文写成3篇论文《屈光学》《气象学》《几何学》,并为此写了一篇序言《科学中正确运用理性和追求真理的方法论》,哲学史上简称其为《方法论》,并将其于1637年6月8日在莱顿匿名出版. 1641年,他写了《形而上学的沉思》,1644年,他完成了《哲学原理》等,就此笛卡尔成为欧洲最有影响力的哲学家和数学家之一.

笛卡尔对数学最重要的贡献是创立了解析几何. 在笛卡尔时代,代数还是一个比较新的学科,几何学的思维还在数学家的头脑中占有统治地位. 笛卡尔致力于代数和几何联系起来的研究,并成功地将当时完全分开的代数和几何学联系到了一起. 1637年,他在创立了坐标系后,成功地创立了解析几何学. 他的这一成就为微积分的创立奠定了基础，而微积分又是现代数学的重要基石．解析几何直到现在仍是重要的数学方法之一．

笛卡尔不仅提出了解析几何学的主要思想方法，还指明了其发展方向．在他的著作《几何学》中，笛卡尔将逻辑、几何、代数方法结合起来，通过讨论作图问题，勾勒出解析几何的新方法，从此，数和形就走到了一起，数轴是数和形的第一次接触．同时，他向世人证明，几何问题可以归结成代数问题，也可以通过代数转换来发现、证明几何性质．笛卡尔引入了坐标系及线段的运算概念．他创新地将几何图形"转译"成代数方程式，从而将几何问题以代数方法求解，这就是今日的"解析几何"（或称"坐标几何"）．

解析几何的创立是数学史上一次划时代的转折，而平面直角坐标系的建立正是解析几何得以创立的基础．平面直角坐标系的创建，在代数和几何上架起了一座桥梁，它使几何概念可以用代数形式来表示，几何图形也可以用代数形式来表示，于是代数和几何就这样合为一家了．

据说有一天，笛卡尔生病卧床，病情很重，尽管如此，他还反复思考一个问题：几何图形是直观的，而代数方程是比较抽象的，能不能把几何图形和代数方程结合起来？也就是说，能不能用几何图形来表示代数方程呢？要想达到此目的，关键是如何把组成几何图形的点和满足方程的每一组"数"挂上钩，他苦苦思索，拼命琢磨，到底通过什么样的方法才能把"点"和"数"联系起来呢？突然，他看见屋顶角上的一只蜘蛛，拉着丝垂了下来．一会工夫，蜘蛛又顺着丝爬上去，在上边左右拉丝．蜘蛛的"表演"使笛卡尔豁然开朗．他想，可以把蜘蛛看作一个点，他在屋子里可以上、下、左、右运动，能不能把蜘蛛的每一个位置用一组数确定下来呢？他又想，屋子里相邻的两面墙与地面交出了 3 条线，如果把地面上的墙角作为起点，把交出来的 3 条线作为 3 根数轴，那么空间中任意一点的位置就可以在这 3 根数轴上找到有顺序的 3 个数．反过来，任意给一组 3 个有顺序的数也可以在空间中找到一点 P 与之对应，同样道理，用一组数 (X, Y) 可以表示平面上的一个点，平面上的一个点也可以用一组 2 个有顺序的数来表示，这就是坐标系的雏形．

笛卡尔终身未婚．1649 年，笛卡尔被瑞典女王聘为私人教师，每天早晨 5 点驱车赶赴宫廷，为女王讲授哲学．素有晚起习惯的笛卡尔，又遇瑞典几十年少有的严寒，不久便得了肺炎，于 1650 年 2 月去世．由于教会的阻止，仅有几个友人为其送葬．

复习题

1. 已知两向量 a, b 的模 $|a|=2$, $|b|=3$, 夹角 $\theta=\dfrac{\pi}{3}$, 求:

   (1) $(a+3b) \cdot (2a-b)$;　　(2) $|a+b|$;　　(3) $|a-b|$.

2. 设向量 a 的方向余弦 $\cos\alpha=\dfrac{1}{3}$, $\cos\beta=\dfrac{2}{3}$, $|a|=3$, 求 a.

3. 求点 $M(a,b,c)$ 关于各坐标面及各坐标轴对称的点的坐标.

4. 设 $a=i-j+2k$, $b=-i-2j+k$, 求 (1) $a \cdot b$; (2) $a \times b$; (3) a 与 b 的夹角余弦.

5. 过点 $M(1,2,3)$ 作平面 $\pi: 2y-z+3=0$ 的垂线. 求:

   (1) 垂线的方程; (2) 垂足的坐标; (3) 点 M 到平面 π 的距离.

6. 将直线的一般方程 $\begin{cases} x-y+2z+1=0 \\ 2x+z+2=0 \end{cases}$ 化成点向式方程和参数方程.

7. 求过点 $M(2,0,-3)$ 且与直线 $\begin{cases} x-2y+4z-7=0 \\ 3x+5y-2z+1=0 \end{cases}$ 垂直的空间平面方程.

8. 求过点 $M(1,2,1)$ 且与两直线 $\begin{cases} x+2y-z+1=0 \\ x-y+z-1=0 \end{cases}$ 与 $\begin{cases} 2x-y+z=0 \\ x-y+z=0 \end{cases}$ 平行的空间平面方程.

9. 求点 $A(1,2,1)$ 到平面 $x+2y+2z-10=0$ 的距离.

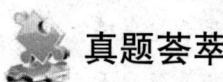

真题荟萃

一、选择题

1. (2014 年) 直线 $x-1=\dfrac{y-5}{-2}=z+8$ 与直线 $\begin{cases} x-y=6 \\ 2y+z=3 \end{cases}$ 的夹角为 (　　).

   (A) $\dfrac{\pi}{6}$　　　　(B) $\dfrac{\pi}{4}$　　　　(C) $\dfrac{\pi}{3}$　　　　(D) $\dfrac{\pi}{2}$

2. (2012 年) 直线 $\begin{cases} x+3y+2z+1=0 \\ 2x-y-10z+3=0 \end{cases}$ 与平面 $4x-2y+z-2=0$ 的关系为 (　　).

   (A) 直线在平面上　　　　　　　　(B) 直线与平面垂直
   (C) 直线与平面平行　　　　　　　(D) 直线与平面斜交

3. (2011 年) 已知点 $A(1,1,1)$, 点 $B(3,x,y)$, 且向量 $\overrightarrow{AB}$ 与向量 $a=(2,3,4)$ 平行, 则 x 等于 (　　).

   (A) 1　　　　(B) 2　　　　(C) 3　　　　(D) 4

4. (2010 年) 已知向量 $a=(-1,-2,1)$ 与向量 $b=(1,2,t)$ 垂直, 则 t 等于 (　　).

(A) -1 (B) 1 (C) -5 (D) 5

5. (2009 年) 直线 $l: \dfrac{x+3}{-2} = \dfrac{y+4}{-7} = \dfrac{z}{3}$ 与平面 $\pi: 4x-2y-2z-3=0$ 的位置关系是（　　）.

(A) 平行 (B) 垂直相交

(C) l 在 π 上 (D) 相交但不垂直

二、填空题

1. (2015 年) 直线 $\dfrac{x-1}{2} = \dfrac{y+2}{5} = \dfrac{z-4}{-3}$ 的方向向量 $s=$ _____，与平面 $2x+5y-3z-4=0$ 是 _____ 的.

2. (2015 年) 设 $a \neq 0$，则与向量 a 同方向的单位向量 $e_a =$ _____.

3. (2011 年) 向量 $a=(1,1,4)$ 与向量 $b=(1,-2,2)$ 的夹角的余弦是 _____.

4. (2009 年) 设 a, b 为向量，若 $|a|=2$，$|b|=3$，a 与 b 的夹角为 $\dfrac{\pi}{3}$，则 $|a+b|=$ _____.

5. (2009 年) 通过点 $(0,0,0)$，$(1,0,1)$ 和 $(2,1,0)$ 三点的平面方程是 _____.

三、计算题

1. (2015 年) 求平行于 y 轴且经过两点 $(4,0,-2)$，$(5,1,7)$ 的平面方程.

2. (2011 年) 求与两平面 $x-4z=3$ 和 $2x-y-5z=1$ 的交线平行且过点 $(-3,2,5)$ 的直线方程.

3. (2010 年) 求平行于 y 轴且过点 $P(1,2,3)$ 和 $Q(3,2,-1)$ 的平面方程.

4. (2009 年) 求通过点 $M_1(3,-5,1)$ 和 $M_2(4,1,2)$ 且垂直于平面 $x-8y+3z-1=0$ 的平面方程.

四、综合题

1. (2013 年) 求过点 $(-1,-4,3)$ 并与两直线 $L_1: \begin{cases} 2x-4y+z=1 \\ x+3y=-5 \end{cases}$ 和 $L_2: \begin{cases} x=2+4t \\ y=-1-t \\ z=-3+2t \end{cases}$ 都垂直的直线方程.

2. (2016 年) 设以向量 $\boldsymbol{\alpha}$ 和 $\boldsymbol{\beta}$ 为边作平行四边形，求平行四边形中垂直于边 $\boldsymbol{\alpha}$ 的高线向量.

第 10 章 多元函数微分学

前面所讨论的函数都是只限于一个自变量的函数,简称一元函数. 但是在许多实际问题中,如在自然科学和工程技术中,所遇到的函数往往依赖于两个或更多的自变量,从而产生了包含几个自变量的函数——多元函数,这就引出了多元函数微积分的问题. 多元函数微积分是一元函数微积分的推广和发展,它们有许多相似之处,但有的地方也有着重大差别. 本章在一元函数的基础上,讨论多元函数的微积分及其应用,这里以研究二元函数为主.

10.1 多元函数的基本概念

10.1.1 平面区域

1. 平面区域定义

一般来说,由 xOy 面上的一条或几条曲线所围成的一部分平面或整个平面,称为平面区域,简称区域. 围成区域的曲线称为区域的边界,边界上的点称为边界点. 包括边界的区域称为闭区域,不包括边界的区域称为开区域.

若一个开区域或闭区域的任意两点之间的距离不超过某一常数 $M(M>0)$,则这个区域是有界的;否则,就是无界的. 例如:

$D=\{(x,y)\mid -\infty<x<+\infty, -\infty<y<+\infty\}$ 表示整个 xOy 面,是无界区域;

$D=\{(x,y)\mid 1\leqslant x^2+y^2\leqslant 4\}$ 是有界闭区域,如图 10-1 所示;

$D=\{(x,y)\mid x^2+y^2<4\}$ 是有界开区域,如图 10-2 所示.

2. δ 邻域

在 xOy 面上,以点 $P_0(x_0, y_0)$ 为中心,$\delta(\delta>0)$ 为半径的开区域,称为点 P_0 的 δ 邻域,记作

$$\{(x,y)\mid \sqrt{(x-x_0)^2+(y-y_0)^2}<\delta\}$$

或简记为

$$\sqrt{(x-x_0)^2+(y-y_0)^2}<\delta$$

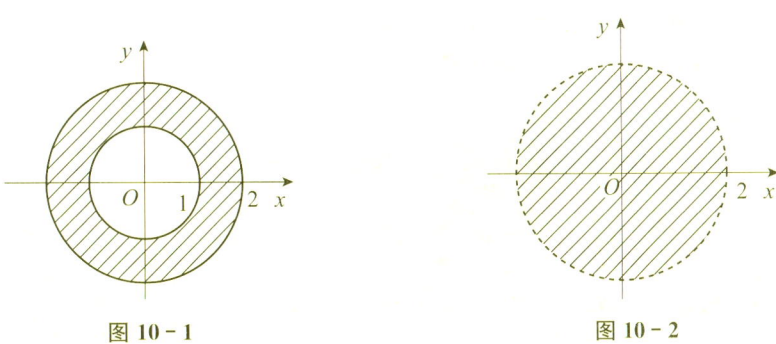

图 10 - 1　　　　　　　　　　图 10 - 2

10.1.2　多元函数概念

定义 10.1　设有三个变量 x，y，z，如果当变量 x，y 在一定范围 D 内任意取一对值（x，y）时，按照某一确定的对应法则，变量 z 总有唯一确定的值与其对应，则称变量 z 是变量 x，y 的二元函数，记为

$$z=f(x, y),\ (x, y) \in D$$

其中 x，y 称为自变量，函数 z 称为因变量，自变量 x，y 的变化范围 D 称为函数的定义域.

上述定义中，与自变量 x，y 所取的一对值（x_0，y_0）相对应的因变量 z 的值，称为函数在点（x_0，y_0）处的函数值，记作 $f(x_0, y_0)$ 或 $z\big|_{(x_0, y_0)}$；当（x，y）取遍 D 中的所有数对时，对应的函数值的全体构成的数集

$$Z=\{z|z=f(x, y),\ (x, y) \in D\}$$

称为函数的值域. 二元函数 $z=f(x, y)$ 在几何上对应的图形是一个曲面.

类似地，可以定义三元函数及三元以上的函数. 二元函数及二元以上的函数统称为多元函数.

函数的对应法则和定义域是多元函数的两个要素. 显然，可以用 xOy 面上的点 $P(x, y)$ 来表示二元函数的自变量取值. 因此，二元函数 $z=f(x, y)$ 的定义域是 xOy 面上的点集，一般情况下，这种点集是 xOy 面上的平面区域. 而对于实际问题而言，多元函数的定义域往往由实际问题的具体情况确定.

例 1　求函数 $z=\sqrt{9-x^2-y^2}+\dfrac{1}{\sqrt{x^2+y^2-4}}$ 的定义域.

分析　求函数定义域就是求使函数关系式有意义的点集.

解 要使函数有意义，必须满足

$$\begin{cases} 9-x^2-y^2 \geqslant 0 \\ x^2+y^2-4 > 0 \end{cases}$$

故函数的定义域为

$$D=\{(x,y) \mid 4 < x^2+y^2 \leqslant 9\}$$

例 2 设函数 $f(x,y)=x^2+y^2-xy\tan\dfrac{x}{y}$，求 $f(tx,ty)$.

分析 将函数中的 x 与 y 分别变为 tx 与 ty.

解 由题意有

$$f(tx,ty)=(tx)^2+(ty)^2-(tx)\cdot(ty)\cdot\left(\tan\dfrac{tx}{ty}\right)$$

$$=t^2\left(x^2+y^2-xy\tan\dfrac{x}{y}\right)=t^2f(x,y)$$

例 3 已知函数 $f(x,y)=\dfrac{x^2-y^2}{x^2+y^2}$，求 $f(1,2)$.

分析 直接代入.

解 把 $x=1$，$y=2$ 代入函数中即得

$$f(1,2)=-\dfrac{3}{5}$$

10.1.3 二元函数的极限与连续性

1. 二元函数的极限

定义 10.2 设函数 $z=f(x,y)$ 在点 $P_0(x_0,y_0)$ 的某一邻域内有定义（在点 P_0 可以没有定义），若点 $P(x,y)$ 以任意方式趋向于点 $P_0(x_0,y_0)$ 时，函数 $f(x,y)$ 总趋于常数 A，则称函数 $f(x,y)$ 当点 (x,y) 趋向于点 (x_0,y_0) 时以 A 为极限，记作

$$\lim_{\substack{x \to x_0 \\ y \to y_0}} f(x,y)=A \quad \text{或} \quad \lim_{(x,y) \to (x_0,y_0)} f(x,y)=A$$

为了区别于一元函数的极限，把二元函数的极限称为二重极限.

例 4 设 $f(x,y)=\dfrac{\sin(x^2+y^2)}{x^2+y^2}$，求 $\lim\limits_{\substack{x \to 0 \\ y \to 0}} f(x,y)$.

分析 变量代换后用重要极限.

解 设 $u=x^2+y^2$，当 $(x,y) \to (0,0)$ 时，$u \to 0$. 因此有

$$\lim_{\substack{x\to 0\\y\to 0}}f(x,y)=\lim_{\substack{x\to 0\\y\to 0}}\frac{\sin(x^2+y^2)}{x^2+y^2}=\lim_{u\to 0}\frac{\sin u}{u}=1$$

> **注意**：由于二重极限自变量个数的增多，点(x,y)趋向于定点(x_0,y_0)的方式也就很复杂，定义中要求为任意方式．因此，若点(x,y)以某一种或几种方式趋向于定点(x_0,y_0)时，$f(x,y)$趋向于同一数，此时不能断定函数的极限存在．

例 5 证明 $\lim\limits_{\substack{x\to 0\\y\to 0}}\dfrac{xy}{x^2+y^2}$ 不存在．

分析 若极限的值随着自变量趋向于的不同方式而变化，则二重极限不存在．

证明 取 $y=kx$（k 为常数），则

$$\lim_{\substack{x\to 0\\y\to 0}}\frac{xy}{x^2+y^2}=\lim_{\substack{x\to 0\\y=kx}}\frac{x\cdot kx}{x^2+k^2x^2}=\frac{k}{1+k^2}$$

易见极限的值随 k 的变化而变化，故题设极限不存在．

这里指出，一元函数中极限的运算法则对于二重极限同样适用．

2. 二元函数的连续性

与一元函数一样，可以用函数极限说明二元函数连续性的概念．

定义 10.3 设函数 $z=f(x,y)$ 在点 $P_0(x_0,y_0)$ 的某邻域内有定义，若

$$\lim_{\substack{x\to x_0\\y\to y_0}}f(x,y)=f(x_0,y_0)$$

则称函数 $f(x,y)$ 在点 $P_0(x_0,y_0)$ 处连续，称点 (x_0,y_0) 为函数的连续点．

若函数 $z=f(x,y)$ 在点 (x_0,y_0) 处不满足上述定义，则称点 (x_0,y_0) 为函数的不连续点或间断点．

如果函数 $f(x,y)$ 在区域 D 内的每一点都连续，则称 $f(x,y)$ 在区域 D 上连续，或称 $f(x,y)$ 为区域 D 上的连续函数．

二元连续函数具有与一元连续函数类似的性质：

(1) 有限个连续函数的代数和仍是连续函数；

(2) 有限个连续函数的乘积仍是连续函数；

(3) 两个连续函数之商（分母不等于零）仍是连续函数；

(4) 有限个连续函数的复合函数仍是连续函数．

由基本初等函数经过有限次四则运算和复合而构成的，且可由一个式子表示的多元函数称为多元初等函数．例如

$$z=\sin\sqrt{x^2+y^2},\ f(x,y)=\frac{x^2+y^2-1}{\ln(1+x^2+y^2)}$$

等都是二元初等函数.

显然，一切多元初等函数在其定义区域内都是连续的.

例 6 求 $\lim\limits_{\substack{x\to 0\\y\to 1}}\dfrac{1-xy}{x^2+y^2}$.

分析 因为点（0，1）在函数定义域中，所以可直接代入求解.

解 $\lim\limits_{\substack{x\to 0\\y\to 1}}\dfrac{1-xy}{x^2+y^2}=\dfrac{1-0\times 1}{0^2+1^2}=1$

例 7 求极限 $\lim\limits_{\substack{x\to 0\\y\to 0}}\dfrac{2-\sqrt{xy+4}}{xy}$.

分析 可以先对函数的分子进行有理化处理，再求极限.

解 $\lim\limits_{\substack{x\to 0\\y\to 0}}\dfrac{2-\sqrt{xy+4}}{xy}=\lim\limits_{\substack{x\to 0\\y\to 0}}\dfrac{(2-\sqrt{xy+4})(2+\sqrt{xy+4})}{xy(2+\sqrt{xy+4})}=\lim\limits_{\substack{x\to 0\\y\to 0}}\dfrac{-1}{2+\sqrt{xy+4}}=-\dfrac{1}{4}$

有界闭区域上的二元连续函数具有如下性质.

性质 10.1（最大值和最小值定理） 若二元函数 $z=f(x,y)$ 在有界闭区域 D 上连续，则 $z=f(x,y)$ 在闭区域 D 上一定有最小值和最大值.

性质 10.2（介值定理） 设二元函数 $z=f(x,y)$ 在有界闭区域 D 上连续，$M_1(x_1,y_1)$ 和 $M_2(x_2,y_2)$ 为 D 上任意两点，则对介于 $f(x_1,y_1)$ 和 $f(x_2,y_2)$ 之间的任何一值 k，在 D 内至少存在一点 $\xi(x_0,y_0)$，使得 $f(x_0,y_0)=k$.

习题 10.1

1. 求下列函数的定义域 D，并作出 D 的图形.

   (1) $z=\sqrt{4-x^2-y^2}+\dfrac{1}{\sqrt{x+y-1}}$；

   (2) $z=\dfrac{xy}{x-y}$；

   (3) $z=\arcsin\dfrac{x^2+y^2}{4}+\arccos\dfrac{1}{x^2+y^2}$；

   (4) $u=\dfrac{1}{\sqrt{x}}+\dfrac{1}{\sqrt{y}}+\dfrac{1}{\sqrt{z}}$；

   (5) $z=\ln(xy)$.

2. 用不等式组表示下列曲线围成的区域 D.

   (1) D 由直线 $x=1$，$x=3$，$y=1$ 及 $y=2$ 围成；

   (2) D 由曲线 $y=x^2$，$x=y^2$ 围成；

(3) D 由直线 $y=2x$，$y=2$ 及 y 轴围成.

3. 设 $f(x, y) = \dfrac{xy}{x^2-y^2}$，求：

(1) $f(-4, 2)$；(2) $f\left(2, \dfrac{x}{y}\right)$ 及 $f(tx, ty)$.

4. 求下列函数的极限.

(1) $\lim\limits_{\substack{x \to 1 \\ y \to 0}} \dfrac{\ln(x+e^y)}{\sqrt{x^2+y^2}}$；

(2) $\lim\limits_{\substack{x \to 0 \\ y \to 0}} \dfrac{\sin(xy)}{y}$；

(3) $\lim\limits_{\substack{x \to 0 \\ y \to 0}} \dfrac{xy}{\sqrt{xy+1}-1}$.

5. 考察下列极限是否存在.

(1) $\lim\limits_{\substack{x \to 0 \\ y \to 0}} \dfrac{x^2+y^2}{xy}$；

(2) $\lim\limits_{\substack{x \to 0 \\ y \to 0}} \dfrac{x-y}{x+y}$.

10.2 偏导数

10.2.1 偏导数的概念

在一元函数中，由函数的变化率引入了一元函数的导数概念，对于多元函数也有类似的问题. 在研究二元函数时，有时要讨论当其中一个自变量固定不变时，函数关于另外一个自变量的变化率问题，此时的二元函数实际上转化为了一元函数，因此可以利用一元函数的导数概念得到二元函数对某一个自变量的变化率，这正是二元函数的偏导数问题.

设二元函数 $z=f(x, y)$ 在点 (x_0, y_0) 的某邻域内有定义，当 x 在 x_0 处有改变量 Δx，而 $y=y_0$ 保持不变时，函数 $f(x, y)$ 相应的改变量

$$\Delta_x z = f(x_0+\Delta x, y_0) - f(x_0, y_0)$$

称为函数 $f(x, y)$ 关于 x 的偏改变量.

类似地，当 y 在 y_0 处有改变量 Δy，而 $x=x_0$ 保持不变时，函数 $f(x, y)$ 相应的改变量

$$\Delta_y z = f(x_0, y_0+\Delta y) - f(x_0, y_0)$$

称为函数 $f(x, y)$ 关于 y 的偏改变量.

定义 10.4 设二元函数 $z=f(x, y)$ 在点 (x_0, y_0) 的某邻域内有定义，当 $\Delta x \to 0$ 时，如果极限

$$\lim_{\Delta x \to 0} \dfrac{f(x_0+\Delta x, y_0) - f(x_0, y_0)}{\Delta x}$$

存在，则称此极限值为函数 $z=f(x, y)$ 在点 (x_0, y_0) 处对 x 的偏导数，记作

$$f'_x(x_0,y_0) \text{ 或} \frac{\partial z}{\partial x}\bigg|_{\substack{x=x_0\\y=y_0}} \text{ 或} \frac{\partial f}{\partial x}\bigg|_{\substack{x=x_0\\y=y_0}} \text{ 或} z'_x\bigg|_{\substack{x=x_0\\y=y_0}}$$

同样，当 $\Delta y \to 0$ 时，如果极限

$$\lim_{\Delta y \to 0}\frac{f(x_0,\ y_0+\Delta y)-f(x_0,\ y_0)}{\Delta y}$$

存在，则称此极限值为函数 $z=f(x,y)$ 在点 (x_0,y_0) 处对 y 的偏导数，记作

$$f'_y(x_0,y_0) \text{ 或} \frac{\partial z}{\partial y}\bigg|_{\substack{x=x_0\\y=y_0}} \text{ 或} \frac{\partial f}{\partial y}\bigg|_{\substack{x=x_0\\y=y_0}} \text{ 或} z'_y\bigg|_{\substack{x=x_0\\y=y_0}}$$

如果 $z=f(x,y)$ 在区域 D 内每一点 (x,y) 处都有偏导数 $f'_x(x,y)$ 和 $f'_y(x,y)$，一般来说，它们都是 x,y 的二元函数，则称它们为 $z=f(x,y)$ 的偏导函数，记作

$$f'_x(x,y) \text{ 或} \frac{\partial z}{\partial x} \text{ 或} \frac{\partial f}{\partial x} \text{ 或} z'_x$$

$$f'_y(x,y) \text{ 或} \frac{\partial z}{\partial y} \text{ 或} \frac{\partial f}{\partial y} \text{ 或} z'_y$$

今后在不致混淆的情况下，偏导函数通常简称为偏导数.

显然，函数 $f(x,y)$ 在点 (x_0,y_0) 处的偏导数就是偏导函数在点 (x_0,y_0) 处的函数值.

既然偏导数实质上可看作是一元函数的导数，因此，一元函数求导的方法对求偏导数完全适用，只要记住对一个自变量求偏导数时，把另一个自变量暂时看作是常量就可以了.

偏导数的概念可以推广到二元以上的函数. 例如，三元函数 $u=f(x,y,z)$ 对 x 的偏导数为

$$f'_x(x,\ y,\ z)=\lim_{\Delta x \to 0}\frac{f(x+\Delta x,\ y,\ z)-f(x,\ y,\ z)}{\Delta x}$$

即把自变量 y,z 看作是常量保持固定不变，u 作为变量 x 的函数时的导数. 类似可得 $f'_y(x,\ y,\ z)$ 和 $f'_z(x,\ y,\ z)$.

例1 求函数 $z=x^2\sin 2y$ 的偏导数.

分析 求偏导数时，应将相应的其余变量都看作是常数.

解 将 y 看作是常量对 x 求导数，得

$$\frac{\partial z}{\partial x}=2x\sin 2y$$

将 x 看作是常量对 y 求导数，得

$$\frac{\partial z}{\partial y}=2x^2\cos 2y$$

例 2 求函数 $z=x^y$ $(x>0)$ 的偏导数.

分析 注意什么时候将函数看作是指数函数,什么时候将函数看作是幂函数.

解 对 x 求导数时,将 y 看作是常量,这时 x^y 是幂函数,有

$$\frac{\partial z}{\partial x}=yx^{y-1}$$

对 y 求导数时,将 x 看作是常量,这时 x^y 是指数函数,有

$$\frac{\partial z}{\partial y}=x^y\ln x$$

例 3 求 $z=f(x,y)=x^2+3xy+y^2$ 在点 (1,2) 处的偏导数.

分析 先求偏导数,再求偏导数在这一点处的值.

解 把 y 看作是常数,对 x 求导得到

$$f'_x(x,y)=2x+3y$$

把 x 看作是常数,对 y 求导得到

$$f'_y(x,y)=3x+2y$$

故所求偏导数

$$f'_x(1,2)=2\times1+3\times2=8$$

$$f'_y(1,2)=3\times1+2\times2=7$$

例 4 求 $u=\sqrt{x^2+y^2+z^2}+xy$ 的偏导数.

分析 注意此题用到了复合函数的求导方法.

解 $\dfrac{\partial u}{\partial x}=\dfrac{x}{\sqrt{x^2+y^2+z^2}}+y$

$\dfrac{\partial u}{\partial y}=\dfrac{y}{\sqrt{x^2+y^2+z^2}}+x$

$\dfrac{\partial u}{\partial z}=\dfrac{z}{\sqrt{x^2+y^2+z^2}}$

10.2.2 高阶偏导数

设函数 $z=f(x,y)$ 在区域 D 内存在偏导数 $\dfrac{\partial z}{\partial x}=f'_x(x,y)$,$\dfrac{\partial z}{\partial y}=f'_y(x,y)$. 如果这两个偏导数的偏导数也存在,则称这两个偏导数的偏导数为函数 $z=f(x,y)$ 的二阶偏导数. 依据对变量求导的次序不同而有下列四个二阶偏导数,可分别记作:

(1) $\dfrac{\partial}{\partial x}\left(\dfrac{\partial z}{\partial x}\right)=\dfrac{\partial^2 z}{\partial x^2}=f''_{xx}(x,y)=z''_{xx}$;

(2) $\dfrac{\partial}{\partial y}\left(\dfrac{\partial z}{\partial x}\right)=\dfrac{\partial^2 z}{\partial x \partial y}=f''_{xy}(x,y)=z''_{xy}$;

(3) $\dfrac{\partial}{\partial x}\left(\dfrac{\partial z}{\partial y}\right)=\dfrac{\partial^2 z}{\partial y \partial x}=f''_{yx}(x,y)=z''_{yx}$;

(4) $\dfrac{\partial}{\partial y}\left(\dfrac{\partial z}{\partial y}\right)=\dfrac{\partial^2 z}{\partial y^2}=f''_{yy}(x,y)=z''_{yy}$.

其中 z''_{xy} 和 z''_{yx} 也称为混合偏导数.

类似地，可以定义更高阶的偏导数. 如果函数 $z=f(x,y)$ 的二阶偏导数仍然存在偏导数，则称此偏导数为 $z=f(x,y)$ 的三阶偏导数. 一般地，$z=f(x,y)$ 的 $n-1$ 阶偏导数的偏导数称为 $z=f(x,y)$ 的 n 阶偏导数. 二阶和二阶以上的偏导数统称为高阶偏导数.

例 5 求 $z=x\ln(x+y)$ 的二阶偏导数.

分析 先求一阶偏导数，对一阶偏导数再求导可得二阶偏导数.

解 $\dfrac{\partial z}{\partial x}=\ln(x+y)+\dfrac{x}{x+y}, \dfrac{\partial z}{\partial y}=\dfrac{x}{x+y}$

$\dfrac{\partial^2 z}{\partial x^2}=\dfrac{1}{x+y}+\dfrac{x+y-x}{(x+y)^2}=\dfrac{x+2y}{(x+y)^2}$

$\dfrac{\partial^2 z}{\partial y^2}=\dfrac{-x}{(x+y)^2}$

$\dfrac{\partial^2 z}{\partial x \partial y}=\dfrac{1}{x+y}+\dfrac{-x}{(x+y)^2}=\dfrac{y}{(x+y)^2}$

$\dfrac{\partial^2 z}{\partial y \partial x}=\dfrac{(x+y)-x}{(x+y)^2}=\dfrac{y}{(x+y)^2}$

从例 5 我们看到，函数关于 x、y 的两个混合偏导数相等：$\dfrac{\partial^2 z}{\partial y \partial x}=\dfrac{\partial^2 z}{\partial x \partial y}$. 这并非偶然，关于这一点，有下述定理.

定理 10.1 如果函数 $z=f(x,y)$ 的两个混合偏导数 $\dfrac{\partial^2 z}{\partial x \partial y}$ 和 $\dfrac{\partial^2 z}{\partial y \partial x}$ 在区域 D 内连续，则在区域 D 内，必有

$$\dfrac{\partial^2 z}{\partial x \partial y}=\dfrac{\partial^2 z}{\partial y \partial x}$$

习题 10.2

1. 求下列函数的一阶偏导数.

(1) $z=x+y\cos x$; (2) $z=\dfrac{\cos x^2}{y}$;

(3) $z=e^{xy}$;   (4) $z=\arctan\dfrac{x}{y}$;

(5) $z=xy+\dfrac{x}{y}$.

2. 设 $f(x,y)=e^{-\sin x}(x+2y)$,求 $f'_x(0,1)$,$f'_y(0,1)$.

3. 求下列函数的二阶偏导数.

(1) $z=x^4-4x^2y^2+y^4$;   (2) $z=\cos^2(2x+3y)$;

(3) $z=\ln(xy)$;   (4) $z=\sin(xy)$.

10.3　全微分

偏导数反映函数在坐标轴方向的变化率,它只考虑一个自变量发生变化时的情形. 现在讨论二元函数在所有自变量都有微小变化时,函数改变量的变化情况.

设函数 $z=f(x,y)$ 的两个自变量都在变化,它们分别有改变量 Δx 和 Δy,则称函数的改变量

$$\Delta z=f(x+\Delta x,y+\Delta y)-f(x,y)$$

为函数 $f(x,y)$ 在 (x,y) 处的全改变量. 全改变量是自变量改变量 Δx 与 Δy 的函数,它刻画了 $f(x,y)$ 在点 (x,y) 附近的情况,但全改变量 Δz 与 Δx、Δy 的函数关系往往比较复杂. 因此,引进全微分的概念,在点 (x,y) 附近可以用它近似代替全改变量.

定义 10.5　如果函数 $z=f(x,y)$ 在点 (x,y) 处的全改变量

$$\Delta z=f(x+\Delta x,y+\Delta y)-f(x,y)$$

可表示为

$$\Delta z=A\Delta x+B\Delta y+o(\rho)$$

其中 A,B 仅与点 (x,y) 有关而与 Δx,Δy 无关,$o(\rho)$ 是比 $\rho(\rho=\sqrt{(\Delta x)^2+(\Delta y)^2})$ 更高阶的无穷小量,则称函数 $z=f(x,y)$ 在点 (x,y) 处可微,并称 $A\Delta x+B\Delta y$ 为函数 $z=f(x,y)$ 在点 (x,y) 处的全微分,记作

$$dz=A\Delta x+B\Delta y$$

下面给出 A,B 与函数 $z=f(x,y)$ 在点 (x,y) 处的偏导数的关系.

定理 10.2（可微的必要条件）　如果函数 $z=f(x,y)$ 在点 (x,y) 处可微,则函数在该点的偏导数 $\dfrac{\partial z}{\partial x}$,$\dfrac{\partial z}{\partial y}$ 必定存在,且函数 $z=f(x,y)$ 在点 (x,y) 处的全微分为

$$dz = \frac{\partial z}{\partial x}\Delta x + \frac{\partial z}{\partial y}\Delta y$$

证明 设函数 $z=f(x,y)$ 在点 $P(x,y)$ 处可微. 于是，对于点 P 的某个邻域内的任意一点 $M(x+\Delta x, y+\Delta y)$，有 $\Delta z = A\Delta x + B\Delta y + o(\rho)$. 特别地，当 $\Delta y = 0$ 时，有

$$f(x+\Delta x, y) - f(x,y) = A\Delta x + o(|\Delta x|)$$

两边同时除以 Δx，再令 $\Delta x \to 0$ 而取极限，得

$$\lim_{\Delta x \to 0} \frac{f(x+\Delta x, y) - f(x,y)}{\Delta x} = \lim_{\Delta x \to 0}\left[A + \frac{o(|\Delta x|)}{\Delta x}\right] = A$$

从而偏导数 $\frac{\partial z}{\partial x}$ 存在且 $\frac{\partial z}{\partial x} = A$.

同理可证偏导数 $\frac{\partial z}{\partial y}$ 存在且 $\frac{\partial z}{\partial y} = B$.

所以

$$dz = \frac{\partial z}{\partial x}\Delta x + \frac{\partial z}{\partial y}\Delta y$$

一般地，记 $\Delta x = dx$，$\Delta y = dy$，并分别称为自变量的微分，则函数 $z=f(x,y)$ 的全微分可写成

$$dz = \frac{\partial z}{\partial x}dx + \frac{\partial z}{\partial y}dy$$

该定理表明，偏导数 $\frac{\partial z}{\partial x}, \frac{\partial z}{\partial y}$ 存在是可微的必要条件，但不是充分条件. 下面给出可微的充分条件.

定理 10.3（可微的充分条件） 如果函数 $z=f(x,y)$ 在点 (x,y) 的某邻域内偏导数存在且连续，则函数 $z=f(x,y)$ 在点 (x,y) 处可微.

以上关于二元函数全微分的概念及全微分存在的条件也可类似地推广到二元以上的多元函数. 例如，若函数 $u=f(x,y,z)$ 可微，则有

$$du = \frac{\partial u}{\partial x}dx + \frac{\partial u}{\partial y}dy + \frac{\partial u}{\partial z}dz$$

例 1 求函数 $z = 2xy^3 - 3x^2y^2$ 的全微分.

分析 求全微分，主要是求偏导数.

解 $\frac{\partial z}{\partial x} = 2y^3 - 6xy^2, \frac{\partial z}{\partial y} = 6xy^2 - 6x^2y$，则有

$$dz = (2y^3 - 6xy^2)dx + (6xy^2 - 6x^2y)dy$$

例 2 计算函数 $z=e^{xy}$ 在点 $(-1,1)$ 处的全微分.

分析 先求偏导数，再求偏导数在所给点处的值.

解 $\dfrac{\partial z}{\partial x}=ye^{xy}$，$\dfrac{\partial z}{\partial y}=xe^{xy}$，则有

$$\dfrac{\partial z}{\partial x}\Big|_{\substack{x=-1\\y=1}}=e^{-1},\dfrac{\partial z}{\partial y}\Big|_{\substack{x=-1\\y=1}}=-e^{-1}$$

故所求全微分

$$dz=e^{-1}dx-e^{-1}dy$$

例 3 求函数 $u=x+\sin\dfrac{y}{2}+e^{yz}$ 的全微分.

分析 此题函数是三元函数，需要求出三个偏导数.

解 $\dfrac{\partial u}{\partial x}=1$

$\dfrac{\partial u}{\partial y}=\dfrac{1}{2}\cos\dfrac{y}{2}+ze^{yz}$

$\dfrac{\partial u}{\partial z}=ye^{yz}$

故所求全微分

$$du=dx+\left(\dfrac{1}{2}\cos\dfrac{y}{2}+ze^{yz}\right)dy+ye^{yz}dz$$

习题 10.3

1. 求函数 $z=2x+3y^2$ 在 $x=10$，$y=8$，$\Delta x=0.2$，$\Delta y=0.3$ 时的全微分.

2. 求函数 $z=\dfrac{y}{x}$ 在 $x=2$，$y=1$，$dx=0.1$，$dy=0.2$ 时的全微分及全改变量.

3. 求下列函数的全微分.

   (1) $z=xy+\dfrac{x}{y}$；
   (2) $z=e^{\frac{y}{x}}$；
   (3) $z=\ln(x^2+y^2)$；
   (4) $u=(xy)^z$.

10.4 复合函数与隐函数的微分法

10.4.1 复合函数的微分法

在一元函数微分法中，复合函数的导数是一个重要内容，对于多元函数也是如此. 下面讨论二元复合函数的微分法.

设函数 $z=f(u, v)$，而 $u=\varphi(x, y)$，$v=\psi(x, y)$，则
$$z=f[\varphi(x, y), \psi(x, y)]$$
为二元复合函数. 其中 x, y 为自变量，u, v 为中间变量.

从复合关系可以看到多元复合函数要比一元函数更复杂，如考虑 $\frac{\partial z}{\partial x}$ 时，若 y 不变，则 x 变化会导致 u, v 都变，因此 z 的变化就有两部分：一部分是通过 u 而来，一部分是通过 v 而来.

定理 10.4 如果函数 $u=\varphi(x, y)$，$v=\psi(x, y)$ 在点 (x, y) 处的偏导数存在，而函数 $z=f(u, v)$ 在对应的点 (u, v) 处可微，则复合函数 $z=f[\varphi(x, y), \psi(x, y)]$ 在点 (x, y) 处的偏导数也存在，且

$$\frac{\partial z}{\partial x}=\frac{\partial z}{\partial u}\cdot\frac{\partial u}{\partial x}+\frac{\partial z}{\partial v}\cdot\frac{\partial v}{\partial x}, \frac{\partial z}{\partial y}=\frac{\partial z}{\partial u}\cdot\frac{\partial u}{\partial y}+\frac{\partial z}{\partial v}\cdot\frac{\partial v}{\partial y}$$

例 1 设 $z=uv+\sin t$，而 $u=e^t$，$v=\cos t$，求导数 $\frac{dz}{dt}$.

分析 此题有三个中间变量 u, v, t，最终有一个自变量 t.

解 $\frac{dz}{dt}=\frac{\partial z}{\partial u}\cdot\frac{du}{dt}+\frac{\partial z}{\partial v}\cdot\frac{dv}{dt}+\frac{\partial z}{\partial t}=ve^t-u\sin t+\cos t$

$=e^t\cos t-e^t\sin t+\cos t=e^t(\cos t-\sin t)+\cos t$

例 2 设 $z=e^u\sin v$，而 $u=xy$，$v=x+y$，求 $\frac{\partial z}{\partial x}$ 和 $\frac{\partial z}{\partial y}$.

分析 此题有两个中间变量 u 和 v，最终有两个自变量 x 和 y.

解 $\frac{\partial z}{\partial x}=\frac{\partial z}{\partial u}\cdot\frac{\partial u}{\partial x}+\frac{\partial z}{\partial v}\cdot\frac{\partial v}{\partial x}=e^u\sin v\cdot y+e^u\cos v\cdot 1$

$=e^u(y\sin v+\cos v)=e^{xy}[y\sin(x+y)+\cos(x+y)]$

$\frac{\partial z}{\partial y}=\frac{\partial z}{\partial u}\cdot\frac{\partial u}{\partial y}+\frac{\partial z}{\partial v}\cdot\frac{\partial v}{\partial y}=e^u\sin v\cdot x+e^u\cos v\cdot 1$

$=e^u(x\sin v+\cos v)=e^{xy}[x\sin(x+y)+\cos(x+y)]$

例 3 设 $z=xy+u$，$u=\varphi(x, y)$，求 $\frac{\partial z}{\partial x}$，$\frac{\partial^2 z}{\partial x^2}$，$\frac{\partial^2 z}{\partial x \partial y}$.

分析 求二阶偏导数时，注意 $\varphi'_x(x, y)$ 仍然是 x 与 y 的函数.

解 $\frac{\partial z}{\partial x}=y+\frac{\partial u}{\partial x}=y+\varphi'_x(x, y)$

$\frac{\partial^2 z}{\partial x^2}=\frac{\partial}{\partial x}\left(\frac{\partial z}{\partial x}\right)=\frac{\partial}{\partial x}\left(y+\frac{\partial u}{\partial x}\right)=\frac{\partial^2 u}{\partial x^2}=\varphi''_{xx}(x, y)$

$\frac{\partial^2 z}{\partial x \partial y}=\frac{\partial}{\partial y}\left(\frac{\partial z}{\partial x}\right)=\frac{\partial}{\partial y}\left(y+\frac{\partial u}{\partial x}\right)=1+\frac{\partial^2 u}{\partial x \partial y}=1+\varphi''_{xy}(x, y)$

多元复合函数的复合关系是多种多样的,我们不可能把所有的公式都写出来,也不必要把所有的公式都写出来,只要把握住函数间的复合关系及正确对某个自变量求偏导数,准确理解并使用定理 10.4 即可.

10.4.2 隐函数的微分法

前面已经介绍了隐函数的概念,并指出了不经过显化而直接由方程 $F(x, y) = 0$ 求它所确定的隐函数的导数的方法. 但一般的二元方程不一定就能确定一个一元单值函数. 如果函数 $F(x, y)$ 有连续的一阶偏导数,且 $F(x_0, y_0) = 0$,$F'_y(x_0, y_0) \neq 0$,则方程 $F(x, y) = 0$ 在点 x_0 的某一邻域内能唯一确定一个单值可导的函数 $y = f(x)$. 现用多元复合函数的微分法导出这种隐函数微分法的一般公式.

设隐函数关系 $y = f(x)$ 由方程 $F(x, y) = 0$ 所确定,则必有恒等式
$$F[x, f(x)] = 0$$
左边可以看作是 x 的一个复合函数. 恒等式两边求导后仍然恒等,即得
$$\frac{\partial F}{\partial x} + \frac{\partial F}{\partial y} \cdot \frac{\mathrm{d}y}{\mathrm{d}x} = 0$$
若 $\frac{\partial F}{\partial y} \neq 0$,则有

$$\frac{\mathrm{d}y}{\mathrm{d}x} = -\frac{\dfrac{\partial F}{\partial x}}{\dfrac{\partial F}{\partial y}} = -\frac{F'_x}{F'_y}$$

这就是由隐函数 $F(x, y) = 0$ 所确定的函数 $y = f(x)$ 的求导公式.

例 4 设由方程 $x \sin y + y e^x = 0$ 确定 y 是 x 的函数,求 $\dfrac{\mathrm{d}y}{\mathrm{d}x}$.

分析 使用隐函数求导公式时,关键是确定好函数 $F(x, y)$.

解 设 $F(x, y) = x \sin y + y e^x$,由于
$$F'_x(x, y) = \sin y + y e^x,\quad F'_y(x, y) = x \cos y + e^x$$
所以
$$\frac{\mathrm{d}y}{\mathrm{d}x} = -\frac{F'_x}{F'_y} = -\frac{\sin y + y e^x}{x \cos y + e^x}$$

例 5 求由方程 $x^2 + y^2 = 1$ 确定的隐函数在点 (0,1) 处的导数值.

分析 确定好函数 $F(x, y)$,用隐函数求导公式求出导函数,代入点即得导数值.

解 设 $F(x, y) = x^2 + y^2 - 1$,则 $F'_x(x, y) = 2x$,$F'_y(x, y) = 2y$,所以
$$\frac{\mathrm{d}y}{\mathrm{d}x} = -\frac{F'_x}{F'_y} = -\frac{x}{y},\quad \left.\frac{\mathrm{d}y}{\mathrm{d}x}\right|_{\substack{x=0 \\ y=1}} = 0$$

上述隐函数求导公式可以推广到多元隐函数的情形. 例如，设由含三个变量 x，y，z 的方程

$$F(x, y, z) = 0$$

确定二元函数 $z=f(x, y)$. 这时应有恒等式

$$F[x, y, f(x, y)] = 0$$

分别对 x 和 y 求偏导数，得

$$\frac{\partial F}{\partial x} + \frac{\partial F}{\partial z} \cdot \frac{\partial z}{\partial x} = 0, \frac{\partial F}{\partial y} + \frac{\partial F}{\partial z} \cdot \frac{\partial z}{\partial y} = 0$$

若 $\frac{\partial F}{\partial z} \neq 0$，则有偏导数公式

$$\frac{\partial z}{\partial x} = -\frac{\frac{\partial F}{\partial x}}{\frac{\partial F}{\partial z}} = -\frac{F'_x}{F'_z}, \frac{\partial z}{\partial y} = -\frac{\frac{\partial F}{\partial y}}{\frac{\partial F}{\partial z}} = -\frac{F'_y}{F'_z}$$

例 6 设 $x^2 + y^2 + z^2 = 4z$，求 $\frac{\partial z}{\partial x}$ 和 $\frac{\partial z}{\partial y}$.

分析 先确定好函数 $F(x, y, z)$，再利用隐函数求导公式.

解 设 $F(x, y, z) = x^2 + y^2 + z^2 - 4z$，则

$$F'_x = 2x, \ F'_y = 2y, \ F'_z = 2z - 4$$

所以

$$\frac{\partial z}{\partial x} = -\frac{F'_x}{F'_z} = -\frac{2x}{2z-4} = \frac{x}{2-z}$$

$$\frac{\partial z}{\partial y} = -\frac{F'_y}{F'_z} = -\frac{2y}{2z-4} = \frac{y}{2-z}$$

习题 10.4

1. 设 $z = e^{u-2v}$，$u = \sin x$，$v = x^3$，求 $\frac{dz}{dx}$.

2. 设 $z = u^2 + v^2$，$u = x+y$，$v = x-y$，求 $\frac{\partial z}{\partial x}, \frac{\partial z}{\partial y}$.

3. 设 $z = \ln(1+uv)$，$u = x+y$，$v = x-y$，求 $\frac{\partial z}{\partial x}, \frac{\partial z}{\partial y}$.

4. 设 $z = u^2 e^{2v}$，$u = xy$，$v = 2x-3y$，求 $\frac{\partial z}{\partial x}, \frac{\partial z}{\partial y}$.

5. 设 $z = u^2 \ln v$，$u = \frac{x}{y}$，$v = 3x-2y$，求 $\frac{\partial z}{\partial x}, \frac{\partial z}{\partial y}$.

6. 求下列函数对各自变量的一阶偏导数，其中 f 可微.

(1) $z=f(2x+y, y\ln x)$; (2) $u=f(x, xy, xyz)$.

7. 设 $z=x+f(u)$，$u=x^2+y^2$，f 可微，证明：

$$y\frac{\partial z}{\partial x}-x\frac{\partial z}{\partial y}=y$$

8. 求下列方程所确定的隐函数的导数 $\frac{dy}{dx}$.

(1) $\sin y+e^x-xy^2=0$; (2) $\ln\sqrt{x^2+y^2}=\arctan\frac{y}{x}$.

9. 求下列方程所确定的隐函数 $z=z(x, y)$ 的偏导数 $\frac{\partial z}{\partial x}, \frac{\partial z}{\partial y}$.

(1) $z^3+3xyz=14$; (2) $x+y+z=e^{-(x+y+z)}$;

(3) $e^z-z+xy^3=0$.

10. 设 $x^3+y^3+z^3+xyz=6$ 所确定的隐函数为 $z=f(x, y)$，求 $\left.\frac{\partial z}{\partial x}\right|_{\substack{x=1\\y=2\\z=-1}}$.

11. 设 $2\sin(x+2y-3z)=x+2y-3z$，证明：

$$\frac{\partial z}{\partial x}+\frac{\partial z}{\partial y}=1$$

10.5 多元函数的极值

在一元函数中，利用函数的导数可以求得函数的极值，从而进一步解决一些有关最大值和最小值的应用问题. 在多元函数中也有类似问题. 本节先讨论多元函数的极值问题，然后讨论实际问题中的多元函数的最大值和最小值的求解问题，这里着重讨论二元函数的情形.

10.5.1 二元函数的极值

定义 10.6 设函数 $z=f(x, y)$ 在点 $M_0(x_0, y_0)$ 的某邻域内有定义，如果对于该邻域内任何异于 $M_0(x_0, y_0)$ 的点 $M(x, y)$，恒有不等式 $f(x, y)<f(x_0, y_0)$ 成立，则称函数在点 $M_0(x_0, y_0)$ 处取得极大值 $f(x_0, y_0)$；恒有不等式 $f(x, y)>f(x_0, y_0)$ 成立，则称函数在点 $M_0(x_0, y_0)$ 处取得极小值 $f(x_0, y_0)$.

极大值和极小值统称为极值，使函数取得极值的点 $M_0(x_0, y_0)$ 称为极值点.

例 1 函数 $z=3x^2+4y^2$ 在点 (0, 0) 处能否取得极小值？

解 因为当 $x=0$, $y=0$ 时，$z=0$，在点 (0, 0) 之外的任意一点均有 $z>0$. 因此函数在点 (0, 0) 处取得极小值.

例 2 函数 $z=-\sqrt{x^2+y^2}$ 在点 (0, 0) 处能否取得极大值？

解 因为当 $x=0$，$y=0$ 时，$z=0$，在点 (0，0) 之外的任意一点均有 $z<0$. 因此函数在点 (0，0) 处取得极大值.

例 3 函数 $z=xy$ 在点 (0，0) 处能否取得极值?

解 因为函数在点 (0，0) 处的函数值为零，而在点 (0，0) 的任一邻域内，总有使函数值为正的点，也有使函数值为负的点. 因此，此函数在点 (0，0) 处既不取得极大值也不取得极小值.

关于多元函数的极值问题的判定，下面给出判定极值存在的必要条件和充分条件.

定理 10.5（极值存在的必要条件） 设函数 $z=f(x,y)$ 在点 $M_0(x_0,y_0)$ 处存在偏导数，且在点 $M_0(x_0,y_0)$ 处取得极值，则有

$$f'_x(x_0,y_0)=0,\ f'_y(x_0,y_0)=0$$

证明 不妨设函数 $z=f(x,y)$ 在点 $M_0(x_0,y_0)$ 处取得极大值. 根据极大值的定义，对于点 $M_0(x_0,y_0)$ 的某一邻域内异于 $M_0(x_0,y_0)$ 的点 (x,y)，都有不等式

$$f(x,y)<f(x_0,y_0)$$

成立. 特殊地，在该邻域内取 $y=y_0$ 而 $x\neq x_0$ 的点，也应有不等式

$$f(x,y_0)<f(x_0,y_0)$$

成立. 这表明一元函数 $f(x,y_0)$ 在 $x=x_0$ 处取得极大值，因而必有

$$f'_x(x_0,y_0)=0$$

类似地可证

$$f'_y(x_0,y_0)=0$$

与一元函数一样，凡是使 $f'_x(x_0,y_0)=0$，$f'_y(x_0,y_0)=0$ 同时成立的点 (x_0,y_0)，均称为函数 $z=f(x,y)$ 的驻点.

显然由定理 10.5 可知，可微函数的极值点必定是驻点，但函数的驻点不一定是极值点. 例如，函数 $z=xy$ 在点 (0，0) 处的两个偏导数都是零，但该函数在 (0，0) 处既不取得极大值也不取得极小值. 那么怎样判定一个驻点是否是极值点呢? 下面给出判定极值存在的充分条件.

定理 10.6（极值存在的充分条件） 设函数 $z=f(x,y)$ 在点 (x_0,y_0) 的某邻域内有一阶和二阶连续的偏导数，且满足 $f'_x(x_0,y_0)=0$，$f'_y(x_0,y_0)=0$，记

$$A=f''_{xx}(x_0,y_0),\ B=f''_{xy}(x_0,y_0),\ C=f''_{yy}(x_0,y_0)$$

则有

(1) 当 $B^2-AC<0$ 时，函数 $f(x,y)$ 在点 (x_0,y_0) 处取得极值，且当 $A<0$ 时为极大值，当 $A>0$ 时为极小值；

(2) 当 $B^2-AC>0$ 时，函数 $f(x,y)$ 在点 (x_0,y_0) 处没有极值；

(3) 当 $B^2-AC=0$ 时，函数 $f(x,y)$ 在点 (x_0,y_0) 处可能有极值，也可能没有极值，要使用其他方法另作讨论.

由极值存在的必要条件和充分条件可以得出求二元函数极值的步骤.

(1) 求出函数 $f(x,y)$ 的偏导数，并解方程组
$$f'_x(x,y)=0,\ f'_y(x,y)=0$$
求出所有的驻点；

(2) 对于每一个驻点，求出对应的二阶偏导数值 A，B，C；

(3) 由 B^2-AC 的符号判定该驻点是否为极值点；

(4) 求出极值点处的函数值，即为函数的极值.

例 4 求函数 $f(x,y)=x^3-y^3+3x^2+3y^2-9x$ 的极值.

分析 按照上述步骤求解即可.

解 (1) 求一阶偏导数
$$f'_x(x,y)=3x^2+6x-9,\ f'_y(x,y)=-3y^2+6y$$
利用极值存在的必要条件求驻点，解方程组
$$\begin{cases}f'_x(x,y)=3x^2+6x-9=0\\ f'_y(x,y)=-3y^2+6y=0\end{cases}$$
得函数的驻点为 $(1,0)$，$(1,2)$，$(-3,0)$，$(-3,2)$.

(2) 求二阶偏导数，记
$$A=f''_{xx}(x,y)=6x+6,\ B=f''_{xy}(x,y)=0,\ C=f''_{yy}(x,y)=-6y+6$$

① 在点 $(1,0)$ 处，$B^2-AC=0-12\times 6=-72<0$，且 $A>0$，所以函数在 $(1,0)$ 处有极小值 $f(1,0)=-5$；

② 在点 $(1,2)$ 处，$B^2-AC=0-12\times(-6)=72>0$，所以 $f(1,2)$ 不是极值；

③ 在点 $(-3,0)$ 处，$B^2-AC=0-(-12)\times 6=72>0$，所以 $f(-3,0)$ 不是极值；

④ 在点 $(-3,2)$ 处，$B^2-AC=0-(-12)\times(-6)=-72<0$，且 $A<0$，所以函数在 $(-3,2)$ 处有极大值 $f(-3,2)=31$.

应注意的问题：不是驻点也可能是极值点. 例如，函数 $z=-\sqrt{x^2+y^2}$ 在点 $(0,0)$ 处有极大值，但 $(0,0)$ 不是函数的驻点. 因此，在考虑函数的极值问题时，除了考虑函数的驻点外，如果有偏导数不存在的点，那么对这些点也应当考虑.

10.5.2 二元函数的最大值与最小值

有界闭区域 D 上的连续函数 $f(x,y)$ 必定存在最大值和最小值，这时使函数取得

最大值和最小值的点既可能在 D 的内部，也可能在 D 的边界上. 假定函数在 D 上连续、在 D 内可微且只有有限个驻点，如果函数在 D 的内部取得最大值和最小值，那么这个最大值和最小值也是函数的极大值和极小值. 因此，求最大值和最小值的一般方法是：将函数 $f(x,y)$ 在 D 内的所有驻点处的函数值及在 D 的边界上的最大值和最小值相互比较，其中最大的就是最大值，最小的就是最小值. 在通常遇到的实际问题中，如果根据问题的性质，知道函数 $f(x,y)$ 的最大值（或最小值）一定在 D 的内部取得，而函数在 D 内只有一个驻点，那么可以肯定该驻点处的函数值就是函数 $f(x,y)$ 在 D 上的最大值（或最小值）.

例 5 要用铁板做成一个体积为 $8\,\mathrm{m}^3$ 的有盖长方体水箱，问当长、宽、高各取怎样的尺寸时，才能使所用材料最省？

分析 先设出自变量，得目标函数及其定义域，再求驻点.

解 设水箱的长为 x、宽为 y，则其高应为 $\dfrac{8}{xy}$. 此水箱所用材料的面积为

$$A=2\left(xy+y\cdot\dfrac{8}{xy}+x\cdot\dfrac{8}{xy}\right)=2\left(xy+\dfrac{8}{x}+\dfrac{8}{y}\right)\quad(x>0,\ y>0)$$

由

$$\begin{cases}\dfrac{\partial A}{\partial x}=2\left(y-\dfrac{8}{x^2}\right)=0\\[2mm]\dfrac{\partial A}{\partial y}=2\left(x-\dfrac{8}{y^2}\right)=0\end{cases}$$

解得 $x=2$，$y=2$.

由题意可知，水箱所用材料的面积的最小值一定存在，而在定义域 $D=\{(x,y)\mid x>0,y>0\}$ 内只有唯一的驻点 $(2,2)$，所以此驻点一定是 A 的最小值点. 即当 $x=2,y=2$ 时，A 取最小值.

所以，当水箱的长为 $2\,\mathrm{m}$、宽为 $2\,\mathrm{m}$、高为 $\dfrac{8}{2\times 2}=2\,\mathrm{m}$ 时，水箱所用的材料最省.

从这个例子还可看出，在体积一定的长方体中，以立方体的表面积为最小.

10.5.3 条件极值与拉格朗日乘数法

对于上面讨论的极值问题，自变量在定义域上可以任意取值，未受任何限制，这类无附加条件的极值问题，称为无条件极值. 在实际问题中，求极值或最值时，对自变量的取值往往要附加一定的约束条件，这类有附加条件的极值问题，称为条件极值.

例如，对于求表面积为 a^2 而体积为最大的长方体的体积问题，设长方体的长、宽、

高分别为 x，y，z，则体积 $V=xyz$. 又因假定表面积为 a^2，所以自变量 x，y，z 还必须满足附加条件 $2(xy+yz+zx)=a^2$.

考虑函数 $z=f(x,y)$ 在满足约束条件 $\varphi(x,y)=0$ 时的条件极值问题，求解这一条件极值问题的常用方法是拉格朗日乘数法.

采用拉格朗日乘数法求极值的具体步骤如下：

（1）构造辅助函数（称为拉格朗日函数）
$$F(x,y,\lambda)=f(x,y)+\lambda\varphi(x,y)$$
其中 λ 为待定常数，称为拉格朗日乘数，将原条件极值问题化为求三元函数 $F(x,y,\lambda)$ 的无条件极值问题；

（2）根据无条件极值问题极值存在的必要条件，令
$$\begin{cases} F'_x(x,y,\lambda)=f'_x(x,y)+\lambda\varphi'_x(x,y)=0 \\ F'_y(x,y,\lambda)=f'_y(x,y)+\lambda\varphi'_y(x,y)=0 \\ F'_\lambda(x,y,\lambda)=\varphi(x,y)=0 \end{cases}$$

解出 x，y 及 λ，则其中点 (x,y) 就是所要求的可能的极值点；

（3）判别求出的 (x,y) 是否为极值点，通常由实际问题的实际意义判定.

这种方法可以推广到自变量多于两个而条件多于一个的情形.

例 6 求表面积为 a^2 而体积为最大的长方体的体积.

分析 先设出自变量，写出目标函数与限制条件，再构造拉格朗日函数求解.

解 设长方体的长、宽、高分别为 x，y，z，则问题就是在条件
$$2(xy+yz+zx)=a^2$$
下求函数 $V=xyz$ 的最大值.

构造拉格朗日函数
$$F(x,y,z,\lambda)=xyz+\lambda(2xy+2yz+2zx-a^2)$$

解方程组
$$\begin{cases} F'_x(x,y,z,\lambda)=yz+2\lambda(y+z)=0 \\ F'_y(x,y,z,\lambda)=xz+2\lambda(x+z)=0 \\ F'_z(x,y,z,\lambda)=xy+2\lambda(y+x)=0 \\ F'_\lambda(x,y,z,\lambda)=2xy+2yz+2xz-a^2=0 \end{cases}$$

得 $x=y=z=\dfrac{\sqrt{6}}{6}a$，这是唯一可能的极值点. 因为由问题本身可知最大值一定存在，所以最大值就在这个可能的极值点处取得. 此时 $V=\dfrac{\sqrt{6}}{36}a^3$.

习题 10.5

1. 求下列函数的极值.
   (1) $z=4(x-y)-x^2-y^2$; (2) $z=x^3+y^3-3xy$; (3) $z=e^{2x}(x+2y+y^2)$.

2. 斜边为 l 的一切直角三角形中,当直角边各为多少时,直角三角形的周长最大?

3. 设周长为 $2p$ 的矩形绕它的一边旋转构成圆柱体,当矩形的边长各为多少时,圆柱体的体积最大?

4. 求函数 $z=xy$ 在附加条件 $x+y=1$ 下的极大值.

5. 设长方体内接于半径为 a 的球,当长方体边长各为多少时,长方体有最大体积?

6. 求函数 $z=x+2y$ 在约束条件 $x^2+y^2=5$ 下的条件极值.

7. 求函数 $u=x-2y+2z$ 在约束条件 $x^2+y^2+z^2=9$ 下的条件极值.

课外阅读

欧 拉
——双目失明的数学家

欧拉(1707—1783),瑞士数学家、自然科学家,先后担任过彼得堡科学院院士、柏林科学院物理数学所所长等职. 欧拉是 18 世纪数学界最杰出的人物之一,他不仅为数学界做出贡献,更把整个数学推至物理领域.

欧拉 1707 年生于瑞士巴塞尔的一个牧师家庭,父亲爱好数学,欧拉最早从他的父亲那里接触到一些数学. 后来,他搬回巴塞尔和他的外祖母住在一起,并在那里开始了他的正式学业. 在中学时期,欧拉由于所在的学校并不教授数学,便私下里从一位大学生那里学习. 欧拉 13 岁时进入了巴塞尔大学,主修哲学和法律,期间结识了数学世家伯努利家族的成员,每周星期六下午跟当时欧洲最优秀的数学家约翰·伯努利学习数学. 欧拉 15 岁大学毕业,16 岁便以优异成绩获得硕士学位. 1727 年,欧拉应圣彼得堡科学院的邀请到俄国. 1731 年,他接替丹尼尔·伯努利成为物理教授. 他以旺盛的精力投入研究,在俄国的 14 年中,他在分析学、数论和力学方面做了大量出色的工作. 1741 年,他受普鲁士腓特烈大帝的邀请到柏林科学院工作,达 25 年之久. 在柏林期间,他的研究内容更加广泛,涉及行星运动、刚体运动、热力学、弹道学、人口学,这些工作和他的数学研究相互推动. 欧拉这个时期在微分方程、曲面微分几何及其他数学领域的研究都是开创性的. 1766 年,他又回到了圣彼得堡.

1783 年 9 月 18 日, 欧拉卒于此地.

18 世纪中叶, 欧拉和其他数学家在解决物理问题过程中, 创立了微分方程这门学科. 值得提出的是, 偏微分方程的纯数学研究的第一篇论文正是欧拉写的《方程的积分法研究》. 欧拉引入了空间曲线的参数方程, 给出了空间曲线曲率半径的解析表达式. 1766 年, 他出版了《关于曲面上曲线的研究》, 建立了曲面理论. 这篇著作是欧拉对微分几何最重要的贡献, 是微分几何发展史上的一个里程碑. 欧拉渊博的知识、无穷无尽的创作精力和空前丰富的著作, 都是令人惊叹不已的! 他是数学史上最多产的数学家, 19 岁开始写作, 直到 76 岁逝世为止, 共发表论文和专著 500 多种, 还有 400 余种未发表的手稿. 他平均每年写出 800 多页的论文, 还写了大量的力学、分析学、几何学、变分法等课本.《无穷小分析引论》《微分学原理》《积分学原理》等都成为数学界中的经典著作. 1909 年, 瑞士科学院开始出版《欧拉全集》, 共 74 卷, 到 20 世纪 80 年代尚未出齐. 欧拉著述浩瀚, 不仅包含科学创见, 而且富有科学思想, 思维过程流入笔端, 行文流畅, 一气呵成, 妙笔生花, 富有文采. 因而他被誉为 "数学界的莎士比亚".

欧拉知识渊博, 涉猎极广, 到今天几乎每一个数学领域都可以看到欧拉的名字, 从初等几何的欧拉线、多面体的欧拉定理、立体解析几何的欧拉变换公式、四次方程的欧拉解法到数论中的欧拉函数、微分方程的欧拉方程、级数论的欧拉常数、变分学的欧拉方程、复变函数的欧拉公式等, 数也数不清. 他对数学分析的贡献更独具匠心,《无穷小分析引论》一书便是他划时代的代表作, 当时数学家们称他为 "分析学的化身". 他识才育人, 荐贤举能, 品质高尚, 为后世敬仰. 法国数学家拉普拉斯认为: "读读欧拉, 他是所有人的老师."

在天文学研究中, 他由于长期观测太阳, 积劳成疾. 1735 年, 29 岁的欧拉右眼失明. 此后他依然勤奋不暇, 视力逐日渐衰, 60 岁时他左眼也失明. 虽然他失去了自然界的光明, 但他又重新点燃了精神世界的灯塔, 他发誓: "如果命运是块陨石, 我将化作大铁锤, 将它砸得粉碎!" 福无双至, 祸不单行. 1771 年, 一场大火把欧拉的大部分藏书和手稿焚为灰烬. 1776 年, 妻子病逝. 累累打击也未使欧拉沮丧退缩, 他凭借非凡的毅力, 超人的才智, 雄厚的知识, 惊人的记忆和余裕自如的心算能力, 进行由他口述、由儿女笔录的心智创造, 从事 "前无古人, 后无来者" 的特殊科学研究活动. 欧拉坚忍不拔的顽强毅力和旷古稀有的记忆力令世人倾倒. 比如, 他晚年时尚能复述青年时期笔记的内容. 有一次, 他的两个学生分别计算同一道由 17 项组成的数字之和, 两人的结果在第 50 位上相差一个数字. 欧拉通过心算, 判明了他们的正误. 天才的欧拉在失明的 17 年中, 竟发表了 400 余种论文和专著, 几乎达到他一生著作的半数. 难怪纽曼称欧拉是 "数学家之英雄".

 复习题

1. 求并画出下列函数的定义域 D.

   (1) $z=\sqrt{x-y}$;
   (2) $z=\ln\sqrt{x^2-y^2}$;
   (3) $z=\arcsin\dfrac{x^2+y^2}{4}+\ln(x^2+y^2-1)$;
   (4) $z=\ln(x^2+y^2-2)+\sqrt{4-x^2-y^2}$.

2. 求下列极限.

   (1) $\lim\limits_{(x,y)\to(2,0)}\dfrac{(2+x)\ln(x+y)}{x^2+y^2}$;
   (2) $\lim\limits_{(x,y)\to(0,0)}\dfrac{\sqrt{xy+1}-1}{xy}$;
   (3) $\lim\limits_{(x,y)\to(0,0)}\dfrac{(x-1)\sin(x^2+y^2)}{x^2+y^2}$;
   (4) $\lim\limits_{(x,y)\to(2,0)}(1+xy)^{\frac{1}{y}}$.

3. 求下列函数的间断点或间断线.

   (1) $z=\dfrac{1}{x^2+y^2-2x+6y+10}$;
   (2) $z=\dfrac{y^2+x}{y^2-x}$.

4. 求下列函数的偏导数.

   (1) $z=\sin(xy)+\cos^2(xy)$;
   (2) $z=\ln\tan\dfrac{x}{y}$.

5. 求下列函数的全微分.

   (1) $z=x^y+\dfrac{x}{y}$;
   (2) $z=\dfrac{y}{\sqrt{x^2+y^2}}$.

6. 求下列函数的偏导数或全导数.

   (1) $z=u^v$, $u=2x+y$, $v=x-y$;
   (2) $u=\dfrac{e^{ax}(y-z)}{a^2+1}$, $y=a\sin x$, $z=\cos x$.

7. 求由下列方程所确定的隐函数的偏导数.

   (1) $\dfrac{x}{z}=\ln\dfrac{z}{y}$;
   (2) $x^2-2y^2+z^2-4x+2z-5=0$.

8. 求函数 $z=x^2+xy+y^2-3ax-3by$ 的极值.

9. 某化工厂须造大量的表面涂有贵重材料的桶,桶的形状为无盖长方体,容积为 256 m^3. 问桶的长、宽、高各为多少时,可使所用涂料最省?

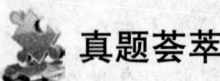 真题荟萃

一、选择题

1.（2009 年）二元函数 $f(x,y)$ 在点 (x_0,y_0) 处存在偏导数是 $f(x,y)$ 在该点可微分的（　）.

(A) 必要而不充分条件　　　　　　(B) 充分而不必要条件

(C) 必要且充分条件 (D) 既不必要也不充分条件

2. （2008 年）已知 $z=e^{xy}$，则 $\dfrac{\partial z}{\partial x}=$ （   ）.

(A) ye^{xy} (B) xe^{xy} (C) xye^{xy} (D) e^{xy}

3. （2007 年）设 $z=e^{x^2+y^2}$，则 $dz=$ （   ）.

(A) $2e^{x^2+y^2}(xdx+ydy)$ (B) $2e^{x^2+y^2}(xdy+ydx)$

(C) $e^{x^2+y^2}(xdx+ydy)$ (D) $2e^{x^2+y^2}(dx^2+dy^2)$

4. （2006 年）设 $z=x^2+y$，则 $\dfrac{\partial z}{\partial y}=$ （   ）.

(A) 1   (B) $2x$ (C) $2x+1$ (D) x^2

5. （2007 年）设 $z=x^2+y^3$，则 $\dfrac{\partial z}{\partial x}=$ （   ）.

(A) $2x+y^3$ (B) x^2+3y^2 (C) $2x$ (D) $2x+3y^2$

6. （2009 年）设 $z=x^2y+x-3$，则 $\dfrac{\partial z}{\partial x}=$ （   ）.

(A) $2x+1$ (B) $2xy+1$ (C) x^2+1 (D) $2xy$

二、填空题

1. （2016 年）若 $z=x^3+6xy+y^3$，则 $\dfrac{\partial z}{\partial x}\bigg|_{\substack{x=1\\y=2}}=$ _____.

2. （2013 年）若 $z=x^3+6xy+y^3$，则 $\dfrac{\partial z}{\partial y}\bigg|_{\substack{x=1\\y=2}}=$ _____.

3. （2010 年）"函数 $z=f(x,y)$ 的偏导数 $\dfrac{\partial z}{\partial x}$，$\dfrac{\partial z}{\partial y}$ 在点 (x,y) 存在"是"函数 $z=f(x,y)$ 在点 (x,y) 可微分"的 _____ 条件.

4. （2006 年）设 $z=\sin(x^2y)$，则 $\dfrac{\partial z}{\partial y}=$ _____.

5. （2007 年）设 $z=x+\arctan y$，则 $\dfrac{\partial^2 z}{\partial x^2}=$ _____.

6. （2009 年）设 $z=\sin(y-x^2)$，则 $\dfrac{\partial z}{\partial y}=$ _____.

三、计算题

1. （2014 年）若 $u=\ln(x^2+y)$，求 $\dfrac{\partial^2 u}{\partial x\partial y}$.

2. （2012 年）设 $u=e^{\frac{x}{y}}$，求 $\dfrac{\partial^2 u}{\partial x\partial y}$.

3. （2011 年）已知函数 $z=x^4+y^4-4x^2y^2$，求 $\dfrac{\partial^2 z}{\partial x\partial y}$.

4. （2010 年）求由方程 $e^z-xyz=0$ 所确定的二元函数 $z=f(x,y)$ 的全微分 dz.

5. （2009 年）求函数 $\omega=x+\sin\dfrac{y}{2}+e^y$ 的全微分.

第11章 多元函数的积分

本章将一元函数的积分推广到多元函数上去,主要介绍二重积分的概念与计算. 在二重积分计算方面,将重点介绍直角坐标系和极坐标系下二重积分的计算.

11.1 二重积分的概念

11.1.1 引例——求曲顶柱体的体积

设 D 是 xOy 面上的一个有界闭区域,$z=f(x,y)$ 是在区域 D 上连续的二元函数,并且 $f(x,y) \geqslant 0$,$(x,y) \in D$.

如图 11-1 所示,现以 D 为底面、曲面 $z=f(x,y)$ 为顶面作一个柱体. 由于这个柱体的顶面是曲面,因此称它为曲顶柱体.

现在欲求这个曲顶柱体的体积,易见,解决这个问题的困难在于顶面是曲面. 可联想求曲边梯形的面积,依照第 6 章 6.1 节中介绍的求曲边梯形的面积的方法来解决这个问题.

(1) 分割.

将 D 任意分割为 n 个小区域 $\Delta\sigma_1$,$\Delta\sigma_2$,…,$\Delta\sigma_n$,同时用 $\Delta\sigma_i$ ($i=1$,2,…,n) 表示各小区域的面积. 相应地,整个曲顶柱体被分为 n 个小平顶柱体,图 11-2 画出了其中第 i 个小平顶柱体.

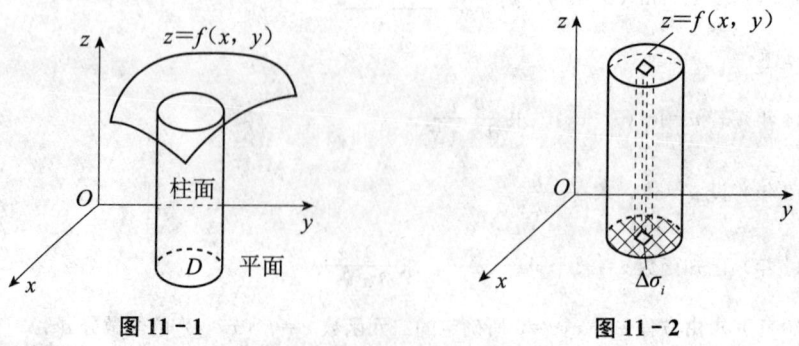

图 11-1　　　　　　　图 11-2

(2) 局部近似.

对于每个小平顶柱体,在底面 $\Delta\sigma_i$ 上任取一点 (ξ_i, η_i),可以将这个小平顶柱体近似看成高为 $f(\xi_i, \eta_i)$ 的平面柱体,体积为 $f(\xi_i, \eta_i)\Delta\sigma_i$ $(i=1, 2, \cdots, n)$.

(3) 求和.

把 n 个小平顶柱体的体积加起来,便是整个曲顶柱体体积 V 的近似值,即

$$V \approx \sum_{i=1}^{n} f(\xi_i, \eta_i)\Delta\sigma_i \tag{11-1}$$

(4) 取极限.

当分割的份数 n 趋于无穷且每一个小区域 $\Delta\sigma_i$ 收缩于一点时,式 (11-1) 的极限便是曲顶柱体体积的精确值. 用 λ 表示 n 个小区域的最大直径(闭区域上任意两点之间的距离的最大者称为该区域的直径),则

$$V = \lim_{\lambda \to 0} \sum_{i=1}^{n} f(\xi_i, \eta_i)\Delta\sigma_i \tag{11-2}$$

这样,求曲顶柱体体积的问题就归结为求式 (11-2) 中的极限了. 如果这个极限存在,就把它定义为函数 $f(x, y)$ 在区域 D 上的二重积分. 舍去引例中具体的几何意义,下面给出二重积分的定义.

11.1.2 二重积分的概念

定义 11.1 设 $z = f(x, y)$ 是定义在平面有界闭区域 D 上的二元函数,用曲线网将 D 任意分割成 n 个小区域 $\Delta\sigma_1, \Delta\sigma_2, \cdots, \Delta\sigma_n$, $\Delta\sigma_i (i=1, 2, \cdots, n)$ 同时表示小区域 $\Delta\sigma_i$ 的面积,在每个小区域 $\Delta\sigma_i$ 中任取一点 (ξ_i, η_i) 作乘积 $f(\xi_i, \eta_i)\Delta\sigma_i$,并作和 $\sum_{i=1}^{n} f(\xi_i, \eta_i)\Delta\sigma_i$. 当 n 无限增大,各小区域直径的最大值 λ 趋于零时,如果极限

$$\lim_{\lambda \to 0} \sum_{i=1}^{n} f(\xi_i, \eta_i)\Delta\sigma_i$$

存在且与分割方法及点 (ξ_i, η_i) 的取法无关,则称此极限值为函数 $z = f(x, y)$ 在平面区域 D 上的二重积分,记为 $\iint_D f(x, y)\mathrm{d}\sigma$. 即

$$\iint_D f(x, y)\mathrm{d}\sigma = \lim_{\lambda \to 0} \sum_{i=1}^{n} f(\xi_i, \eta_i)\Delta\sigma_i \tag{11-3}$$

其中 D 称为积分区域,$f(x, y)$ 称为被积函数,$f(x, y)\mathrm{d}\sigma$ 称为被积表达式,x 与 y 称为积分变量,$\iint$ 称为二重积分符号,$\mathrm{d}\sigma$ 称为面积元素,它象征着小区域的面积.

可以证明,当 $f(x, y)$ 在闭区域 D 上连续时,式 (11-3) 右边的极限必定存在,即此

时 $f(x,y)$ 在 D 上的二重积分必定存在. 以后总假定 $f(x,y)$ 在闭区域 D 上是连续的.

当用平行于 x 轴与 y 轴的直线网络分割时，$\Delta\sigma_i = \Delta x_i \cdot \Delta y_i$，二重积分 $\iint\limits_{D} f(x,y)\mathrm{d}\sigma$ 可写成 $\iint\limits_{D} f(x,y)\mathrm{d}x\mathrm{d}y$.

由引例可见，当 $f(x,y) \geqslant 0$ 时，二重积分 $\iint\limits_{D} f(x,y)\mathrm{d}\sigma$ 所表示的几何意义是以 D 为底，$z = f(x,y)$ 为顶面，侧面母线平行于 z 轴的曲顶柱体的体积. 即

$$V_{曲顶柱体} = \iint\limits_{D} f(x,y)\mathrm{d}\sigma \quad (f(x,y) \geqslant 0)$$

而当 $f(x,y) = 1$ 时，有

$$A = \iint\limits_{D} \mathrm{d}\sigma$$

其中 A 是区域 D 的面积.

如果 $f(x,y) \geqslant 0$，被积函数 $f(x,y)$ 可解释为曲顶柱体顶上的点 $(x, y, f(x, y))$ 的竖坐标，所以二重积分的几何意义就是曲顶柱体的体积. 如果 $f(x,y) < 0$，柱体在 xOy 面的下方，二重积分就等于曲顶柱体体积的负值. 如果 $f(x,y)$ 在 D 的某些区域上是正的，而在其余区域上是负的，那么二重积分 $\iint\limits_{D} f(x,y)\mathrm{d}\sigma$ 就等于 xOy 面上方的曲顶柱体体积与 xOy 面下方的曲顶柱体体积的负值的代数和.

11.1.3 二重积分的性质

二重积分有下列性质.

(1) 线性性质 $\iint\limits_{D} kf(x,y)\mathrm{d}\sigma = k\iint\limits_{D} f(x,y)\mathrm{d}\sigma$ （k 为常数）

$$\iint\limits_{D} [f(x,y) \pm g(x,y)]\mathrm{d}\sigma = \iint\limits_{D} f(x,y)\mathrm{d}\sigma \pm \iint\limits_{D} g(x,y)\mathrm{d}\sigma$$

(2) 区域可加性 若 $D = D_1 + D_2$，则

$$\iint\limits_{D} f(x,y)\mathrm{d}\sigma = \iint\limits_{D_1} f(x,y)\mathrm{d}\sigma + \iint\limits_{D_2} f(x,y)\mathrm{d}\sigma$$

(3) 保序性 若 $f(x,y) \leqslant g(x,y)$，则

$$\iint\limits_{D} f(x,y)\mathrm{d}\sigma \leqslant \iint\limits_{D} g(x,y)\mathrm{d}\sigma$$

(4) 估值定理 若 $m \leqslant f(x,y) \leqslant M$，则

$$mS_D \leqslant \iint\limits_{D} f(x,y)\mathrm{d}\sigma \leqslant MS_D$$

其中 S_D 为区域 D 的面积.

（5）**二重积分中值定理** 若 $f(x,y)$ 在有界闭区域 D 上连续，D 的面积为 A，则在 D 内至少存在一点 (ξ,η)，使得

$$\iint_D f(x,y)d\sigma = f(\xi,\eta)A$$

二重积分中值定理的几何意义：以 D 为底，$z=f(x,y)$（$f(x,y) \geqslant 0$）为曲顶的曲顶柱体体积等于一个同底的平顶柱体的体积，这个平顶柱体的高等于区域 D 中某点 (ξ,η) 处的函数值 $f(\xi,\eta)$.

例1 设区域 D 是矩形：$0 \leqslant x \leqslant 1$，$0 \leqslant y \leqslant 2$，估计 $\iint_D (x+y+3)d\sigma$ 的值.

分析 由二重积分估值定理求解.

解 因为 $0 \leqslant x \leqslant 1$，$0 \leqslant y \leqslant 2$，所以 $3 \leqslant x+y+3 \leqslant 6$，又区域 D 面积为 $S_D=2$，因此

由二重积分估值定理得 $6 \leqslant \iint_D (x+y+3)d\sigma \leqslant 12$.

习题 11.1

1. 比较下列积分的大小.

   (1) $\iint_D (x+y)^2 d\sigma$ 与 $\iint_D (x+y)^3 d\sigma$，其中积分区域 D 是由 x 轴、y 轴、直线 $x+y=1$ 所围成的区域；

   (2) $\iint_D \ln(x+y)d\sigma$ 与 $\iint_D [\ln(x+y)]^2 d\sigma$，其中 D 为区域：$3 \leqslant x \leqslant 5$，$0 \leqslant y \leqslant 1$.

2. 估计二重积分的值：$I = \iint_D (x^2+y^2+1)d\sigma$，其中 D 为区域：$1 \leqslant x^2+y^2 \leqslant 4$.

3. 估计二重积分 $I = \iint_D \sin^2 x \sin^2 y d\sigma$ 的值，其中 D 是矩形闭区域：$0 \leqslant x \leqslant \pi$，$0 \leqslant y \leqslant \pi$.

11.2 二重积分的计算

二重积分 $\iint_D f(x,y)d\sigma$ 中有两个积分变量，对一个变量求积分是比较容易实现的，那么能否将二重积分化为一次只对一个变量求积分，连续积分两次的情形呢？本节就研究如何将二重积分化为两个定积分来计算，这种积分方法称为二次积分.

11.2.1 直角坐标系下二重积分的计算

利用二重积分的几何意义来建立计算公式. 假设 $z=f(x,y) \geqslant 0$ 在有界闭区域 D

上连续，记以曲面 $z=f(x,y)$ 为顶面，区域 D 为底面的曲顶柱体体积为 V，则

$$V = \iint_D f(x,y) \mathrm{d}\sigma = \iint_D f(x,y) \mathrm{d}x\mathrm{d}y$$

按照区域的特点，把问题分为以下两种类型．

1. X 型区域

若积分区域由两条竖直平行线 $x=a$，$x=b$ 及两条曲线 $y=\varphi_1(x)$，$y=\varphi_2(x)$ 围成，如图 11-3 所示，该区域内点 (x,y) 的坐标表示式为 $\begin{cases} a \leqslant x \leqslant b \\ \varphi_1(x) \leqslant y \leqslant \varphi_2(x) \end{cases}$，那么这种类型的区域称为 X 型区域．

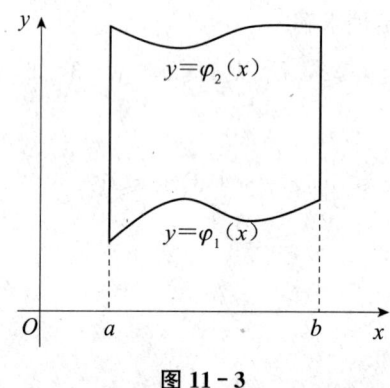

图 11-3

用微元法计算曲顶柱体的体积．在 $[a,b]$ 上任取一点 x_0，作平面 $x=x_0$，与曲顶柱体相交的截面是以区间 $[\varphi_1(x_0), \varphi_2(x_0)]$ 为底、$z=f(x_0,y)$ 为曲边的曲边梯形，如图 11-4 所示．这一曲边梯形的面积为

$$A(x_0) = \int_{\varphi_1(x_0)}^{\varphi_2(x_0)} f(x_0, y) \mathrm{d}y$$

由于 x_0 的任意性，过 $[a,b]$ 内任意一点 x 且垂直于坐标面 xOy 的平面与曲顶柱体相交的截面的面积为

$$A(x) = \int_{\varphi_1(x)}^{\varphi_2(x)} f(x, y) \mathrm{d}y$$

其中 y 是积分变量，在积分过程中 x 保持不变，该运算是对 y 求偏导数的逆运算，所得到的截面面积 $A(x)$ 一般是 x 的函数．

如图 11-5 所示，在 $[a,b]$ 内点 x 处给增量 Δx，对应得到一薄片曲顶柱体，其体积近似看成以 $A(x)$ 为底、以 Δx 为高（厚度）的薄片直柱体的体积，得到曲顶柱体的体积微元

$$\mathrm{d}V = A(x) \cdot \Delta x = A(x) \cdot \mathrm{d}x$$

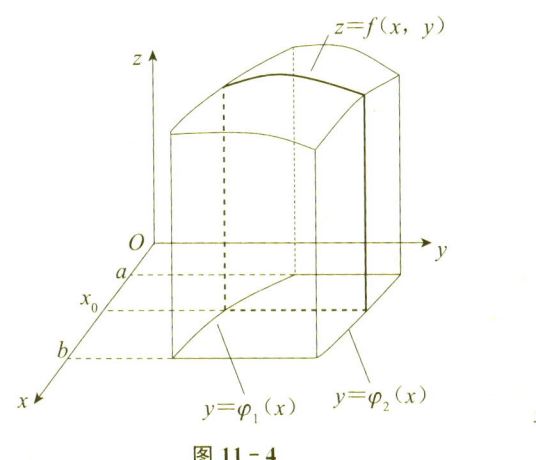
图 11-4

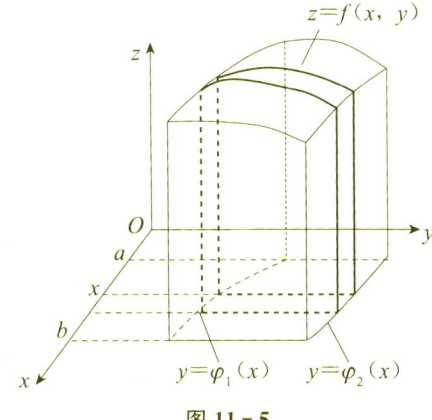
图 11-5

于是曲顶柱体的体积为

$$V = \int_a^b dV = \int_a^b \left[\int_{\varphi_1(x)}^{\varphi_2(x)} f(x,y) dy \right] dx$$

从而得到二重积分的计算公式

$$\iint_D f(x,y) d\sigma = \int_a^b \left[\int_{\varphi_1(x)}^{\varphi_2(x)} f(x,y) dy \right] dx$$

或记为

$$\iint_D f(x,y) d\sigma = \int_a^b dx \int_{\varphi_1(x)}^{\varphi_2(x)} f(x,y) dy \tag{11-4}$$

式（11-4）右端的表达式称为二次积分或累次积分.

将积分区域 D 是 $\begin{cases} a \leqslant x \leqslant b \\ \varphi_1(x) \leqslant y \leqslant \varphi_2(x) \end{cases}$ 形式的二重积分化为二次积分时，要注意积分次序和积分限两个问题. 对于积分次序, 按推证过程知, 首先把 x 看作常数, 对 y 积分, 积分结果是 x 的函数, 然后再对 x 积分, 即可求得积分数值. 积分上、下限如何确定是一个关键, 对 x 积分的积分上、下限是两条平行线 $x=a$, $x=b$ 对应的值, 对 y 积分的积分上、下限一般是 x 的函数, 在 $[a,b]$ 内, 由下向上作平行于 y 轴的直线, 若先与曲线 $y=\varphi_1(x)$ 相交, 后与曲线 $y=\varphi_2(x)$ 相交, 则 $\varphi_1(x)$ 为积分下限, $\varphi_2(x)$ 为积分上限.

2. Y 型区域

若积分区域由两条水平平行线 $y=c$, $y=d$ 及两条曲线 $x=\psi_1(y)$, $x=\psi_2(y)$ 围成, 如图 11-6 所示, 该区域内点 (x,y) 的坐标表示式为 $\begin{cases} c \leqslant y \leqslant d \\ \psi_1(y) \leqslant x \leqslant \psi_2(y) \end{cases}$, 那么这种

类型的区域称为 Y 型区域.

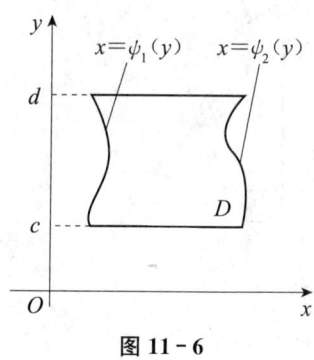

图 11-6

类似可得到计算公式

$$\iint_D f(x,y)\mathrm{d}\sigma = \int_c^d \mathrm{d}y \int_{\psi_1(y)}^{\psi_2(y)} f(x,y)\mathrm{d}x \qquad (11-5)$$

式 (11-5) 的积分次序和积分限的确定与 X 型区域相似. 在公式推导过程中假设函数 $f(x,y) \geq 0$, 实际上若去掉 $f(x,y) \geq 0$ 这一假设, 公式仍然成立.

> 注意: 计算二重积分的一般步骤是:
> (1) 先画积分区域草图, 求出边界线的交点, 根据图形确定区域 D 的类型;
> (2) 用平行穿线法确定积分限, 化为二次积分;
> (3) 如果 D 是 X 型区域, 则先视 x 为常数对 y 积分, 然后将第一次积分结果再对 x 积分; 如果 D 是 Y 型区域, 则先视 y 为常数对 x 积分, 然后将第一次积分结果再对 y 积分;
> (4) 有些积分区域 D 既可以看成是 X 型区域也可以看成是 Y 型区域, 此时应注意结合函数选择积分顺序, 有些区域经过分割后可分成几个 X 型区域或 Y 型区域, 应分别计算后再求和.

如果积分区域 D 是矩形区域 $\begin{cases} a \leq x \leq b \\ c \leq y \leq d \end{cases}$, 又函数中变量可分离, 即 $f(x,y) = f_1(x) \cdot f_2(y)$, 则

$$\iint_D f(x,y)\mathrm{d}\sigma = \int_a^b \mathrm{d}x \int_c^d f_1(x)f_2(y)\mathrm{d}y = \int_a^b f_1(x)\mathrm{d}x \cdot \int_c^d f_2(y)\mathrm{d}y \qquad (11-6)$$

例1 计算 $\iint_D xy \mathrm{d}\sigma$, 其中 D 是由直线 $y=1, x=2$ 及 $y=x$ 所围成的闭区域.

分析 画出积分区域 D, 可把 D 看成是 X 型区域: $1 \leq x \leq 2, 1 \leq y \leq x$ (见图 11-7), 也可把 D 看成是 Y 型区域: $1 \leq y \leq 2, y \leq x \leq 2$ (见图 11-8).

解 积分区域 D 如图 11-7 所示.

$$\iint_D xy\,d\sigma = \int_1^2 \left[\int_1^x xy\,dy\right]dx = \int_1^2 \left(x \cdot \frac{y^2}{2}\right)\bigg|_1^x dx = \frac{1}{2}\int_1^2 (x^3 - x)\,dx$$

$$= \frac{1}{2}\left(\frac{x^4}{4} - \frac{x^2}{2}\right)\bigg|_1^2 = \frac{9}{8}$$

> 注意：积分还可以写成 $\iint_D xy\,d\sigma = \int_1^2 dx \int_1^x xy\,dy = \int_1^2 x\,dx \int_1^x y\,dy$.

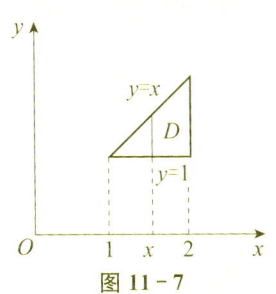

图 11-7

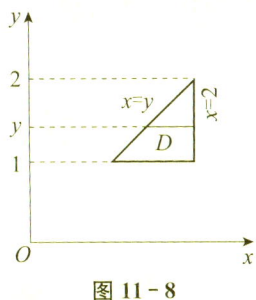

图 11-8

例 2 计算 $I = \iint_D \dfrac{x^3}{1+y^2}\,dxdy$，其中 D 为：$\begin{cases} 0 \leqslant x \leqslant 2 \\ 0 \leqslant y \leqslant 1 \end{cases}$.

分析 将二重积分化为二次积分进行计算，进而化为两个定积分的乘积.

解 由式 (11-6) 得

$$I = \iint_D \frac{x^3}{1+y^2}\,dxdy = \int_0^2 x^3\,dx \int_0^1 \frac{1}{1+y^2}\,dy = \frac{1}{4}x^4\bigg|_0^2 \cdot \arctan y\bigg|_0^1 = 4 \cdot \frac{\pi}{4} = \pi$$

例 3 计算 $I = \iint_D x\,d\sigma$，其中 D 是由 $y = x$，$y = \dfrac{1}{x}$ 及 $y = 2$ 围成的区域.

分析 此题若按 X 型区域计算较烦琐，按 Y 型区域计算就相对简单.

解 积分区域 D 如图 11-9 所示，按 Y 型区域 $\begin{cases} 1 \leqslant y \leqslant 2 \\ \dfrac{1}{y} \leqslant x \leqslant y \end{cases}$ 计算.

$$I = \iint_D x\,d\sigma$$

$$= \int_1^2 dy \int_{\frac{1}{y}}^y x\,dx = \int_1^2 \frac{1}{2}x^2 \bigg|_{\frac{1}{y}}^y dy$$

$$= \frac{1}{2}\int_1^2 \left(y^2 - \frac{1}{y^2}\right)dy$$

$$= \frac{1}{2}\left(\frac{1}{3}y^3 + \frac{1}{y}\right)\bigg|_1^2 = \frac{11}{12}$$

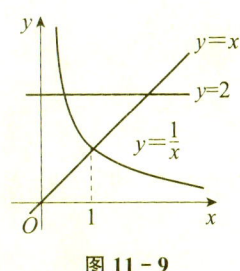

图 11-9

> 注意：此题如按 X 型区域计算，用穿线法定积分限时，入口线是分段函数，须用直线 $x=1$ 分割区域再计算，显得比较复杂.

例 4 改换积分次序 $\int_0^2 \mathrm{d}x \int_{x^2}^{2x} f(x,y)\mathrm{d}y$.

分析 根据所给二次积分写出积分区域满足的不等式组，由不等式组画出积分区域的图形，由图形写出另外一组不等式组，进而改变积分次序.

解 题目中 D 按 X 型区域 $\begin{cases} 0\leqslant x\leqslant 2 \\ x^2\leqslant y\leqslant 2x \end{cases}$ 作图如图 11-10 所示，把 D 再看成 Y 型区域 $\begin{cases} 0\leqslant y\leqslant 4 \\ \dfrac{y}{2}\leqslant x\leqslant\sqrt{y} \end{cases}$.

于是

$$\int_0^2 \mathrm{d}x \int_{x^2}^{2x} f(x,y)\mathrm{d}y = \int_0^4 \mathrm{d}y \int_{\frac{y}{2}}^{\sqrt{y}} f(x,y)\mathrm{d}x$$

例 5 计算 $\int_0^1 \mathrm{d}x \int_x^1 \sin y^2 \mathrm{d}y$.

分析 这是先对 y 积分再对 x 积分的二次积分，无法直接计算. 正确的做法是，根据题意画出积分区域 D 的图形，如图 11-11 所示，然后交换积分次序.

解 $\int_0^1 \mathrm{d}x \int_x^1 \sin y^2 \mathrm{d}y = \int_0^1 \mathrm{d}y \int_0^y \sin y^2 \mathrm{d}x$

$= \int_0^1 y\sin y^2 \mathrm{d}y = \dfrac{1}{2}(1-\cos 1)$

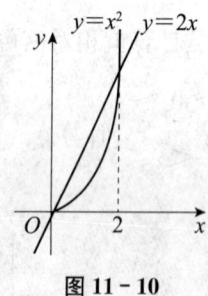

图 11-10

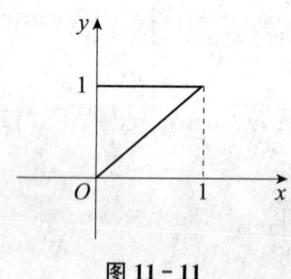

图 11-11

11.2.2 极坐标系下二重积分的计算

有些二重积分，其积分区域 D 的边界曲线、被积函数利用极坐标变量 r,θ 表达比较简单，这时可以考虑用极坐标来计算二重积分.

首先要把二重积分 $\iint\limits_{D} f(x,y) \mathrm{d}\sigma$ 转化为极坐标下的二重积分.

设积分区域 D 的边界与过极点的射线相交不多于两点，或者边界的一部分是射线的一段，$f(x,y)$ 在 D 上连续，在极坐标系中，用以极点为圆心的同心圆族 $r=c$ 与以极点为端点的射线族 $\theta=k$ 分割区域 D，如图 11-12 所示.

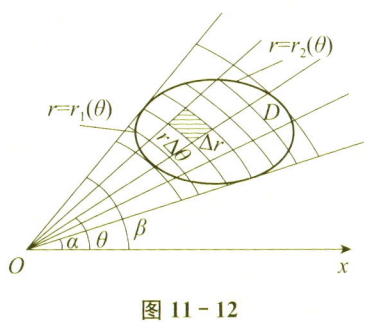

图 11-12

其任一小块的面积

$$\Delta\sigma \approx r\Delta\theta\Delta r$$

于是可得极坐标系中的面积元素

$$\mathrm{d}\sigma = r\mathrm{d}r\mathrm{d}\theta$$

而直角坐标与极坐标之间的转换关系为

$$x = r\cos\theta, \quad y = r\sin\theta$$

这样就得到将直角坐标系下的二重积分变换为极坐标系下的二重积分的变换公式

$$\iint\limits_{D} f(x,y)\mathrm{d}\sigma = \iint\limits_{D} f(r\cos\theta, r\sin\theta) r\mathrm{d}\theta \mathrm{d}r \tag{11-7}$$

然后化为二次积分

$$\begin{aligned}\iint\limits_{D} f(x,y)\mathrm{d}\sigma &= \iint\limits_{D} f(r\cos\theta, r\sin\theta) r\mathrm{d}\theta \mathrm{d}r \\ &= \int_{\alpha}^{\beta} \mathrm{d}\theta \int_{r_1(\theta)}^{r_2(\theta)} f(r\cos\theta, r\sin\theta) r\mathrm{d}r \end{aligned} \tag{11-8}$$

这里 $[\alpha, \beta]$ 是极角 θ 的变化区间，即积分区域 D 介于两条射线 $\theta=\alpha$ 与 $\theta=\beta$ 之间.内层积分上、下限的确定方法如下：从极点出发在 (α,β) 内作一条极角为 θ 的有向射线去穿透 D，如图 11-13 所示，则进入点与穿出点的极径 $r_1(\theta)$ 与 $r_2(\theta)$ 就分别为内层积分的下限与上限.

特别地，若极点在 D 内部，如图 11-14 所示，则

$$\iint\limits_{D} f(x,y)\mathrm{d}\sigma = \int_{0}^{2\pi} \mathrm{d}\theta \int_{0}^{r(\theta)} f(r\cos\theta, r\sin\theta) r\mathrm{d}r$$

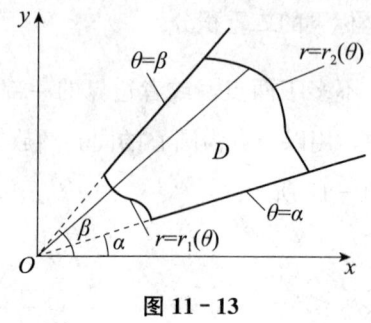

图 11 - 13

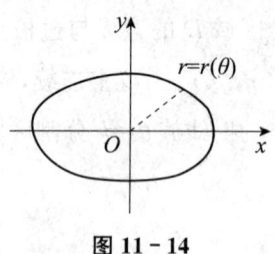

图 11 - 14

例 6 求旋转抛物面 $z=4-x^2-y^2$ 与平面 $z=0$ 所围立体的体积.

分析 若积分区域出现圆域,被积函数中出现 x^2+y^2,一般考虑用极坐标求解简便.

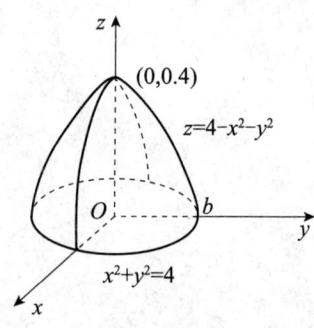

图 11 - 15

解 如图 11 - 15 所示,积分区域 D: $x^2+y^2 \leqslant 4$. 在极坐标系中,D 的边界方程为 $r=2$,很简单,在极坐标系下计算得

$$V = \iint_D (4-x^2-y^2)\mathrm{d}x\mathrm{d}y = \iint_D (4-r^2)r\mathrm{d}r\mathrm{d}\theta$$

$$= \int_0^{2\pi} \mathrm{d}\theta \int_0^2 (4-r^2)r\mathrm{d}r$$

$$= 2\pi \left(2r^2 - \frac{r^4}{4}\right)\Big|_0^2 = 8\pi$$

例 7 计算二重积分 $\iint_D \frac{\sin(\pi\sqrt{x^2+y^2})}{\sqrt{x^2+y^2}}\mathrm{d}x\mathrm{d}y$,其中 $D: 1 \leqslant x^2+y^2 \leqslant 4$.

分析 积分区域出现圆域,被积函数中出现 x^2+y^2,考虑用极坐标求解.

解 积分区域 D 是环形域,故 $D: 0 \leqslant \theta \leqslant 2\pi, 1 \leqslant r \leqslant 2$.

$$\iint_D \frac{\sin(\pi\sqrt{x^2+y^2})}{\sqrt{x^2+y^2}}\mathrm{d}x\mathrm{d}y = \int_0^{2\pi}\mathrm{d}\theta\int_1^2 \sin\pi r \mathrm{d}r = 2\left(-\cos\pi r\Big|_1^2\right) = -4$$

注意:当被积函数以 $f(x^2+y^2)$ 形式出现,或积分区域为圆或圆的一部分时,一般采用极坐标计算较为方便.

习题 11.2

1. 计算下列二次积分.

(1) $\int_0^2 \mathrm{d}x \int_0^{2-x} (3x+2y)\mathrm{d}y$;

(2) $\int_0^{2\pi} \mathrm{d}\theta \int_0^a r^2 \sin^2\theta \mathrm{d}r$.

2. 计算以下二重积分.

(1) $\iint_D \cos(x+y) \mathrm{d}x\mathrm{d}y$, 其中 D 是由 $y=x, x=0, y=\pi$ 围成的区域;

(2) $\iint_D \mathrm{e}^x \mathrm{d}x\mathrm{d}y$, 其中 D 是由 $y=\mathrm{e}^x, x=0, y=2$ 围成的区域;

(3) $\iint_D (x^2+y^2-x) \mathrm{d}\sigma$, 其中 D 是由 $y=2, y=x, y=2x$ 围成的区域.

3. 变换下列二次积分的次序.

(1) $\int_0^1 \mathrm{d}y \int_0^y f(x,y) \mathrm{d}x$; (2) $\int_0^2 \mathrm{d}y \int_{y^2}^{2y} f(x,y) \mathrm{d}x$;

(3) $\int_0^1 \mathrm{d}x \int_0^x f(x,y) \mathrm{d}y + \int_1^2 \mathrm{d}x \int_0^{2-x} f(x,y) \mathrm{d}y$.

4. 按两种不同次序化二重积分 $\iint_D \dfrac{\sin x}{x} \mathrm{d}\sigma$ 为二次积分, 其中 D 是由直线 $y=x, y=0, x=2$ 围成的区域. 试进行计算, 并谈谈你的体会.

5. 计算二重积分 $\iint_D (x^2+y^2) \mathrm{d}x\mathrm{d}y$, 其中 D 是由曲线 $x^2+y^2=1, x^2+y^2=4$ 与直线 $y=x, y=0$ 围成的区域.

11.3 对弧长的曲线积分

11.3.1 对弧长的曲线积分的概念与性质

1. 引例——求非均匀曲线形构件的质量

设一曲线形构件位于 xOy 面内的一段曲线弧 L 上, 已知曲线形构件在点 (x,y) 处的线密度为 $\mu(x,y)$, 求曲线形构件的质量.

(1) 如图 11-16 所示, 把曲线分成 n 个小段 $\Delta s_1, \Delta s_2, \cdots, \Delta s_n$ (Δs_i 也表示弧长);

(2) 在第 i 个小段上任取点 (ξ_i, η_i), 得第 i 个小段质量的近似值 $\mu(\xi_i, \eta_i)\Delta s_i$, 则整个曲线形构件的质量近似值为

$$M \approx \sum_{i=1}^n \mu(\xi_i, \eta_i)\Delta s_i$$

(3) 令 $\lambda = \max\{\Delta s_1, \Delta s_2, \cdots, \Delta s_n\} \to 0$, 则整个曲线形构件的质量为

$$M = \lim_{\lambda \to 0} \sum_{i=1}^n \mu(\xi_i, \eta_i)\Delta s_i$$

这种和的极限在研究其他问题时也会遇到.

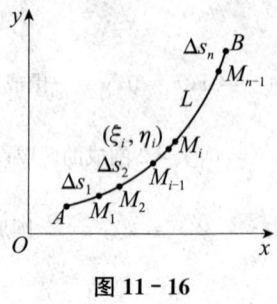

图 11-16

2. 定义

设 L 为 xOy 面内的一条光滑曲线弧,函数 $f(x,y)$ 在 L 上有界.在 L 上任意插入一点列 M_1, M_2, $\cdots$, M_{n-1} 把 L 分为 n 个小段. 设第 i 个小段的长度为 Δs_i,又点 (ξ_i, η_i) 为第 i 个小段上任意取定的一点,作乘积 $f(\xi_i, \eta_i)\Delta s_i$ ($i=1, 2, \cdots, n$),并作和 $\sum_{i=1}^{n} f(\xi_i,\eta_i)\Delta s_i$,如果当各小段的长度的最大值 λ 趋于 0 时这和的极限总存在,则称此极限为函数 $f(x,y)$ 在曲线弧 L 上对弧长的曲线积分或第一类曲线积分,记作 $\int_L f(x,y)\mathrm{d}s$,即

$$\int_L f(x,y)\mathrm{d}s = \lim_{\lambda \to 0}\sum_{i=1}^{n} f(\xi_i, \eta_i)\Delta s_i$$

其中 $f(x,y)$ 叫作被积函数,L 叫作积分弧段.

(1) 曲线积分的存在性.

当 $f(x,y)$ 在光滑曲线弧 L 上连续时,对弧长的曲线积分 $\int_L f(x,y)\mathrm{d}s$ 是存在的. 以后总假定 $f(x,y)$ 在 L 上是连续的.

根据对弧长的曲线积分的定义,曲线形构件的质量就是曲线积分 $\int_L \mu(x,y)\mathrm{d}s$ 的值,其中 $\mu(x,y)$ 为线密度.

(2) 对弧长的曲线积分的推广.

$$\int_\Gamma f(x,y,z)\mathrm{d}s = \lim_{\lambda \to 0}\sum_{i=1}^{n} f(\xi_i, \eta_i, \zeta_i)\Delta s_i$$

(3) 闭曲线积分.

如果 L 是闭曲线,那么函数 $f(x,y)$ 在闭曲线 L 上对弧长的曲线积分记作 $\oint_L f(x,y)\mathrm{d}s$.

(4) 对弧长的曲线积分的性质.

下面不加证明地给出对弧长的曲线积分的三条性质.

性质 11.1 设 c_1、c_2 为常数,则
$$\int_L [c_1 f(x, y) + c_2 g(x, y)] \mathrm{d}s = c_1 \int_L f(x, y) \mathrm{d}s + c_2 \int_L g(x, y) \mathrm{d}s$$

性质 11.2 若积分弧段 L 可分成两段光滑曲线弧 L_1 和 L_2,则
$$\int_L f(x, y) \mathrm{d}s = \int_{L_1} f(x, y) \mathrm{d}s + \int_{L_2} f(x, y) \mathrm{d}s$$

性质 11.3 设在 L 上 $f(x, y) \leqslant g(x, y)$,则
$$\int_L f(x, y) \mathrm{d}s \leqslant \int_L g(x, y) \mathrm{d}s$$

特别地,有
$$\left| \int_L f(x, y) \mathrm{d}s \right| \leqslant \int_L |f(x, y)| \mathrm{d}s$$

11.3.2 对弧长的曲线积分的计算方法

根据对弧长的曲线积分的定义,如果曲线形构件 L 的线密度为 $f(x, y)$,则曲线形构件 L 的质量为 $\int_L f(x, y) \mathrm{d}s$.

另外,若曲线 L 的参数方程为 $x = \varphi(t)$,$y = \psi(t)$ $(\alpha \leqslant t \leqslant \beta)$,则质量元素为
$$f(x, y) \mathrm{d}s = f[\varphi(t), \psi(t)] \sqrt{\varphi'^2(t) + \psi'^2(t)} \mathrm{d}t$$
曲线形构件的质量为
$$\int_\alpha^\beta f[\varphi(t), \psi(t)] \sqrt{\varphi'^2(t) + \psi'^2(t)} \mathrm{d}t$$
即
$$\int_L f(x, y) \mathrm{d}s = \int_\alpha^\beta f[\varphi(t), \psi(t)] \sqrt{\varphi'^2(t) + \psi'^2(t)} \mathrm{d}t$$

定理 11.1 设 $f(x, y)$ 在曲线弧 L 上有定义且连续,L 的参数方程为
$$x = \varphi(t),\ y = \psi(t)\ (\alpha \leqslant t \leqslant \beta)$$
其中 $\varphi(t)$,$\psi(t)$ 在 $[\alpha, \beta]$ 上具有一阶连续导数,且 $\varphi'^2(t) + \psi'^2(t) \neq 0$,则曲线积分 $\int_L f(x, y) \mathrm{d}s$ 存在,且
$$\int_L f(x, y) \mathrm{d}s = \int_\alpha^\beta f[\varphi(t), \psi(t)] \sqrt{\varphi'^2(t) + \psi'^2(t)} \mathrm{d}t\ (\alpha < \beta)$$

应注意定积分的下限 α 一定要小于上限 β.

(1) 若曲线 L 的方程为 $y=\psi(x)$ $(a\leqslant x\leqslant b)$，此时可认为 L 的参数方程为 $x=x$，$y=\psi(x)$ $(a\leqslant x\leqslant b)$，则

$$\int_L f(x,y)\mathrm{d}s = \int_a^b f[x,\psi(x)]\sqrt{1+\psi'^2(x)}\mathrm{d}x$$

(2) 若曲线 L 的方程为 $x=\varphi(y)$ $(c\leqslant y\leqslant d)$，此时可认为 L 的参数方程为 $x=\varphi(y), y=y$ $(c\leqslant y\leqslant d)$，则

$$\int_L f(x,y)\mathrm{d}s = \int_c^d f[\varphi(y),y]\sqrt{\varphi'^2(y)+1}\mathrm{d}y$$

(3) 若曲线 Γ 的方程为 $x=\varphi(t)$，$y=\psi(t)$，$z=\omega(t)$ $(\alpha\leqslant t\leqslant\beta)$，则

$$\int_\Gamma f(x,y,z)\mathrm{d}s = \int_\alpha^\beta f[\varphi(t),\psi(t),\omega(t)]\sqrt{\varphi'^2(t)+\psi'^2(t)+\omega'^2(t)}\mathrm{d}t$$

例1 计算 $\int_L x\mathrm{d}s$，其中 L 是抛物线 $x^2=2y$ 在点 $(0,0)$ 与点 $(2,2)$ 之间的一段弧.

分析 根据定理 11.1，按代入、代换、变积分上、下限的步骤求解即可.

解法一： 以 x 为参变量，则 $y=\dfrac{x^2}{2}$，$\mathrm{d}s=\sqrt{1+(y'_x)^2}\mathrm{d}x=\sqrt{1+x^2}\mathrm{d}x$

故 $\int_L x\mathrm{d}s = \int_0^2 x\sqrt{1+x^2}\mathrm{d}x = \dfrac{1}{3}(1+x^2)^{\frac{3}{2}}\Big|_0^2 = \dfrac{1}{3}(5\sqrt{5}-1)$

解法二： 以 y 为参变量，则 $x=\sqrt{2y}$，$\mathrm{d}s=\sqrt{1+(x'_y)^2}\mathrm{d}y=\sqrt{\dfrac{1+2y}{2y}}\mathrm{d}y$

故 $\int_L x\mathrm{d}s = \int_0^2 \sqrt{2y}\cdot\sqrt{\dfrac{1+2y}{2y}}\mathrm{d}y = \dfrac{1}{3}(1+2y)^{\frac{3}{2}}\Big|_0^2 = \dfrac{1}{3}(5\sqrt{5}-1)$

用曲线积分解决问题的一般步骤为：

(1) 建立曲线积分；

(2) 写出曲线的参数方程（或直角坐标方程），确定参数的变化范围；

(3) 将曲线积分化为定积分；

(4) 计算定积分.

例2 计算 $I=\int_\Gamma xyz\mathrm{d}s$，其中 Γ 为螺旋线 $\begin{cases}x=a\cos t\\ y=a\sin t\\ z=bt\end{cases}$ $(0\leqslant t\leqslant 2\pi)$ 上的一段.

分析 本题可化为定积分进行计算.

解 $I = \int_\Gamma xyz\mathrm{d}s = \int_0^{2\pi} a^2 bt\cos t\sin t\sqrt{a^2+b^2}\mathrm{d}t$

$= \dfrac{a^2 b}{2}\sqrt{a^2+b^2}\int_0^{2\pi} t\sin 2t\mathrm{d}t$

$$=-\frac{a^2 b}{2}\pi\sqrt{a^2+b^2}$$

习题 11.3

1. 求 $\int_L (x+y)\mathrm{d}s$，L 为连接 (1，0) 及 (0，1) 两点的直线段.

2. 求 $\oint_L (x^2+y^3)\mathrm{d}s$，$L$ 是圆周 $x^2+y^2=a^2$.

3. 计算 $I=\int_L \sqrt{x^2+y^2}\,\mathrm{d}s$，其中 L 是圆周 $x^2+y^2=1$.

4. 求 $\int_L (x+y)\,\mathrm{d}s$，其中

(1) L 是 x 轴上原点与点 A (2，0) 之间的一段；

(2) L 是直线 $x=2$ 上点 A (2，0) 与 B (2，3) 之间的一段.

5. 求 $\int_L y\mathrm{d}s$，其中 L 是抛物线 $y^2=4x$ 上介于点 O (0，0) 与 B (1，2) 之间的一段弧.

6. 计算 $\int_\Gamma (x^2+y^2+z^2)\,\mathrm{d}s$，其中 Γ 为螺旋线 $x=\cos t$，$y=\sin t$，$z=t$ 上相应于 t 从 0 到 2π 的一段弧.

11.4 对坐标的曲线积分

11.4.1 对坐标的曲线积分的概念与性质

1. 引例——求变力沿曲线所做的功

设一质点在 xOy 面内从点 A 沿光滑曲线弧 L 移动到点 B，在移动过程中，该质点受到变力

$$\boldsymbol{F}(x,y)=P(x,y)\boldsymbol{i}+Q(x,y)\boldsymbol{j}$$

的作用，其中函数 $P(x,y)$，$Q(x,y)$ 在 L 上连续，现计算变力所做的功 W，如图 11-17 所示.

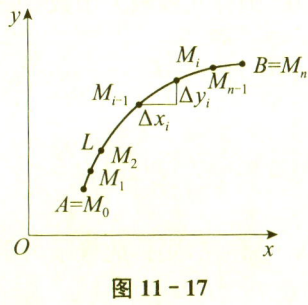

图 11-17

在 L 上任意地插入 $n-1$ 个点 $A=M_0$,M_1,$\cdots$,M_{i-1},M_i,$\cdots$,M_{n-1},$M_n=B$ 将 L 划分成 n 个小弧段,且点 M_i 的坐标为 (x_i, y_i) $(i=1, 2, \cdots, n)$.

由于 $\overparen{M_{i-1}M_i}$ 光滑且很短,故可用有向线段

$$\overrightarrow{M_{i-1}M_i}=\Delta x_i \cdot \boldsymbol{i} + \Delta y_i \cdot \boldsymbol{j} \quad (\Delta x_i=x_i-x_{i-1}, \Delta y_i=y_i-y_{i-1})$$

来近似地代替它,其中 Δx_i,Δy_i 分别是 $\overrightarrow{M_{i-1}M_i}$ 在 x 轴,y 轴上的投影.

又因为函数 $P(x, y)$,$Q(x, y)$ 在 L 上连续,故可用 $\overparen{M_{i-1}M_i}$ 上任意一点 (ξ_i, η_i) 处的力

$$\boldsymbol{F}(\xi_i, \eta_i) = P(\xi_i, \eta_i)\boldsymbol{i} + Q(\xi_i, \eta_i)\boldsymbol{j}$$

来近似地代替该小弧段上的变力.

质点沿有向弧 $\overparen{M_{i-1}M_i}$ 移动时,变力所做功可近似地取

$$\begin{aligned}\Delta W_i &\approx \boldsymbol{F}(\xi_i, \eta_i) \cdot \overrightarrow{M_{i-1}M_i} \\ &= P(\xi_i, \eta_i)\Delta x_i + Q(\xi_i, \eta_i)\Delta y_i\end{aligned}$$

从而

$$W = \sum_{i=1}^{n} \Delta W_i \approx \sum_{i=1}^{n} [P(\xi_i, \eta_i)\Delta x_i + Q(\xi_i, \eta_i)\Delta y_i] \tag{11-9}$$

为得到 W 的精确值,只需令 $\lambda \to 0$,λ 是这 n 个小弧段长度中的最大值. 对式 (11-9) 取极限,即

$$W = \lim_{\lambda \to 0} \sum_{i=1}^{n} [P(\xi_i, \eta_i)\Delta x_i + Q(\xi_i, \eta_i)\Delta y_i] \tag{11-10}$$

式 (11-10) 右端和式的极限是一类新的和式极限,为此,引入对坐标的曲线积分概念.

2. 对坐标的曲线积分的定义

定义 11.2 设函数 $P(x, y)$,$Q(x, y)$ 在有向光滑曲线 L 上有界.把 L 分成 n 个有向小弧段 L_1,L_2,$\cdots$,L_n;小弧段 L_i 的起点为 (x_{i-1}, y_{i-1}),终点为 (x_i, y_i),$\Delta x_i = x_i - x_{i-1}$,$\Delta y_i = y_i - y_{i-1}$,$(\xi_i, \eta_i)$ 为 L_i 上任意一点,λ 为各小弧段长度中的最大值.如果极限 $\lim\limits_{\lambda \to 0} \sum\limits_{i=1}^{n} P(\xi_i, \eta_i)\Delta x_i$ 总存在,则称此极限为函数 $P(x, y)$ 在有向光滑曲线 L 上对坐标 x 的曲线积分,记作 $\int_L P(x, y)\mathrm{d}x$,即

$$\int_L P(x, y)\mathrm{d}x = \lim_{\lambda \to 0} \sum_{i=1}^{n} P(\xi_i, \eta_i)\Delta x_i$$

如果极限 $\lim\limits_{\lambda \to 0} \sum\limits_{i=1}^{n} Q(\xi_i, \eta_i)\Delta y_i$ 总存在,则称此极限为函数 $Q(x, y)$ 在有向光滑曲线 L

上对坐标 y 的曲线积分,记作 $\int_L Q(x,y)\mathrm{d}y$,即

$$\int_L Q(x,y)\mathrm{d}y = \lim_{\lambda \to 0}\sum_{i=1}^{n} Q(\xi_i,\eta_i)\Delta y_i$$

其中 $P(x,y)$,$Q(x,y)$ 叫作被积函数,L 叫作积分弧段.

以上两个积分均称为第二类曲线积分.

对坐标的曲线积分的组合形式为

$$\int_L P(x,y)\mathrm{d}x + \int_L Q(x,y)\mathrm{d}y = \int_L P(x,y)\mathrm{d}x + Q(x,y)\mathrm{d}y$$

3. 对坐标的曲线积分的性质

(1) 如果把 L 分成 L_1 和 L_2,则

$$\int_L P(x,y)\mathrm{d}x + Q(x,y)\mathrm{d}y = \int_{L_1} P(x,y)\mathrm{d}x + Q(x,y)\mathrm{d}y + \int_{L_2} P(x,y)\mathrm{d}x + Q(x,y)\mathrm{d}y$$

(2) 设 L 是有向光滑曲线弧,$-L$ 是与 L 方向相反的有向曲线弧,则

$$\int_{-L} P(x,y)\mathrm{d}x + Q(x,y)\mathrm{d}y = -\int_L P(x,y)\mathrm{d}x + Q(x,y)\mathrm{d}y$$

11.4.2 对坐标的曲线积分的计算

定理 11.2 设 $P(x,y)$,$Q(x,y)$ 是定义在有向光滑曲线

$$L: x = \varphi(t),\ y = \psi(t)$$

上的连续函数,当参数 t 单调地由 α 变到 β 时,点 $M(x,y)$ 从 L 的起点 A 沿 L 运动到终点 B,则

$$\int_L P(x,y)\mathrm{d}x = \int_\alpha^\beta P[\varphi(t),\psi(t)]\varphi'(t)\mathrm{d}t$$

$$\int_L Q(x,y)\mathrm{d}y = \int_\alpha^\beta Q[\varphi(t),\psi(t)]\psi'(t)\mathrm{d}t$$

显然,对于曲线积分 $\int_L P(x,y)\mathrm{d}x + Q(x,y)\mathrm{d}y$ 应有

$$\int_L P(x,y)\mathrm{d}x + Q(x,y)\mathrm{d}y = \int_\alpha^\beta \{P[\varphi(t),\psi(t)]\varphi'(t) + Q[\varphi(t),\psi(t)]\psi'(t)\}\mathrm{d}t$$

但应注意,下限 α 对应于 L 的起点,上限 β 对应于 L 的终点,α 不一定小于 β.

若空间曲线 Γ 由参数方程

$$x = \varphi(t),\ y = \psi(t),\ z = \omega(t)$$

给出,那么有下列计算公式

$$\int_\Gamma P(x,y,z)\mathrm{d}x + Q(x,y,z)\mathrm{d}y + R(x,y,z)\mathrm{d}z$$

$$= \int_\alpha^\beta \{P[\varphi(t),\psi(t),\omega(t)]\varphi'(t) + Q[\varphi(t),\psi(t),\omega(t)]\psi'(t) + R[\varphi(t),\psi(t),\omega(t)]\omega'(t)\}dt$$

其中 α 对应于 Γ 的起点，β 对应于 Γ 的终点.

例 1 计算 $\int_L xy\,dx$，其中 L 为抛物线 $y^2 = x$ 上从点 $A(1, -1)$ 到点 $B(1, 1)$ 的一段弧，如图 11-18 所示.

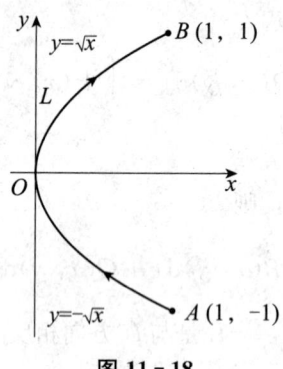

图 11-18

分析 根据定理 11.2，按照代入、代换、变积分上、下限的步骤求解即可.

解法一：以 x 为积分变量. L 分为 $\widehat{AO}$ 和 $\widehat{OB}$ 两部分：$\widehat{AO}$ 的方程为 $y = -\sqrt{x}$，x 从 1 变到 0；$\widehat{OB}$ 的方程为 $y = \sqrt{x}$，x 从 0 变到 1. 因此

$$\int_L xy\,dx = \int_{\widehat{AO}} xy\,dx + \int_{\widehat{OB}} xy\,dx$$
$$= \int_1^0 x(-\sqrt{x})dx + \int_0^1 x\sqrt{x}\,dx = 2\int_0^1 x^{\frac{3}{2}}dx = \frac{4}{5}$$

解法二：以 y 为积分变量. L 的方程为 $x = y^2$，y 从 -1 变到 1. 因此

$$\int_L xy\,dx = \int_{-1}^1 y^2 y(y^2)'dy = 2\int_{-1}^1 y^4 dy = \frac{4}{5}$$

例 2 计算积分 $\int_L y\,dx - x\,dy$，其中 L 为：

(1) 直线 $y = x$ 上从点 $(0, 0)$ 到点 $(1, 1)$ 的一段弧；

(2) 抛物线 $y = x^2$ 上从点 $(0, 0)$ 到点 $(1, 1)$ 的一段弧；

(3) 从点 $(0, 0)$ 沿 x 轴到点 $(1, 0)$，再平行于 y 轴到点 $(1, 1)$ 的折线段.

分析 根据定理 11.2，按照代入、代换、变积分上、下限的步骤求解即可.

解 (1) L 的参数方程为

$$\begin{cases} x = x \\ y = x \end{cases} (x \text{ 从 } 0 \text{ 变到 } 1)$$

则 $\int_L y\mathrm{d}x - x\mathrm{d}y = \int_0^1 (x-x)\mathrm{d}x = 0$

（2）L 的参数方程为

$$\begin{cases} x=x \\ y=x^2 \end{cases} (x \text{ 从 } 0 \text{ 变到 } 1)$$

则 $\int_L y\mathrm{d}x - x\mathrm{d}y = \int_0^1 (x^2 - 2x^2)\mathrm{d}x = \int_0^1 (-x^2)\mathrm{d}x = -\dfrac{1}{3}$

（3）利用积分对路径的可加性：$L=L_1+L_2$，L_1 是沿 x 轴从点（0，0）到点（1，0）的线段，L_2 为沿直线 $x=1$ 从点（1，0）到点（1，1）的线段，则有

$$\int_{L_1} y\mathrm{d}x - x\mathrm{d}y = \int_0^1 0 \mathrm{d}x = 0$$

$$\int_{L_2} y\mathrm{d}x - x\mathrm{d}y = \int_0^1 (-1)\mathrm{d}y = -1$$

所以

$$\int_L y\mathrm{d}x - x\mathrm{d}y = 0 - 1 = -1$$

例3 计算积分 $\int_L y\mathrm{d}x + x\mathrm{d}y$，其中 L 为：

（1）直线 $y=x$ 上从点（0，0）到点（1，1）的一段弧；

（2）抛物线 $y=x^2$ 上从点（0，0）到点（1，1）的一段弧；

（3）从点（0，0）沿 x 轴到点（1，0），再沿直线 $x=1$ 从点（1，0）到点（1，1）的折线段.

分析 根据定理 11.2，按照代入、代换、变积分上、下限的步骤求解即可.

解 （1）L 的参数方程为

$$\begin{cases} x=x \\ y=x \end{cases} (x \text{ 从 } 0 \text{ 变到 } 1)$$

则 $\int_L y\mathrm{d}x + x\mathrm{d}y = \int_0^1 (x+x)\mathrm{d}x = 1$

（2）L 的参数方程为

$$\begin{cases} x=x \\ y=x^2 \end{cases} (x \text{ 从 } 0 \text{ 变到 } 1)$$

则 $\int_L y\mathrm{d}x + x\mathrm{d}y = \int_0^1 (x^2 + 2x^2)\mathrm{d}x = 1$

（3）利用积分对路径的可加性：$L=L_1+L_2$，其中 L_1，L_2 的定义见例 2（3），则有

$$\int_L y\mathrm{d}x + x\mathrm{d}y = \int_{L_1} y\mathrm{d}x + x\mathrm{d}y + \int_{L_2} y\mathrm{d}x + x\mathrm{d}y = 0 + \int_0^1 \mathrm{d}y = 1$$

11.4.3 格林公式

设 D 为平面区域,如果 D 内任一闭曲线所围的部分都属于 D,则称 D 为平面单连通区域,否则称 D 为平面复连通区域.

对平面区域 D 的边界曲线 L,规定 L 的正向如下:当观察者沿 L 的这个方向行走时,L 围成的 D 内区域始终在观察者的左边,则该方向即为 L 的正向.

定理 11.3 设闭区域 D 由分段光滑的曲线 L 围成,函数 $P(x, y)$ 及 $Q(x, y)$ 在 D 上具有一阶连续偏导数,则有

$$\iint_D \left(\frac{\partial Q}{\partial x} - \frac{\partial P}{\partial y}\right)\mathrm{d}x\mathrm{d}y = \oint_L P\mathrm{d}x + Q\mathrm{d}y \tag{11-11}$$

其中 L 是 D 的取正向的边界曲线,式(11-11)称为格林公式.

应注意的问题:对平面复连通区域 D,格林公式右端应包括沿区域 D 的全部边界的曲线积分,且边界的方向对区域 D 来说都是正向.

设区域 D 的边界曲线为 L,取 $P=-y$,$Q=x$,则由格林公式得

$$2\iint_D \mathrm{d}x\mathrm{d}y = \oint_L x\mathrm{d}y - y\mathrm{d}x \text{ 或 } A = \iint_D \mathrm{d}x\mathrm{d}y = \frac{1}{2}\oint_L x\mathrm{d}y - y\mathrm{d}x \tag{11-12}$$

式(11-12)便是格林公式的一个简单应用.

例 4 求椭圆 $x=a\cos\theta$,$y=b\sin\theta$ 所围成的图形的面积 A.

分析 只要 $\frac{\partial Q}{\partial x} - \frac{\partial P}{\partial y} = 1$,就有 $\iint_D \left(\frac{\partial Q}{\partial x} - \frac{\partial P}{\partial y}\right)\mathrm{d}x\mathrm{d}y = \iint_D \mathrm{d}x\mathrm{d}y = A$.

解 设 D 是由椭圆 $x=a\cos\theta$,$y=b\sin\theta$ 所围成的区域.

令 $P = -\frac{1}{2}y$,$Q = \frac{1}{2}x$,则 $\frac{\partial Q}{\partial x} - \frac{\partial P}{\partial y} = \frac{1}{2} + \frac{1}{2} = 1$.

于是由格林公式得

$$A = \iint_D \mathrm{d}x\mathrm{d}y = \oint_L -\frac{1}{2}y\mathrm{d}x + \frac{1}{2}x\mathrm{d}y = \frac{1}{2}\oint_L -y\mathrm{d}x + x\mathrm{d}y$$

$$= \frac{1}{2}\int_0^{2\pi}(ab\sin^2\theta + ab\cos^2\theta)\mathrm{d}\theta = \frac{1}{2}ab\int_0^{2\pi}\mathrm{d}\theta = \pi ab$$

例 5 设 L 是任意一条分段光滑的闭曲线,证明:$\oint_L 2xy\mathrm{d}x + x^2\mathrm{d}y = 0$.

分析 对于闭曲线上的对坐标的曲线积分问题,考虑利用格林公式求解.

证明 令 $P = 2xy$,$Q = x^2$,则 $\frac{\partial Q}{\partial x} - \frac{\partial P}{\partial y} = 2x - 2x = 0$.

因此，由格林公式有 $\oint_L 2xy\mathrm{d}x + x^2\mathrm{d}y = \pm\iint_D 0\mathrm{d}x\mathrm{d}y = 0$.（为什么二重积分前有"±"号？）

例 6 求 $I = \oint_L (\mathrm{e}^x\sin 2y - y)\mathrm{d}x + (2\mathrm{e}^x\cos 2y + x)\mathrm{d}y$，其中 L 为正向闭合折线 $OABO$，此处 $O(0, 0), A(2, 0), B(1, 1)$.

分析 本题为封闭曲线，首先想到利用格林公式.

解 积分曲线如图 11-19 所示.
$$P = \mathrm{e}^x\sin 2y - y, \quad Q = 2\mathrm{e}^x\cos 2y + x$$
$$\frac{\partial P}{\partial y} = 2\mathrm{e}^x\cos 2y - 1, \quad \frac{\partial Q}{\partial x} = 2\mathrm{e}^x\cos 2y + 1$$

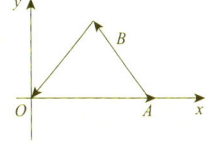

图 11-19

由格林公式得
$$\oint_L (\mathrm{e}^x\sin 2y - y)\mathrm{d}x + (2\mathrm{e}^x\cos 2y + x)\mathrm{d}y = \iint_D 2\mathrm{d}x\mathrm{d}y = 2S = 2 \cdot \frac{1}{2} \cdot 2 \cdot 1 = 2$$

其中 S 为 $\triangle OAB$ 的面积.

例 7 计算曲线积分 $\int_L \mathrm{e}^x\sin y\mathrm{d}x + (\mathrm{e}^x\cos y + 4x)\mathrm{d}y$，$L$ 为由点 $A(0, 0)$ 到点 $B(2a, 0)$ 的上半圆，如图 11-20 所示.

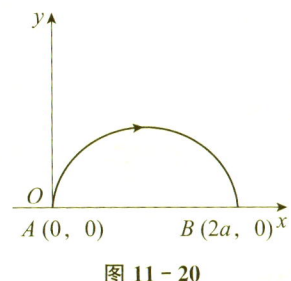

图 11-20

分析 添加直线段 $\overline{BA}$，使之成为封闭曲线，然后由格林公式求解即可.

解 $\int_{L+\overline{BA}} \mathrm{e}^x\sin y\mathrm{d}x + (\mathrm{e}^x\cos y + 4x)\mathrm{d}y = -\iint_D 4\mathrm{d}x\mathrm{d}y = -2\pi a^2$

因为 $\int_{\overline{BA}} \mathrm{e}^x\sin y\mathrm{d}x + (\mathrm{e}^x\cos y + 4x)\mathrm{d}y = 0$

所以 $\int_L \mathrm{e}^x\sin y\mathrm{d}x + (\mathrm{e}^x\cos y + 4x)\mathrm{d}y$

$= \int_{L+\overline{BA}} \mathrm{e}^x\sin y\mathrm{d}x + (\mathrm{e}^x\cos y + 4x)\mathrm{d}y - \int_{\overline{BA}} \mathrm{e}^x\sin y\mathrm{d}x + (\mathrm{e}^x\cos y + 4x)\mathrm{d}y$

$= -2\pi a^2$

习题 11.4

1. 求 $\int_L x\,dy$,其中 L 为直线 $x+y=2$ 上从点 $(0,2)$ 到点 $(2,0)$ 的一段.

2. 求 $\int_L y\,dx+x\,dy$,其中 L 为:

(1) $x^2+y^2=a^2$ $(x\geqslant 0, y\geqslant 0)$ 按逆时针方向移动的一段弧;

(2) 从点 $A(a,0)$ 沿 x 轴到点 $B(-a,0)$ 的直线段.

3. 求 $\int_L xy\,dx+(y-x)\,dy$,其中 L 为:

(1) 直线 $y=2x$ 上从点 $O(0,0)$ 到点 $B(1,2)$ 的直线段;

(2) 抛物线 $y=2x^2$ 上从点 $O(0,0)$ 到点 $B(1,2)$ 的一段弧;

(3) 有向折线 OAB,其中 $O(0,0)$,$A(0,2)$,$B(1,2)$.

4. 利用格林公式计算下列曲线积分.

(1) $\oint_L 3xy\,dx+x^2\,dy$,L 为矩形区域 $\{(x,y)\mid -1\leqslant x\leqslant 3, 0\leqslant y\leqslant 2\}$ 的正向边界;

(2) $\oint_L (2x-y+4)\,dx+(5y+3x-6)\,dy$,$L$ 为三顶点分别为 $(0,0)$,$(3,0)$,$(3,2)$ 的三角形正向边界.

高 斯
——数学王子

高斯(1777—1855),德国著名数学家、物理学家、天文学家. 高斯是一位卓越的古典数学家,同时也是近代数学的奠基者之一,他在古典数学与现代数学中起了继往开来的作用,与阿基米德、牛顿并列为历史上最伟大的三位数学家,享有"数学王子"的美誉.

高斯生于布伦瑞克,是一对普通夫妇的儿子. 他的母亲是一个贫穷石匠的女儿,虽然十分聪明,但却没有接受过教育,近似于文盲. 在她成为高斯父亲的第二个妻子之前,她从事女佣工作. 他的父亲曾做过园丁、工头、商人的助手和一个小保险公司的评估师. 高斯3岁时便能够纠正他父亲的借债账目中的错误,这成为一件轶事流传至今. 他曾说,他能够在脑袋中进行复杂的计算.

高斯小时候家里很穷,且他父亲不认为学问有用,但高斯依旧喜欢看书. 据记载,高斯 10 岁时，数学教师比特纳让学生把 1 到 100 之间的自然数加起来，老师刚布置完题目，高斯就把答案 5050 求了出来. 11 岁时，他发现了二项式定理；12 岁时，他已经开始怀疑元素几何学中的基础证明. 高斯的老师比特纳与他的助手很早就认识到了高斯在数学上异乎寻常的天赋，同时布伦瑞克公爵也对这个天才儿童留下了深刻印象，于是他们从高斯 14 岁起便资助其学习与生活. 这也使高斯能够在 15 岁进入卡罗林学院学习，同年发现了质数定理. 16 岁时，他预测在欧氏几何之外必然会产生一门完全不同的几何学，即非欧几里得几何学. 他导出了二项式定理的一般形式，将其成功运用在无穷级数中，并发展了数学分析的理论. 17 岁时，他发现了最小二乘法. 18 岁时，他在布伦瑞克公爵的资助下转入哥廷根大学学习，发现了数论中的二次互反律，亦称为"黄金律". 在这些基础之上，高斯随后专注于曲面与曲线的计算，并成功得到高斯钟形曲线（正态分布曲线）. 其函数被命名为标准正态分布（或高斯分布），并在概率计算中被大量使用. 19 岁时，他第一个成功证明了正十七边形可以用尺规作图. 21 岁时，他完成了历史名著《算术研究》，并于该年大学毕业，次年取得博士学位. 在博士论文中，他首次给出代数基本定理的证明，因此开创了数学存在性证明的新时代. 1804 年，他被选为英国皇家学会会员，同时还是法国科学院和其他许多科学院院士. 1807 年，高斯成为哥廷根大学的教授和新天文台的台长，直到逝世.

1818—1826 年，高斯主导了汉诺威公国的大地测量工作. 出于对实际应用的兴趣，高斯发明了日光反射仪. 日光反射仪可以将光束反射至大约 450 km 外的地方. 高斯后来不止一次地为原先的设计做出改进，试制成功了后来被广泛应用于大地测量的镜式六分仪.

高斯在数学的许多领域都有重大贡献. 他是非欧几何的发现者之一，微分几何的开创者，近代数论的奠基者. 他在超几何级数、复变函数论、椭圆函数论、统计数学、向量分析等方面，都取得了显著的成果. 他十分重视数学的应用，他的大量著作都与天文学和大地测量有关. 高斯有句名言"数学是科学的皇后，数论是数学的皇后"，这句话贴切地表述了数学在科学中的关键作用.

19 世纪 30 年代，高斯发明了磁强计，他辞去了天文台的工作而转向物理研究，在电磁学和光学等方面都做出了卓越的贡献. 他与韦伯在电磁学领域共同工作. 他比韦伯年长 27 岁，以亦师亦友的身份与其合作. 1833 年，他通过受电磁影响的罗盘指针向韦伯发送出电报. 这不仅是韦伯的实验室与天文台之间的第一个电话电报系统，也是世界首创的第一个电话电报系统，尽管其线路才 8 km 长.

高斯思维敏捷，立论极端谨慎. 他遵循 3 条原则："宁肯少些，但要好些""不留下进一步要做的事情""极度严格的要求". 他的著作都是经过精心构思、反复推敲过的,最终以最精练的形式发表出来,略去了分析和思考的过程,因此一般的学者很难掌握其思想方法. 他有很多数学成果在生前没有公开发表,有的学者认为,如果高斯及早发表他的真知灼见,对后辈会有更大的启发,会更快地促进数学的发展.

高斯一生勤奋好学,多才多艺,喜爱音乐,嗜好唱歌和吟诗. 他擅长欧洲语言,深谙多国文字,62 岁始学俄语,两年后竟达到可读俄国文学名著的程度. 高斯不爱旅行,除到柏林参加过一次学术会议之外,终生都在哥廷根. 1855 年 2 月 23 日凌晨 1 点,高斯在哥廷根去世,葬于哥廷根近郊,墓碑朴实无华,仅镌刻"高斯"二字. 出于对伟人的怀念,他的故乡改名为高斯堡.

复习题

1. 设 D 为 $1 \leqslant x+y \leqslant 2$ $(x>0, y>0)$,比较下列大小.

   (1) $\iint\limits_{D}(x+y)\mathrm{d}x\mathrm{d}y$ _____ $\iint\limits_{D}(x+y)^2\mathrm{d}x\mathrm{d}y$;   (2) $\iint\limits_{D}\ln(x+y)\mathrm{d}x\mathrm{d}y$ _____ $\iint\limits_{D}\ln^2(x+y)\mathrm{d}x\mathrm{d}y$.

2. 利用直角坐标系计算下列二重积分.

   (1) $\iint\limits_{D}\dfrac{x^2}{y^2}\mathrm{d}x\mathrm{d}y$,其中 D 是由 $x=-2, y=x, xy=1$ 所围成的平面区域;

   (2) $\iint\limits_{D}y\mathrm{e}^{xy}\mathrm{d}\sigma$,其中 D 为 $0 \leqslant x \leqslant 1, 0 \leqslant y \leqslant 1$ 围成的平面区域.

   (3) $\iint\limits_{D}x\cos(x+y)\mathrm{d}x\mathrm{d}y$,其中 D 是顶点 $(0,0),(\pi,0),(\pi,\pi)$ 的三角形区域;

   (4) $\iint\limits_{D}xy\mathrm{d}x\mathrm{d}y$,其中 D 是由曲线 $y=\dfrac{1}{2}x^2-1$ 和 $y=-x+3$ 所围成的平面区域.

3. 变换下列二次积分的积分顺序.

   (1) $\int_1^{\mathrm{e}}\mathrm{d}x\int_0^{\ln x}f(x,y)\mathrm{d}y$;   (2) $\int_0^1\mathrm{d}x\int_0^x f(x,y)\mathrm{d}y + \int_1^2\mathrm{d}x\int_0^{2-x}f(x,y)\mathrm{d}y$.

4. 计算积分 $\int_0^1\mathrm{d}x\int_x^{\sqrt{x}}\dfrac{\sin y}{y}\mathrm{d}y$.

5. 利用极坐标系计算下列二重积分.

   (1) $\iint\limits_{D}\sin\sqrt{x^2+y^2}\mathrm{d}x\mathrm{d}y$,其中 D 为圆环 $\pi^2 \leqslant x^2+y^2 \leqslant 4\pi^2$;

   (2) $\iint\limits_{D}\sqrt{x^2+y^2}\mathrm{d}x\mathrm{d}y$,其中 D 为圆域 $x^2+y^2=2y$;

   (3) $\iint\limits_{D}(1-\sqrt{x^2+y^2})\mathrm{d}x\mathrm{d}y$,其中 D 是由 $x^2+y^2=a^2$,$x^2+y^2-ax=0$ $(a>0)$ 及 $x=0$ 所围成的

在第一象限的区域.

6. 设 L 是圆周 $x^2+y^2=ax$,计算 $I=\oint_L \sqrt{x^2+y^2}\,ds$.

7. 求 $I=\oint_L (x^2-2y)\,dx+\left(\dfrac{y^2}{3}-x^2\right)dy$,其中 L 是以 $x=1$,$y=x$ 和 $y=2x$ 为边的三角形正向边界.

 真题荟萃

一、选择题

(2015 年)积分区域 D 为 $x^2+y^2\leqslant 2$,则 $\iint\limits_{D} x\,d\sigma=$ (   ).

(A) 2π (B) π (C) 1   (D) 0

二、填空题

(2015 年)如果闭区域 D 由 x 轴、y 轴及 $x+y=1$ 围成,则 $\iint\limits_{D}(x+y)^2\,d\sigma$ _____ $\iint\limits_{D}(x+y)^3\,d\sigma$.

三、计算题

1. (2016 年)计算积分 $I=\int_{\frac{1}{4}}^{\frac{1}{2}}dy\int_{\frac{1}{2}}^{\sqrt{y}}e^{\frac{x}{y}}\,dx+\int_{\frac{1}{2}}^{1}dy\int_{y}^{\sqrt{y}}e^{\frac{x}{y}}\,dx$.

2. (2015 年)求 $I=\iint\limits_{D}(3x+2y)\,d\sigma$,其中 D 是由两坐标轴及直线 $x+y=2$ 所围成的闭区域.

3. (2014 年)求 $\iint\limits_{[1,2]\times[0,1]} x^y\ln x\,dxdy$.

4. (2013 年)计算积分 $\iint\limits_{D} 6x^2 e^{1-y^2}\,dxdy$,其中 D 是以 $(0,0)$,$(1,1)$,$(0,1)$ 为顶点的三角形.

5. (2012 年)求 $\iint\limits_{D} e^{x^2}\,d\sigma$,其中 D 为 $y=|x|$ 与 $y=x^3$ 所围区域.

6. (2011 年)计算 $\iint\limits_{D} xy\,d\sigma$,其中 D 是由直线 $y=1$,$x=2$ 及 $y=x$ 所围成的闭区域.

7. (2010 年)求二重积分 $\iint\limits_{D} \dfrac{x}{y}\,dxdy$,其中 D 是由 $y=1$,$y=x^2$,$x=2$ 所围成的闭区域.

8. (2009 年)计算 $\iint\limits_{D} xy\,d\sigma$,其中 D 是由抛物线 $y^2=x$ 及直线 $y=x-2$ 所围成的闭区域.

9. (2013 年)$\iint\limits_{D}(x+y)\,dxdy$,其中 D 是由抛物线 $y=x^2$ 和 $x=y^2$ 所围成的平面闭区域.

参考文献

[1] 同济大学数学系. 高等数学：上册[M]. 7版. 北京：高等教育出版社，2014.

[2] 同济大学数学系. 高等数学：下册[M]. 7版. 北京：高等教育出版社，2014.

[3] 吴赣昌. 高等数学：理工类：上册[M]. 4版. 北京：中国人民大学出版社，2011.

[4] 吕端良，陈贵磊，马芳芳. 高等数学同步指导：上册[M]. 2版. 北京：北京交通大学出版社，2019.

[5] 岳嵘，王云丽，边平勇. 高等数学同步指导：下册[M]. 2版. 北京：北京交通大学出版社，2019.

[6] 苏德矿，吴明华. 微积分：上册[M]. 北京：高等教育出版社，2007.

[7] 苏德矿，吴明华. 微积分：下册[M]. 北京：高等教育出版社，2007.

[8] 杜瑞芝. 数学史辞典新编[M]. 济南：山东教育出版社，2017.